首届全国优秀教材（高等教育类）二等奖

普通高等教育“十一五”国家级规划教材

住房和城乡建设部“十四五”规划教材

清 华 大 学 人 居 科 学 系 列 教 材

Building Thermal Environment

建筑热环境

（第2版）

刘念雄　秦佑国　编著

Liu Nianxiong Qin Youguo

清华大学出版社

北京

内 容 简 介

本书系统介绍了建筑热环境的基础知识及其在建筑设计中的应用，以舒适、健康、高效为建筑热环境设计目标，围绕人、技术、设计和未来四个部分来组织知识体系。第1部分基于"人"，从人、气候和建筑三者的关系出发，讨论人的热舒适问题和气候敏感性建筑设计策略；第2部分基于"技术"，包括传热学的基本原理、建筑材料、建筑构造的热工特性，以及围护结构的保温、隔热、防潮和通风设计原理等内容；第3部分基于"设计"，在规划、建筑和细部设计层面，以建筑热环境控制技术有效和集成应用为目标，关注技术与艺术相结合的设计方法、热环境控制构件和节点设计及其建筑化表现；第4部分基于"未来"，对建筑与能源和碳排放控制问题进行专门讨论，面向未来倡导可持续发展建筑观。

本书可作为高等院校建筑学、城乡规划学、建筑环境与设备工程等专业的教材和教学辅导书，也可供建筑类专业技术人员参考。

图书在版编目（CIP）数据

建筑热环境/刘念雄，秦佑国编著. —2版. —北京：清华大学出版社，2016(2024.10重印)
清华大学人居科学系列教材
ISBN 978-7-302-39501-0

Ⅰ. ①建… Ⅱ. ①刘… ②秦… Ⅲ. ①建筑热工－高等学校－教材 Ⅳ. ①TU111

中国版本图书馆CIP数据核字(2015)第035207号

责任编辑：张占奎
封面设计：陈国熙
责任校对：赵丽敏
责任印制：宋 林

出版发行：清华大学出版社
网 址：https://www.tup.com.cn, https://www.wqxuetang.com
地 址：北京清华大学学研大厦A座 邮 编：100084
社 总 机：010-83470000 邮 购：010-62786544
投稿与读者服务：010-62776969，c-service@tup.tsinghua.edu.cn
质 量 反 馈：010-62772015，zhiliang@tup.tsinghua.edu.cn
印 装 者：三河市君旺印务有限公司
经 销：全国新华书店
开 本：203mm×253mm **印 张**：17.75 **字 数**：431千字
版 次：2005年8月第1版 2016年3月第2版 **印 次**：2024年10月第6次印刷
定 价：55.00元

产品编号：063061-04

序

《建筑热环境》出版到今天已有10年了。10年对于建筑热环境的客体——“自然气候”和主体——“人”都是极为短暂的时间，不会发生什么大变化。自然气候具有长时间尺度的统计稳定性，作为生物体的人，进化的时间尺度以万年计。建筑热环境的物理学基础——“传热学”，那是科学的真实，不会改变。

但10年时间，人类的经济、社会活动及其观念、诉求会发生变化，尤其在中国。期间，中国的GDP增长了2.4倍，钢产量增长2.9倍，水泥产量增长了2.5倍，说明期间建筑业(房地产)成为中国国民经济的支柱，加之城市化的进展，这10年中国盖了上百亿平方米的房子。能源消耗增长了1.85倍，小于GDP增长，说明单位GDP能耗降低，这是2009年中国政府在哥本哈根全球气候大会上减排CO_2的承诺。这10年，几乎年年召开国际气候会议，对全球气候变化的学术观点，不同发展阶段国家的历史责任，不同国家的减排义务与承诺，争议、指责、妥协、平衡一直不断，快速发展中的中国一直是焦点。

中国能耗总量已是世界第一，CO_2排放世界第一，加之近年来全国雾霾频发，环境恶化，引起政府和民众对“气候变化”、“节能减排”的广泛关注，生态城市、绿色建筑、建筑节能、低碳建筑已成为建筑学教学的重要内容，也是建筑设计不可或缺的重要方面，许多著名建筑师都有以此作为创作理念的作品问世。

随着经济和生活水平的提高，人们对于建筑热舒适的诉求也发生着变化。例如，长江中下游地区，属于我国热工气候分区的“夏热冬冷”地区，居住着几亿人口。在计划经济时代，住宅和民用建筑冬季都不供暖，传统上，居民也没有住房采暖的措施，室内热舒适性很差。随着经济的发展和居民生活水平的提高，居民改善室内热舒适的诉求日渐增强。现实是，在长江中下游地区，在既有住房中，居民自发地使用采暖设备迅速普及，但伴随着的是能源消耗的增加，而且因为以往房屋及其墙体和门窗并未考虑保温设计，以致采暖设备使用的效果并不理想。如何在普通住宅中采用被动式建筑设计，改善维护结构热工性能，在改善室内热舒适的同时，降低能源消耗，成为夏热冬冷地区建筑迫切需要解决的问题。

还有，中国的气候特征，夏季，整个中国东部平原地区，从南到北气温都很高，改善夏季室内热舒适也是民众的诉求。这些年来，夏天室内采用空调降温已十分普及，空调能耗迅速增长。这涉及建筑夏季防热设计和围护结构传热性能。

技术也是活跃的因素,建筑节能技术,可再生能源(太阳能、风能、生物质能等)技术,建筑材料、部品(如门、窗)和设备的改进,建筑性能和能耗计算机模拟技术,这10年都有发展变化。

《建筑热环境》再版修改,既有不变的基本原理和基础理论,也应对着上面这些变化,并对未来作出展望。

这本书初版的作者署名包括了我,但我只是编写该书的发起者,提供了建筑与气候方面的部分文字,该书绝大部分是刘念雄辛勤工作两年完成的。我并没有参与这门课程的教学,退休也有数年,这次再版,修改工作更是刘念雄独自完成,所以《建筑热环境》第2版的作者其实应该是刘念雄一人,名至实归。

秦佑国

2016年1月20日

目　　录

第3部分 建筑·形式·细部——基于设计的考虑
Building · Shape · Detail—Thinking of Design

第4部分 舒适·健康·高效——基于未来的考虑
Comfort · Health · Efficiency—Thinking of Future

绪论　建筑热环境设计的目标：舒适、健康、高效

Building Thermal Environment: Creation of Comfort, Health and Efficiency

建筑的产生，源于人类为了抵御严酷的气候、改善生存条件而建造的“遮蔽物(shelter)”。在保障生存之后，伴随技术发展，人类进一步追求舒适的建筑热环境，提高生活品质。今天，建筑热环境设计的目标是舒适、健康、高效，以高效的方式提供舒适、健康的工作和居住环境。

舒适。建筑的基本功能之一是塑造舒适的室内热环境。外部气候并非总能满足人的热舒适，需要利用建筑围护结构和环境控制设备来加以改善。如果设计不当，围护结构保温隔热性能差，气密性差，缺少采暖设施，都无法达到基本的热舒适标准。

健康。舒适并不代表健康。现代人工环境控制技术，特别是空调采暖技术，虽然可以解决舒适问题，维持四季如春的温度和湿度，但长期生活其中常常导致“空调综合征”，空气不流通、氧气含量减少、有害气体和病菌含量增多，引发头晕、乏力、皮肤过敏、记忆力减退等症状，唯有贴近自然，充满阳光和新鲜空气，才能给人带来真正的健康和舒适的建筑热环境。

高效。建筑热环境的本质问题是能源问题，凭借现代技术手段总可以维持室内热舒适，但是要付出巨大的能源代价。不同建筑的能效因设计而出现差异，因此，从城市规划到建筑布局，从建筑平面到剖面，从细部到构造设计，本着气候敏感性设计原则，合理利用可再生能源，改善建筑围护结构的热工性能，充分发挥建筑师的创造力，才是高效营造建筑热环境的有效途径。

在全球气候变化的背景下，建筑热环境相关能源使用与碳排放依然居高不下，事关人类发展和未来。建筑热环境学科，也从早期热舒适和围护结构热工性能研究，发展到围绕能源问题的节能建筑研究，当前，伴随当代对环境问题的普遍关注，可持续思想形成并进入建筑领域并成为建筑发展的重要趋势，建筑热环境展现了比节能建筑更广阔的视野和思路，以最少的能源提供舒适和健康的热环境已经成为目标和共识，并启发建筑设计与创新构思，气候敏感性设计通过关注建筑与气候、地域与传统、技术与集成，为建筑可持续发展带来更加丰富的艺术与技术内涵。被动式技术力图通过设计而非设备系统达到节能目标，给建筑创作带来了新思路，开拓了新的发展空间。

本教材以建筑热环境为中心,围绕人、技术、设计和未来四个部分来组织知识体系。第1部分是基于“人”的考虑,围绕人、气候和建筑三者分析彼此之间的相互关系,探讨人的热舒适性和气候敏感性建筑设计策略;第2部分是基于“技术”的考虑,围绕传热学的基本原理,关注建筑材料、建筑构造的热工特性,以及围护结构的保温、隔热、防潮和通风设计原理;第3部分是基于“设计”的考虑,围绕建筑设计中的技术集成应用,从围护结构屋顶、墙面、门窗、楼地面,关注技术与艺术结合的设计方法和热环境控制构件、节点设计及其建筑化表现;第4部分是基于“未来”的考虑,着重讨论建筑与能源问题,对太阳与建筑、被动式采暖降温技术、建筑可再生能源利用、建筑碳排放控制等进行了专门讨论,从未来发展角度,倡导有利于人类健康的可持续发展建筑观。

第 1 部分

人·建筑·气候——基于人的考虑
Human·Building·Climate—Thinking of People

地球提供了阳光、空气、水以及人类生存所需的各种条件，但自然条件也有严酷的一面，从冰天雪地的北极到炙热干旱的撒哈拉沙漠，从暴雨倾盆的热带丛林到荒寂无边的戈壁，气候条件千差万别。在北极地区，一月份平均气温可达－40℃，而在赤道地区，居民则与冰雪无缘，在沙漠地区，可能连续多年不下雨，而在热带雨林地区，南太平洋小岛几乎没有一天不下雨。这些严寒酷暑的环境中遍布人类足迹，是由于人与气候之间存在两道防线——“建筑”和“服装”，使人在各种气候条件下得以生存。

人。人的生存和舒适对热环境有一定的要求。人通过感觉器官感受外界环境及其变化，并调节人的生理活动和热交换，将新陈代谢产生的热量散发出去，避免引发体温变化，导致不适甚至危及生存。人与环境的热平衡是热舒适的必要条件，热舒适既受到环境物理因素的影响，又取决于人体自身因素影响，并且存在多数人可接受的热舒适范围。

服装。服装是与人体最贴近的部分，构筑了人抵御外部气候条件“第一道防线”，对热舒适有直接影响，并且，正是由于服装的存在，使作为“第二道防线”的“建筑”对气候的防护要求有了较大的“宽裕度”，为建筑形式和艺术创作留下了较大的空间。

建筑。建筑既要满足人的精神需求，又要满足人的物质需求。从物质上，建筑的基本功能之一是划分室内外空间，调整或利用室外气候资源，利用围护结构过滤不利因素，塑造舒适的室内温度、湿度、辐射和气流环境，有利于人的工作和生活。这需要运用传热学知识和热工设计原理，合理使用建筑材料和构造。建筑是艺术与技术的综合体，建筑师在展现艺术美的同时，也要追求技术美，将技术作为建筑创作的元素和内容、创作灵感的来源和启迪、建筑艺术的体现和表达。

气候。气候是建筑热环境的外部条件，太阳辐射、温度、湿度、风速、降水的动态变化给建筑设计提出了要求。气候具有长时间的稳定性，人类文明因气候条件的宽松而呈现出多样化特征，建筑作为人类文明的重要载体，在现代人工环境控制技术出现以前，展现出明显的、类似物候特征的气候敏感性特征，是乡土建筑地域性特征的重要体现。

1 人与建筑
Human and Building

1.1 人的热舒适/Thermal Comfort

建筑为人的生存提供基本保障，也为追求更高的热舒适创造条件。

1.1.1 生存/Survival from Nature

人是一种高度复杂的恒温动物，为维持各种器官正常新陈代谢，人体必须保持稳定的体温（37℃左右）。维持人体体温的热量来自食物，通过新陈代谢维持各器官的正常机能，新陈代谢过程产生热量。人体对环境有适应性生理反应，在漫长的进化过程中形成了多种与气候相适应的机能，如在寒冷环境中加速血液循环、肌肉产热来补充热量损失，在炎热环境中通过汗液蒸发来降温。人体各部位存在明显的温度梯度，以重点保护内脏等重要器官（图 1-1）。人体体温通过大脑控制调节，散热调节方式有血管扩张增加血流，提高表皮温度和汗液蒸发等。御寒调节方式有血管收缩、减少血流、降低表皮温度，通过冷颤提高新陈代谢率等，但人对环境的适应性限于一定范围，超出这个范围会感到不舒适，甚至危急生存（图 1-2）。人类祖先生活在热带地区，高温高湿可能感到不适，一般不会危及生命，而在冰原气候区，长时间置于－5℃环境中，则会濒临死亡。

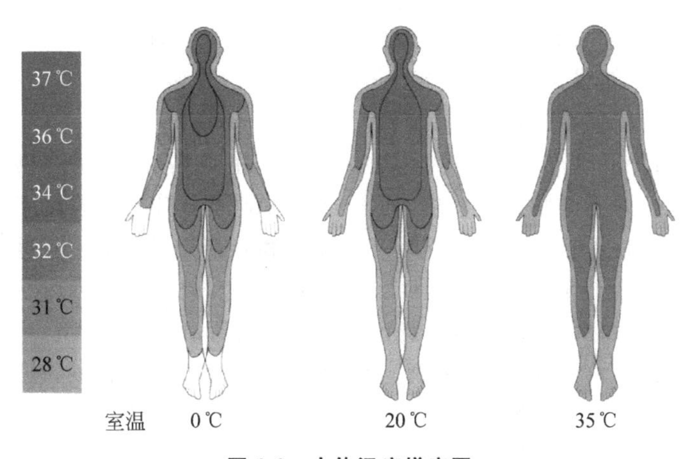

图 1-1 人体温度梯度图

人无法单纯依靠新陈代谢产热来维持体温,需要借助其他方式如采暖、服装和建筑来补充和保持体温,应对各种生存环境。在不同气候条件下,人对于服装有完全不同的需求,对热带雨林区的人来说,服装几乎是多余的,所需要的是最大限度的自然通风和蒸发散热,而对于在极地冰原区的人来说,羽绒服和海豹皮衣的优越性能让体温得到保持,在应对关乎生存的极端寒冷气候方面,服装的作用甚至超过了建筑(图1-3)。人类祖先既不能通过生长皮毛来适应环境,也不能通过迁徙来选择环境,但可以通过建造原始遮蔽物来抵御不利气候条件。建筑的本质属性之一是遮风避雨、防寒避暑,为保持体温和生存提供基本保障。

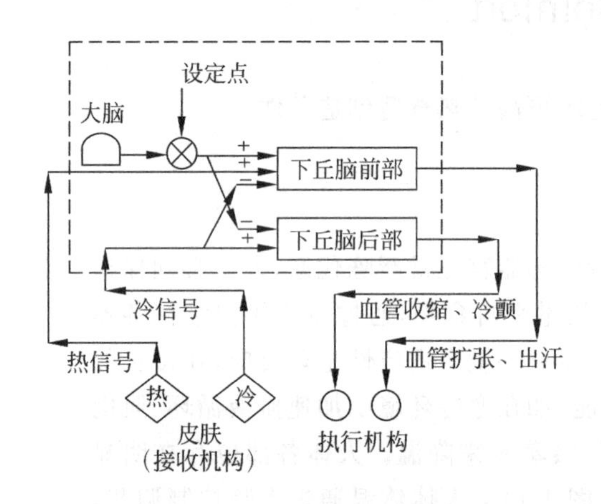

图1-2 人体调节体温的机制

人体具有复杂的体温调节机制。冷、热刺激被皮肤感知并传至大脑,大脑自动地产生反应,通过调节血液流速、打冷颤或汗液蒸发来调节体温,同时,也可执行意识上或行为上的反应,如调整服装,开、关窗户等。

图1-3 气候条件与人的服装

1.1.2 热感觉与热舒适/Thermal Perception and Thermal Comfort

热感觉(thermal perception)是对周围环境"冷""热"的主观描述。人不能直接感受环境温度,只能感受到皮下神经末梢的温度。冷热刺激的存在、持续时间和原有状态影响人的热感觉(图1-4)。

热舒适(thermal comfort)是人体对热环境的主观热反应,是对热环境表示满意的状态。舒适并不引发必然反应,而不舒适则常常会引起人的反应。热舒适研究始于20世纪初,基于人体生理学研究热交换和热舒适的条件,20世纪50年代,空气温度被确定为热舒适研究的环境参数,60年代,建立了人体热感觉专用实验室,确定了热感觉的六个影响因素,提出了热舒适方程。

对热舒适存在两种观点,一种观点认为热舒适和热感觉相同,热感觉处于不冷不热的中性状态就是热舒适,此时,空气湿度不过高或过低,空气流动速度不大;另一种观点认为热舒适是使人高兴、愉快、满意的感觉,是忍受不舒适的解脱过程,不能持久存在,只能转化为另一个不舒适过程。因此,热舒适在稳态条件下并不存

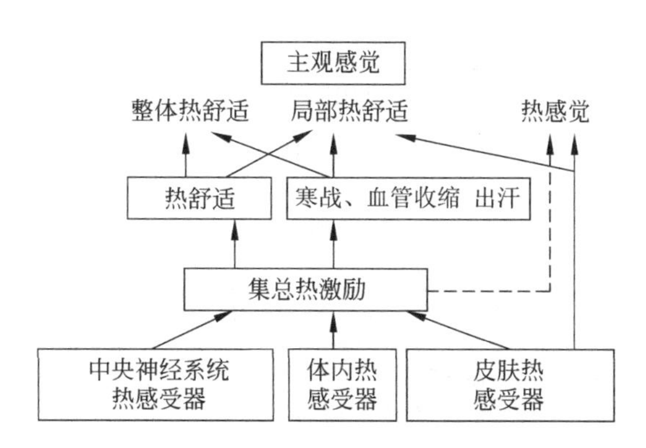

图 1-4 热感觉和热舒适的差别示意图

图 1-4 是关于热感觉和热舒适的差别。一般认为，热感觉主要是皮肤感受器在热刺激下的反应，而热舒适是综合各种感受器的热刺激信号，形成集总的热激励而产生。

在，愉快是暂时的，愉快是一种有用的刺激信号，愉快是动态的，愉快实际上只能在动态条件下观察到。

图 1-5 为动态条件下人体处于不同热状态时，冷刺激和热刺激将引发不同的反应（虚线），有舒适与不舒适两种可能性，两者可交替出现。不舒适是产生舒适的前提，包含着对舒适的期望；舒适是忍受不舒适的解脱过程，不能持久存在，只能转化为另一不舒适过程，或趋于中性状态。因此，稳态热中性环境中无法获得热舒适。动态热环境的目的是研究何种条件下，人体既能实现热舒适，又能使不可避免的不舒适过程成为可接受的过程，并发展相应的调节策略和操作模式，充分发挥自然通风、动态气流和降温的共同作用，使室内热环境既基本满足人体热感觉要求，又提供一定程度的热舒适，并降低能源使用。

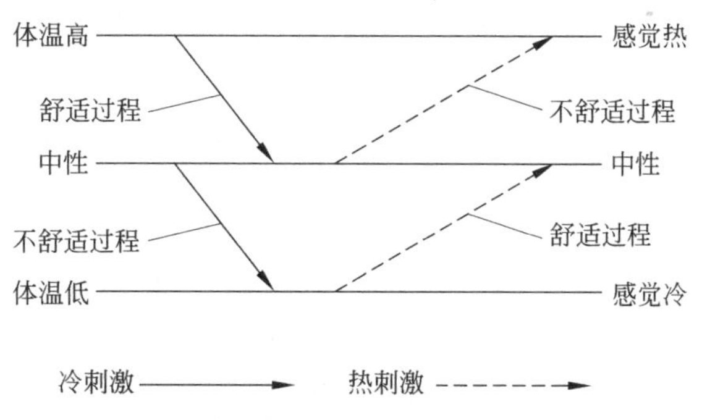

图 1-5 动态条件下冷热刺激的不同反应

表 1-1 热感觉与热舒适

Bedford	ASHRAE(1966)	热舒适指标
1 冷 2 凉 3 舒适地凉爽	1 冷 2 凉 3 微凉	1 舒适 2 轻微不舒适 3 不舒适

续表

Bedford	ASHRAE(1966)	热舒适指标
4 舒适并不冷不热	4 中性	4 很不舒适
5 舒适地温暖	5 微暖	
6 暖	6 暖	
7 热	7 热	

1936年,T. Bedford认为热舒适和热感觉是相同的,将热舒适分为7种状态。1949年,C. E. A. Winslow和L. P. Herrington将热感觉和热舒适指标分开,将热舒适指标分为舒适、轻微不舒适、不舒适和很不舒适四种状态。1966年,ASHRAE开始使用7级热舒适指标,不涉及"舒适"或"愉快"与否的评价,1992年美国ASHRAE Standard55将"热舒适"定义为对热环境表示满意的意识状态。

1.2 人体热舒适影响因素/Thermal Comfort Factors

人的热舒适受环境因素影响,有环境物理状况、人的服装与活动状态,以及社会心理因素,并且存在个体差异。

1.2.1 环境物理状况/Physical Environment

影响人体热舒适的环境物理因素包括空气温度、空气湿度、空气流动(风速)和平均辐射温度(图1-6)。

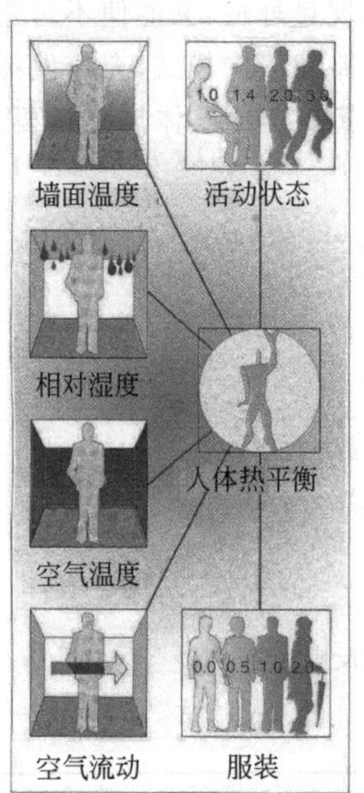

图1-6 人体热舒适的影响因素

空气温度。热感觉指标中,空气温度(干球温度)产生的冷热感觉对人体最为重要,室内最适宜的温度是20℃～24℃。在人工环境下,冬季温度控制在16℃～22℃,夏季控制在24℃～28℃时,较为舒适,又利于节能,超出上述范围将不舒适,甚至影响健康。除温度数值之外,室内温度场的水平和垂直分布对热舒适也有一定影响。

空气湿度。指空气中的水蒸气含量,影响人的呼吸器官、皮肤出汗和蒸发散热。在空气温度16℃～25℃,相对湿度30%～70%范围内,人体热感觉较为中性。当空气温度超过29℃,人体需要通过出汗来散热降温时,空气湿度将对热感觉造成较大影响。一般认为,相对湿度低于20%,人会感到呼吸器官和皮肤干燥,高于70%,夏季汗液不易蒸发,形成闷热感,冬季产生湿冷感。

空气流动。空气流动形成风,舒适风速随温度变化而变化,一般情况下,气流速度应小于0.3m/s;夏季室内温度高,气流速度也相应增大,0.3m/s～1m/s范围内多数人感到舒适,大于1.5m/s开始感到风速太大和不舒适。

平均辐射温度。用于评价环境中各种物体与人体之间的辐射热交换。当皮肤温度低时，人体从高温物体(如暖气)辐射得热，而低温物体将对人产生冷辐射。由于热辐射具有方向性，单向辐射下人体整体无法感到舒适。[①]

某种情况下，热舒适除与一定范围的环境物理状况关联，还可通过调节活动状态或服装来达到获得热舒适。

1.2.2 人体活动因素/Human Activity

表征人体活动的人体新陈代谢率取决于活动状况和健康状况。影响人体新陈代谢的因素有肌肉活动、精神活动、食物、年龄、性别、环境温度等因素。

人的不同活动状况要求的舒适温度不同。在周围没有辐射或导热的状况下，新陈代谢产热量有不同的空气平衡温度，在睡觉(70W～80W)时是28℃，静坐时(100W～150W)时是20℃～25℃，在更高的新陈代谢产热量下要定出空气平衡温度就越来越困难，如马拉松运动员产热量达到1000W，体温达40℃～41℃，此时，无论环境温度如何，都极不舒适。

1.2.3 服装因素/Clothing

人体表面热量通过服装散发，服装影响人与环境之间的热交换。服装的作用不仅是御寒，还可以控制辐射和对流热交换、遮阳、防风和通风，调节热舒适，由于生活习惯的差异，服装调节作用也有所不同。

1.2.4 个体因素/Individual Difference

除上述因素之外，人的热舒适还受社会、心理和生理因素影响，并且存在个体差异，包括性别、年龄、民族和适应性等。

1.3 室内热感觉的量化评价/Quantification and Evaluation of Indoor Thermal Perception

热舒适是一种主观感受，有时难以用语言来精确表达和量化，如下面所描述热舒适状况：

闷热(stuffy)：空气温度高、湿度大，不流动。

酷热(sultry)：空气温度高，热辐射强。

炎热(sweltering)：极端酷热。

---

① 这称为辐射不对称问题，即在一间很冷的房间用一堆大火来加热将给人造成不舒适的感觉。

阴冷(dank):空气温度低,湿度大。

上述状况都与通风不良有关。室内空气不流动(<0.15m/s),在皮肤散热及呼吸方面会引起不舒适。

微风(ventilation):风很小,对减轻热压迫有效。

清新(freshness):空气干燥凉爽,且流速适宜。

潮湿(clammy):空气温度低、湿度大、滑腻腻和黏糊糊。

干灼(parched):空气温度高,湿度很低,有烘烤感。

对室内热环境进行研究,需要对热舒适的各种物理指标进行量化表示。

1.3.1 量化指标与测量/Parameters and Measurements

人体热舒适受物理因素、人的服装和活动状况的综合影响,分别有各自的量化评价指标和标准。

1. 室内空气温度

温度是国际6个基本单位制之一,反映人对冷热刺激的感受。物质的性质随温度改变,如固体、液体和气体存在热胀冷缩现象。温度用华氏温标(Fahrenheit)、摄氏温标(Celsius)或开尔文温标(Kelvin)三种方式度量。标准大气压下,冰的熔点为32℉,水的沸点为212℉,中间划分为180等份,每等份为1℉(华氏度)。在标准大气压,纯水的熔点为0℃,水的沸点为100℃,中间划分为100等份,每等份为1℃(摄氏度)。开尔文温标对应的物理量是热力学温度(又称绝对温度),是一个纯理论的温标,单位K(开尔文)。

摄氏和华氏温标的关系:

$$t_c = \frac{5}{9}(t_F - 32)$$

摄氏和开尔文温标比较:

温度	℃	K
绝对零度	−273	0
水冰点	0	273
水沸点	100	373

室内空气温度(indoor temperature)一般采用干球温度计来测量,简便实用。目前,实验中多数采用自动电子温度计,连续测量和记录温度变化情况,实现室内空气温度的动态监测(图1-7)。

图1-7 自动电子温度计

2. 室内空气湿度

空气中可容纳的水蒸气量是有限的,在一定气压下,空气温度越高,可容纳的水蒸气量也越多。空气湿度(indoor humidity)用绝对湿度、相对湿度或实际水蒸气分压力来量化表示。

绝对湿度即每立方米空气中的水蒸气含量，单位为 g/m³。空气含湿量即在单位质量干空气中的水蒸气含量，单位为 g/kg。实际水蒸气分压力(e)即大气压中的水蒸气分压力，单位为 Pa(帕[斯卡])。在一定的气压和温度条件下，空气中水蒸气含量有一个饱和值，与饱和含湿量对应的水蒸气分压力称为饱和水蒸气分压力，饱和水蒸气分压力随空气温度而改变(图 1-8)。

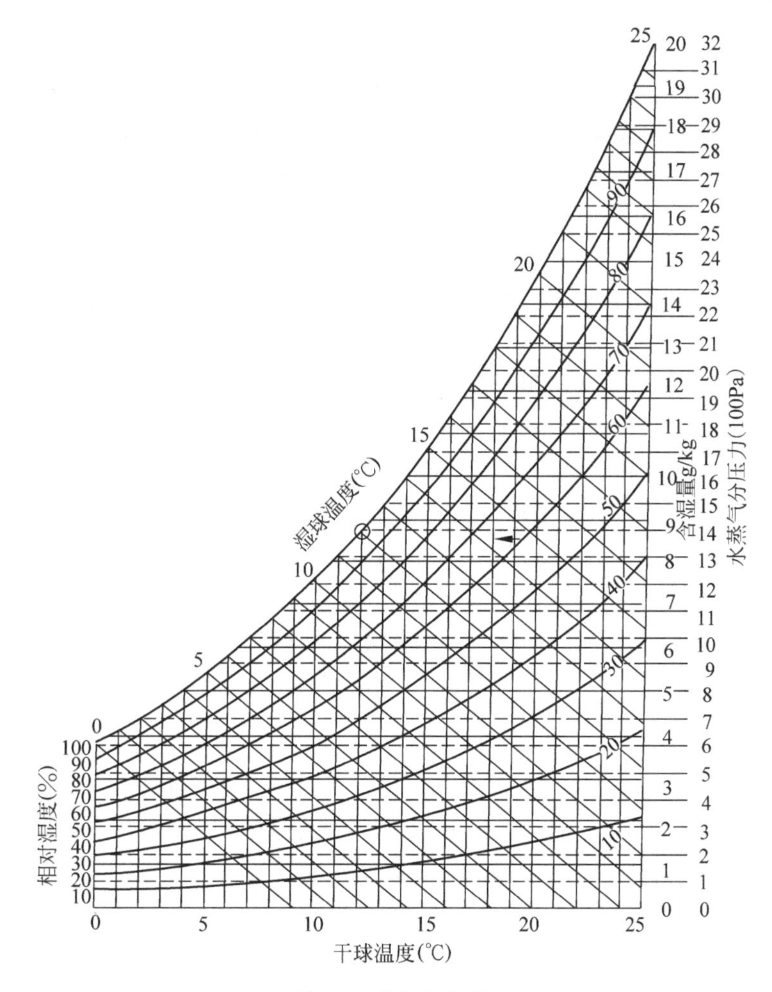

图 1-8 空气温湿图

三种空气湿度表示方法的数值换算关系如下：

$$d = 0.622 \frac{e}{P - e}$$

式中：d——空气含湿量(kg/kg 干空气)；

P——大气压，Pa；一般标准大气压为 101300Pa；

e——实际水蒸气分压力，Pa。

$$e = 0.461T \cdot f$$

式中：T——空气的绝对温度，K；

f——空气的绝对湿度，g/m^3。

相对湿度即一定温度和气压下空气中实际水蒸气含量与饱和水蒸气含量之比。在建筑工程中常用实际水蒸气分压力(e)与饱和水蒸气分压力(E)的百分比来表示相对湿度，饱和空气的相对湿度为100%。相对湿度的表达式为

$$\varphi = \frac{e}{E} \times 100\%$$

空气温湿图是根据含湿空气物理性质绘制的工具图，反映在标准大气压下，空气温度(干球温度)、湿球温度、水蒸气分压力、相对湿度之间的关系。当空气含湿量不变，即实际水蒸气分压力 e 值不变，而空气温度降低时，相对湿度将逐渐增高；当相对湿度达到100%后，如温度继续下降，则空气中的水蒸气将凝结析出。相对湿度达到100%，即空气达到饱和状态时所对应的温度称为“露点温度(dew point temperature)”，通常以符号 t_d 表示。不同大气压下和温度下的饱和水蒸气分压力值可以通过查表得到。

室内空气的相对湿度可用干湿球湿度计测量(图1-9)，干球和湿球温度计的温度数值差反映空气相对湿度状况。数值差越大，相对湿度越低，数值差越小，相对湿度越高，越接近饱和。目前，实验多数采用自动电子湿度计，通过传感器连续测量和记录室内空气湿度，满足动态监测室内湿度变化的需要(图1-9)。

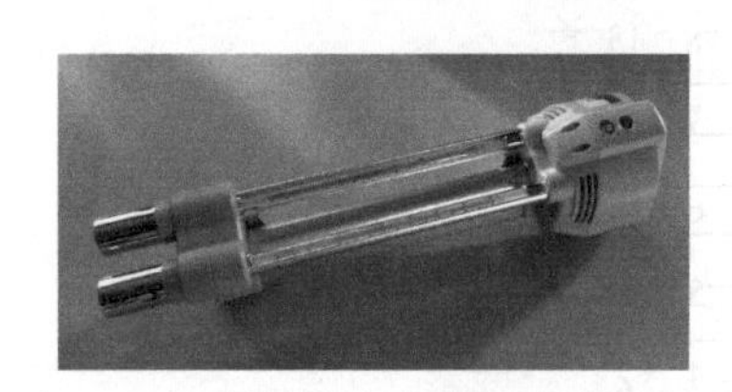

图1-9 干湿球湿度计

干湿球湿度计由两支水银温度计组成，一支测量空气温度(DBT)，另一支湿球温度计(WBT)感温部位保持湿润，水分蒸发吸热导致温度降低。相对湿度小，水分蒸发速度快，干、湿球温度差较大，相对湿度的增大，温差逐渐变小。根据测得的干、湿球温度从空气温湿图中得到空气相对湿度和水蒸气分压力，准确计算时可用查表得出。

［**例1-1**］ 求室内温度18.5℃、相对湿度70%时的空气露点温度 t_d。

［**解**］ 查表得18.5℃时的饱和水蒸气分压力为2129.2Pa，现相对湿度为70%，按公式 $\varphi = e/E \times 100\%$，得实际水蒸气分压力为

$$e = 2129.2 \times 0.7 = 1490.4\text{Pa}$$

再查表得出当1409.4Pa成为饱和水蒸气分压力时所对应的温度为12.1℃，即该环境下的空气露点温度为12.1℃。此时，表面温度低于12.1℃的物体(如外窗的玻璃)表面就会结露。

［**例1-2**］ 设一居室测得干球温度为20℃，湿球温度15℃，求室内相对湿度、露点温度、实际水蒸气分压力。

［**解**］ 应用温湿图查得干球温度为20℃与湿球温度为15℃的交点在相对湿度曲线为50%和60%之间，估计为59%，再由此点平行向左找到其与相对湿度100%曲线的交点，在湿球温度为11℃与12℃之间，即其露点温度约为11.8℃；再从交点向右找到其水蒸气分压力在1300Pa～1400Pa，估计为1360Pa，即实际水蒸气

分压力约为 1360Pa。

3. 室内空气流动

空气流动形成风，风速是单位时间内空气流动的行程，单位为 m/s，风向指气流吹来的方向。开窗状态下，室内气流状况受室外气流状况和空调设备送风状况影响。室内空气流动(indoor air movement)有利于人体对流换热和蒸发换热。如果空气温度低于皮肤温度，加大风速可增加皮肤对流失热率，加速汗液蒸发散热，继续加大风速，汗液蒸发散热将达到极值并不再增加。相反，如果空气温度高于皮肤温度，人体将通过对流得热。气流动态变化对人体热感觉影响较大，环境较热时，脉动气流对人体的致冷效果强于稳定气流。在空调设计中，送风频率和风速接近自然风会更加舒适。

室内风向和风速用风速计测量。自动电子风速计可以实现多方向风速测量和记录，动态监测室内气流状况。

4. 室内热辐射

室内热辐射(indoor radiation)指房间内各表面和设备与人体之间的热辐射作用，用平均辐射温度(T_{mrt})评价，是室内与人体辐射热交换的各表面温度的平均值，在某种状况下，假定所有表面温度都是平均辐射温度，该状况下净辐射热交换与原各表面温度状况下的辐射热交换相同(图 1-10)。由于人在房间中的位置不固定，房间中各表面的温度也不相同，精确计算室内平均辐射温度较为复杂，目前工程中一般常用粗略计算，用各表面的温度乘以面积加权的平均值表示。其计算式为

$$T_{mrt} = \frac{A_1 T_1 + A_2 T_2 + \cdots + A_n T_n}{A_1 + A_2 + \cdots + A_n}$$

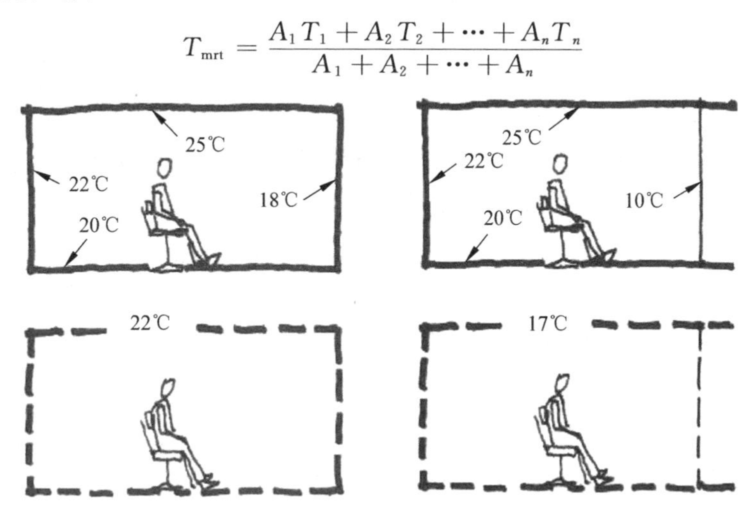

图 1-10 平均辐射温度示意图

上图为附件各表面的实际温度，下图为与之对应的室内平均辐射温度。

式中：T_1，T_2——各表面温度，K；

A_1，A_2——各表面面积，m^2；

T_{mrt}——房间的平均辐射温度，K。

平均辐射温度无法直接测量，但是可以通过黑球温度换算得出(图1-11)。平均辐射温度与黑球温度间的换算关系可用贝尔丁经验公式(Belding's fomula)计算：

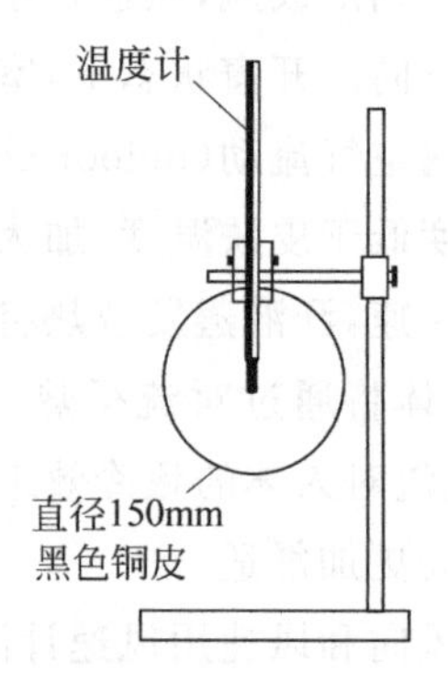

图1-11　黑球温度计(globe thermometer)

将玻璃水银温度计放在直径为150mm、无光泽黑色空心球中心，测得反映热辐射影响的黑球温度，反映空气温度及黑球与其周围环境间辐射交换的综合效果。

$$T_{mrt} = t_g + 2.4V^{0.5}(t_g - t_a)$$

式中：T_{mrt}——平均辐射温度，℃；

t_g——室内黑球温度，℃；

t_a——室内空气温度，℃；

V——室内风速，m/s。

平均辐射温度对人体热舒适有直接影响。夏季室内过热的原因，除了空气温度高之外，主要是由于围护结构内表面热辐射和进入室内的太阳辐射造成的。建筑围护结构内表面温度过低将产生冷辐射，影响热舒适性。

5. 服装状况

服装状况(clothing level)影响人与环境的热传递，人体表面的热量穿过衣物散发。服装状况用服装热阻clo值表示，1clo值定义为一个静坐者在空气温度21℃、气流速度小于0.05m/s，相对湿度小于50%的环境中感到舒适所需服装热阻。clo值的物理单位为0.043℃·m^2·h/kJ，即在织物两侧温度差1℃，1m^2织物面积通过1kJ热量需要3min。

服装clo值采用暖体铜人模型或测试服(testing garments)精确测量。

服装类型(types of clothing)对应的clo值如表1-2所示。

表1-2　各种典型衣着的热阻(ISO 7730)

服装形式	组合服装热阻	
	/(m^2·K/W)	/(clo)
裸身 短裤	0 0.015	0 0.1
典型的炎热季节服装：短裤，短袖开领衫，薄短袜和凉鞋	0.045	0.3
一般的夏季服装：短裤，长薄裤，短袖开领衫，薄短袜和鞋子	0.08	0.5
薄工作服装：薄内衣，长袖棉工作衬衫，工作裤，羊毛袜和鞋子	0.11	0.7

续表

服装形式	组合服装热阻	
	/(m^2·K/W)	/(clo)
典型的室内冬季服装：内衣，长袖衬衫，裤子，夹克或长袖毛衣，厚袜和鞋子	0.16	1.0
厚的传统欧洲服装，长袖棉内衣，衬衫，裤子，夹克的套装，羊毛袜和厚鞋子	0.23	1.5

6. 人体活动状况

人的活动状况(human activity level)以新陈代谢率(met，metabolic rate)为单位，不同活动状态的新陈代谢率为该活动强度下新陈代谢产热率与静坐休息时新陈代谢产热率的比值。基础代谢指人体在基础状态下的能量代谢，医学上的基础状态指清晨、清醒、静卧半小时，禁食12h以上，室温18℃～25℃，精神安宁、平静状态下，人体只维持最基础(血液循环、呼吸)的代谢状态。人体的基础代谢率(basal metabolic rate，BMR)是指单位时间内的基础代谢。通常将静坐休息时的新陈代谢率定义为1met，相当于人体表面产热58W/m^2。成年人平均产热量一般为90W～120W，从事重体力劳动时，产热量可达580W～700W(图1-12)。

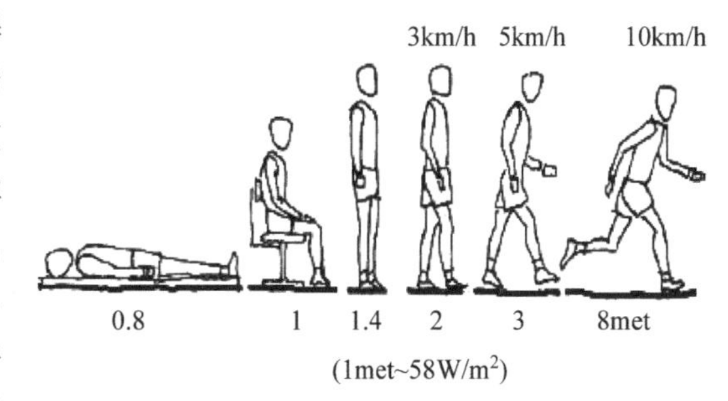

图1-12 人的活动状态与新陈代谢率

根据国际标准(ISO 7730)对几种活动强度时人体皮肤表面每平方米表面积(A_{Du})[①]的新陈代谢产热量，取值见表1-3。

表1-3 人体单位皮肤表面积上的新陈代谢产热量

活动强度	新陈代谢产热率(H/A_{Du})	
	/(W/m^2)	/met
躺着	46	0.8
坐着休息	58	1.0
站着休息	70	1.2
坐着活动(在办公室、居室、学校、实验室)	70	1.2
站着活动(买东西、实验室内轻劳动)	93	1.6
站着活动(商店营业员、家务劳动、轻机械加工)	116	2.0
中等活动(重机械加工、修理汽车)	185	2.8

① A_{Du}即人体表面积，A_{Du}与人的身高体重有直接关系，我国一般成年人的表面积为1.5m^2～1.8m^2。

1.3.2 热平衡方程/Thermal Balance Equation

热舒适建立在人与周围环境正常热交换的基础上，新陈代谢产热从人体散发出去，维持热平衡和正常体温(图1-13)。

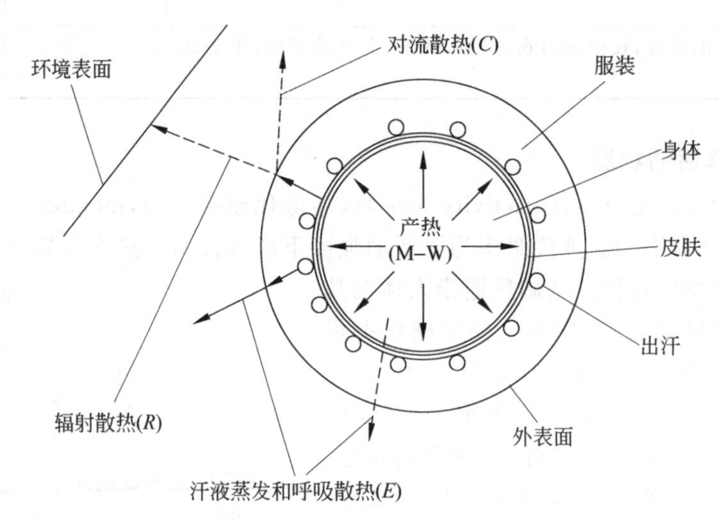

图1-13 人体和环境的热交换

人的新陈代谢产热量和向周围环境散热量之间的平衡关系，用人体热平衡方程式表示：

$$M-W-C-R-E=TL$$

式中：M——人体新陈代谢率，W/m^2；

W——人体所做的机械功，W/m^2；

C——人体外表面向周围环境通过对流形式散发的热量，W/m^2；

R——人体外表面向周围环境通过辐射形式散发的热量，W/m^2；

E——汗液蒸发和呼出的水蒸气所带走的热量，W/m^2；

TL——人体产热量与散热量之差，即人体热负荷，W/m^2。

人体新陈代谢产热量(M)主要取决于人的活动状况。

对流换热量(C)是当人体表面与周围空气之间存在温度差时，通过空气对流交换的热量。当体表温度高于气温时，人体失热，C为正值；反之，则人体得热，C为负值。

辐射换热量(R)指人体表面与周围环境之间进行的辐射热交换。当体表温度高于周围表面的平均辐射温度时，人体失热，R为正值；反之，则人体得热，R为负值。

蒸发散热量(E)指在正常情况下，人通过呼吸和无感觉排汗向外界散发一定热量。在活动强度变大、环境变热及室内相对湿度低时，E随着有感觉汗液蒸发而显著增加。

当$TL=0$时，人体处于热平衡状态，体温可维持正常，这是人生存的基本条件。但是,$TL=0$ 并不一定表示人体处于舒适状态,因为可能有许多不同的组合都可使 $TL=0$;也就是说,人会遇到各种不同的热平衡,但并非所有热平衡都是舒适的,例如,人在大汗淋漓状态下,虽然取得了热平衡,但并不舒适。只有人体按正常比例散热的热平衡才是舒适的,正常比例的散热因人的活动状况和环境状况的差异而有不同数值。一般地,总散热量中,对流占 25%～30%,辐射占 45%～50%,呼吸和无感觉出汗占 25%～30%,此时热平衡才是舒适的。由于人体的体温调节机制,当环境过冷时,皮肤毛细血管收缩,血流减少,皮肤温度下降以减少散热量;当环境过热时,皮肤血管扩张,血流增多,皮肤温度升高以增加散热量,甚至大量排汗使蒸发散热 E 加大,达到热平衡,这种热平衡称为负荷热平衡。在负荷热平衡状态下,虽然 TL 仍然等于 0,但人体已不处于舒适状态,只要出汗和皮肤表面平均温度仍在生理允许范围之内,则负荷热平衡仍是可忍受的。

人体体温调节能力具有一定限度,不能无限制通过减少体表血流方式来应对过冷环境,也不能无限制地靠出汗来应对过热环境,因此,一定程度下终将出现 $TL\neq 0$ 的情况,导致人体体温升高或者降低,从生理健康角度,这是不允许的。人体体温最大的生理性变动范围为 35℃～40℃;$TL=0$,表明人体正常,体温保持不变;$TL>0$,表明体温上升,人体不舒适;当体温≥45℃,人死亡。$TL<0$,表明在冷环境中,人体散热量增多。当体温<36℃,称体温过低;体温<28℃,有生命危险;体温<20℃,一般不能复苏(图 1-14)。

因此,通常的热舒适是人体低新陈代谢率、不出汗、不冷颤,室内热环境的舒适度分为舒适、可忍受和不可忍受三种情况,为了保证人体健康,至少处于可忍受的负荷热平衡状态,作为室内热环境评价的标准和规定。

1.3.3 热舒适指数/Thermal Comfort Indices

人体热平衡公式表明,任何一项单项因素都不足以说明人体对热环境的反应。如果用单一指数来描述人对热舒适的反应,对热环境全部影响因素的综合效果进行评价,称为热舒适指数。热舒适的各种影响因素是不同物理量,密切关联,改变一个因素可以补偿其他因素,例如,室内空气温度低、平均辐射温度高与室内空气温度高、平均辐射温度低可能具有相同的热感觉,并且热舒适还与人的活动和服装状况有关。

对热舒适指数的研究,先后提出了作用温度、有效温度、热应力指标和预测平均热感觉指标等,从不同角度将各种影响因素综合,为建筑热工设计和室内热环境评价提供依据和方法。

1. 作用温度

作用温度(operative temperature,OT)综合了室内气温和平均辐射温度对人体的影响,忽略其他因素,用公式表示为

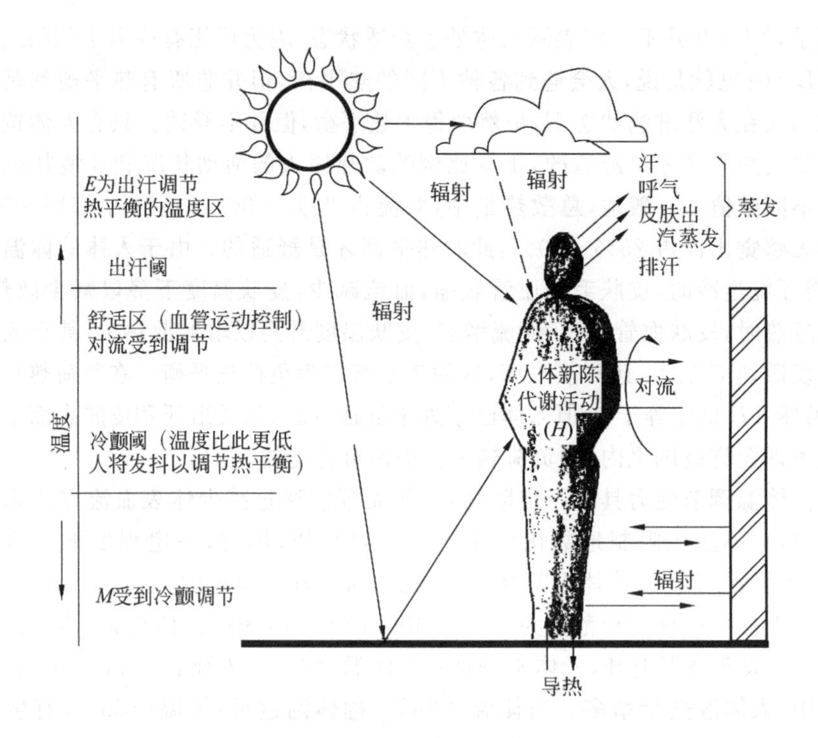

图 1-14 热平衡与舒适热平衡

人体新陈代谢产生的热量与蒸发、辐射、导热和对流的失热代数和相等。对人体而言,与周围环境的辐射、对流以及导热是得热或失热过程,蒸发是失热过程。

$$t_o = \frac{t_a a_c + t_{mrt} a_r}{a_c + a_r}$$

式中:t_o——作用温度,℃;

t_a——室内空气温度,℃;

t_{mrt}——室内平均辐射温度,℃;

a_c——人体与室内环境的对流换热系数;

a_r——人体与室内环境的辐射换热系数。

当室内空气温度(t_a)与平均辐射温度相等时,作用温度与室内空气温度相等。

2. 有效温度

有效温度(effective temperature,ET)将一定条件下的室内空气温度、空气湿度和风速对人的热感觉综合成单一数值,数值上等于产生相同热感觉的静止饱和空气的温度。基本假设是在同一有效温度作用下,室内温度、湿度、风速各项因素的不同组合在人体产生的热感觉可能相同。它以实验为依据,受试者在热环境参数组合不同的两个房间走动,设定其中一个房间无辐射、平均风速为“静止”状态($V \approx 0.12$m/s)、相对湿度为“饱和”(100%),另一房间各项参数(温度、湿度、风速)均可调节,如多数受试者在两个房间均能产生同样的热感觉,则两个房间有效温度相同(图 1-15)。如果进一步考虑室内热辐射的影响,将黑球温度代替空气温度得到"修正有效温度(corrected effective temperature, CET)"。标准有效温度(standard effective temperature,SET)是综合考虑人的活动状况、服装热阻形成一个通用指标,是一个等效的干球温度值,把室内热环境实际状况下的空气温度、相对湿度和平均辐射温度综合为一个温度参数,使具有不同空气温度、相对湿度和平均辐射温度的热环境状况能用一个指数表达并进行相互比较,同一标准有效温度下,室内温度、湿度、风速等各项因素的组合不同,但人体会产生的热感觉相同。

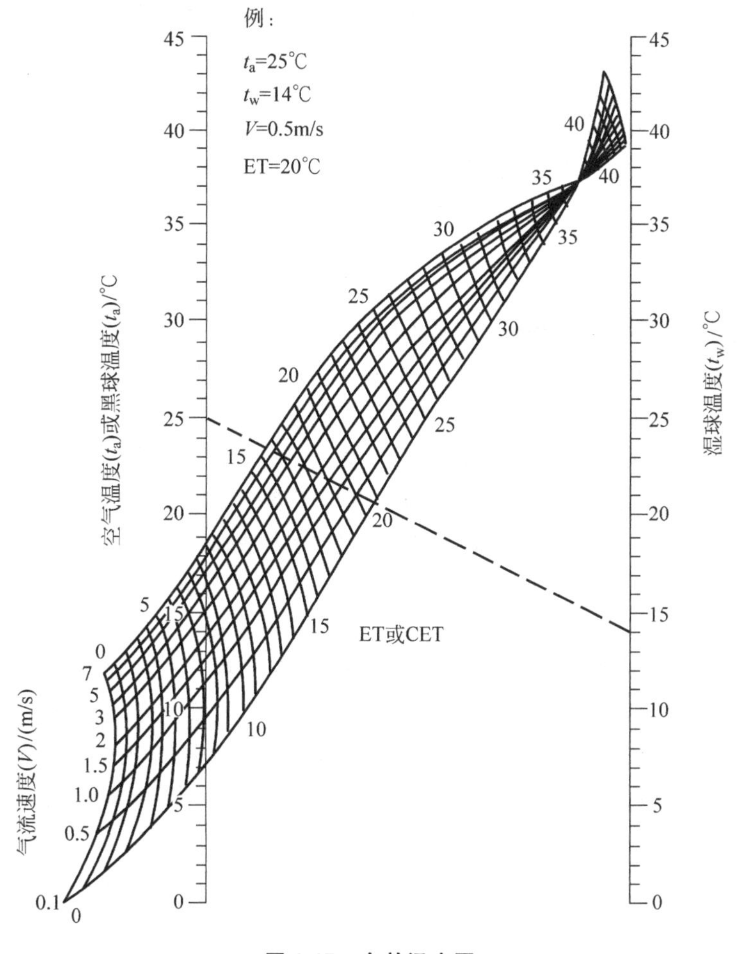

图 1-15 有效温度图

3. 热应力指标

热应力指标(heat stress index,HSI)用于定量表示热环境对人体的作用应力,综合考虑室内空气温度、空气湿度、室内风速和平均辐射温度的影响,是按照人体活动产热、服装及周围热环境对人的生理机能综合影响的分析方法,以汗液蒸发为依据,将室内热环境下的人体生理反应以排汗率来表示。热应力指标认为,所需排汗量(E_{req})等于新陈代谢量减去对流和辐射散热量,即使 $HSI=E_{req}/E_{max}\times100$,即根据人体热平衡条件,计算一定热环境中人体所需的蒸发散热量和该环境中最大可能的蒸发散热量,以二者百分比作为热应力指标。

表 1-4 HSI 与生理健康状况

HSI	暴露8小时的生理和健康状况的描述
−20	轻度冷过劳
0	没有热过劳
10~30	轻度至中度热过劳。对体力工作几乎没有影响,但可能减低技术性工作的效率
40~60	严重的热过劳,除非身体健壮,否则就免不了危及健康。需要适应环境的能力
70~90	非常严重的热过劳。必须经体格检查以挑选工作人员。应保证摄入充分的水和盐分
100	适应环境的健康年轻人所能容忍的最大过劳
>100	暴露时间受体内温度升高的限制

4. 预测平均热感觉指标

预测平均热感觉指标(predicted mean vote,PMV)是范格尔(Per Olaf Fanger)提出的人体热感觉的评价指标,在实验研究基础上得到人体 PMV 热舒适模型,它综合了影响人体热舒适的因素的环境物理因素和人体活动状态和服装状况,代表了同一环境中大多数人的冷热感觉的平均,是考虑人体热舒适感诸多相关因素最全面的评价指标,得到了美国采暖空调学会(ASHRAE 标准 55)和国际标准化组织标准(ISO 7730)认可,是目前通用的室内热环境评价指标。

PMV 热舒适方程以长期室内受控环境实验为基础,基于人体体温调节和热平衡理论建立热舒适模型,计算人在多种服装和活动状态下对热环境的舒适感。人体通过出汗、打冷颤和调节皮肤血流量等生理过程来保持新陈代谢产热量和散热量的平衡,保持体温稳定,这是热舒适的前提条件。由于体温调节机制非常高效,人体也能在环境物理参数变化较大的范围内维持热平衡。为了预测热中性感觉,范格尔研究了人体接近热中性时的生理过程,认为此时影响热平衡生理过程的只有出汗率和平均皮肤温度,均取决于人体活动状况。并根据研究数据推导活动状况和出汗率之间的线性关系,根据183位受试者在给定活动状况下热中性感觉时的投票获得,并对20位受试者在4种活动状况(静坐、低活动强度、中等活动和高强度活动)下的皮肤温度进行了测试,得到皮肤温度和活动状况的线性关系,将上述两个线性关系式代入热平衡方程得到热舒适方程,描述6个热感觉影响因素在人体处于热中性时的关系,用于预测人体热中性感觉时的状况。根据1396位受试者实验获得的数据得出4种活动状况、相同服装(均为0.6clo)、风速有变化条件下,人体反应的热感觉数据,进行曲线回归分析,得到 PMV 热舒适方程如下:

$$PMV=(0.303\times\exp(-0.036M)+0.0275)TL$$

其中:M——人体新陈代谢率。

TL 由人体热平衡方程得出:$TL=M-W-C-R-E$,是人体产热量与人体保持舒适条件下的平均皮肤温度和出汗造成的潜热散热时向外界散出的热量之间的差值。在某种热环境下，人体产热和散热不能满足热平衡方程，人体会产生一个“负荷”*TL*。*TL* 为正，人体产生热感觉；*TL* 为负，则产生冷感觉。

PMV 热舒适方程表明人的热感觉是热负荷（*TL* 产热率与散热率之差）的函数，在舒适状态下，皮肤温度和排汗散热率分别与产热率之间存在相对应关系。在某种活动状态下，只有一种皮肤温度和排汗散热率使人感到最舒适的，可以通过人的活动状态和排汗率计算人处于舒适状态的平均皮肤温度。

PMV 指数综合了人体活动状况、服装热阻、空气温度、平均辐射温度、空气流动速度和空气湿度等因素的影响，PMV 热舒适方程是反映 6 个影响因素关系的等式，可计算大多数人对热环境的热感觉指标，并与 ASHRAE 的 7 级热感觉联系起来，分为冷（−3）、凉（−2）、稍凉（−1）、中性（0）、稍暖（1）、暖（2）、热（3）。PMV 为 0 代表最舒适状态，推荐值−0.5～+0.5 之间（ISO 7730），我国推荐值在−1～+1 之间（表 1-5）。

表 1-5 预测平均热感觉指标（PMV）与热感觉的对应关系

PMV 值	+3	+2	+1	0	−1	−2	−3
预测热感觉	热	暖	稍暖	舒适	稍凉	凉	冷

PMV 热舒适方程中，空气温度、湿度、风速可精确测量，但服装和人体新陈代谢率精确测量存在难度，加上民族、经济、文化与习俗不同，对热舒适的要求和接受程度存在差异。以实验和统计为基础预测平均热感觉，并不能让所有个体满意，PMV 预测的舒适温度下，仍有人感觉不满意，称为预测不满意百分率指标（PPD）。

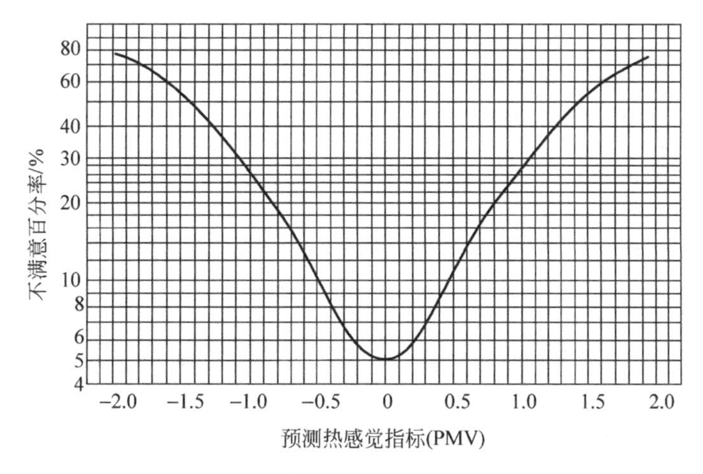

图 1-16 预测热感觉指标（PMV）与不满意百分率指标（PPD）

热感觉和热舒适都通过问卷了解主观反应，需要受试者按某种等级标准来描述。PMV 热舒适模型是建立在人的热感觉测试基础上，但热舒适比热感觉影响因素更多，该模型经过大量实验研究和现场研究验证，测试结果和预测值有时吻合，有时存在偏差,但作为一个全面评价指标,PMV广泛应用于建筑热舒适评价。

总之,建筑热舒适研究逐步建立在科学的、定量化的基础上,应当看到,每一种指标都以人体对热舒适的主观感觉为基础,而研究工作又只能以参与实验的受试者热感觉为准,存在局限性,有待进一步完善。

1.3.4 生物气候图/Bioclimatic Chart

另有一些研究人员并不认为热舒适可以用单一指标来综合评价,而是试图将舒适区在空气温湿图上表示出来,虽然由于个体因素、气候因素和生活习惯的差异,舒适区范围并不相同(图1-17)。

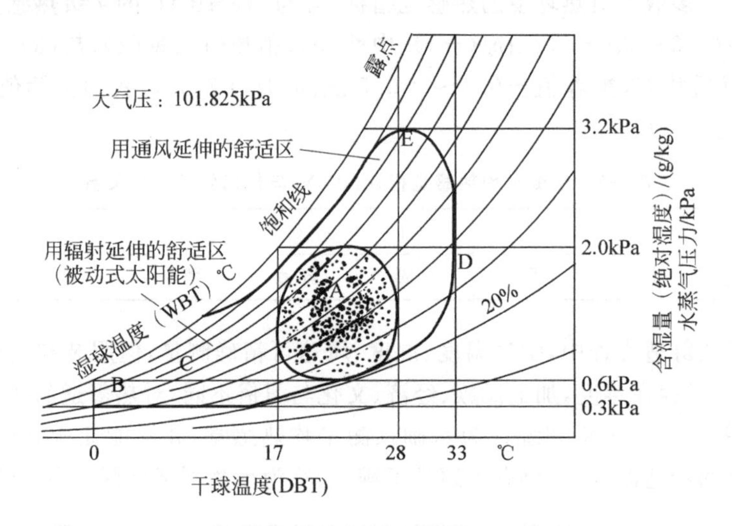

图1-17 空气温湿图上显示的舒适区

图中显示的舒适区范围是:干球温度17℃～28℃;水蒸气分压力(VP)0.6kPa～2.0kPa;相对湿度20%～80%。干球温度在17℃～28℃之间,此时,人在不出汗或打冷颤的情况下,穿着一般服装并通过血管舒缩控制即可达到热平衡。稀密点表示的区域即舒适区,它表明越靠近中心区舒适越有保证,超出这个范围就会有越来越多人感到不舒适。上述舒适区适用的对象是坐着活动的人,此时新陈代谢产热率为70W～150W。对于活动状况高于这个标准的,其舒适区将逐渐偏离图中的范围,图中的舒适区可以因为通风和蒸发散热而向上延伸到新的范围,也可以通过增加辐射在一定程度上将舒适区向下延伸至图中所示的新范围,由于辐射延伸的舒适区仅仅适用于风速极小的情况,而由于风速变化而延伸的舒适区则假定辐射可忽略不计。

图中标注各点的意义如下:

A表示通常所说的最舒适条件点。温度围绕A点可上下变动各2℃,夏季向上变动,冬季向下变动,在此范围内变化不会影响热舒适,相对湿度变化在10%～15%之间时,人也很容易就能够忍受。

B表示人在雪地里的情况,在接近0℃的空气里,人可以穿着很少的衣服沐浴在各向同性的太阳辐射里,四面八方均有足够的辐射,使人体达到热平衡。此时如果风速极微,则人也能够感到热舒适。

C表示人在冬季日出不久之后进入阳光暖照的房间,此时由于瞬感现象的作用使人感到热舒适。

D表示人在风速较大的环境中,此时汗的蒸发和汗的形成一样快,因而也容易获得热舒适。

E表示人处在很"难受的"环境,空气温度30℃,相对湿度70%。此时可以通过加大风速达到热舒适,风速通常保持在1.5m/s甚至更高。

1963年，奥戈雅(Victor Olgyay)在《设计结合气候：建筑地方主义的生物气候研究》中，系统地将设计与气候、人的热舒适结合起来绘制“生物气候图”，提出生物气候设计原则和方法。20世纪80年代，吉沃尼(Baruch Givoni)对奥戈雅“生物气候图”和设计方法的内容做了改进，他们提出的方法没有本质的差别，都是从人体的生物气候舒适性出发分析气候条件，进而确定可能的设计策略，只是采用的生物气候舒适标准有一定的差异，正如吉沃尼自己所承认的那样：“建筑生物气候图”本身是不精确的，当实际的气候条件与拟制该图表所假设的气候条件有出入的时候，像其中的温度变化幅度就可能会超出图表中所标示的范围，因此，图表上各个区域的界限只是提供各种可能和适用的热控制方法，实际的生物舒适感受应该与特定气候和地域条件结合起来考虑，同时应该充分兼顾建筑师可能采用的各种被动式制冷或供暖设计策略(图1-18)。

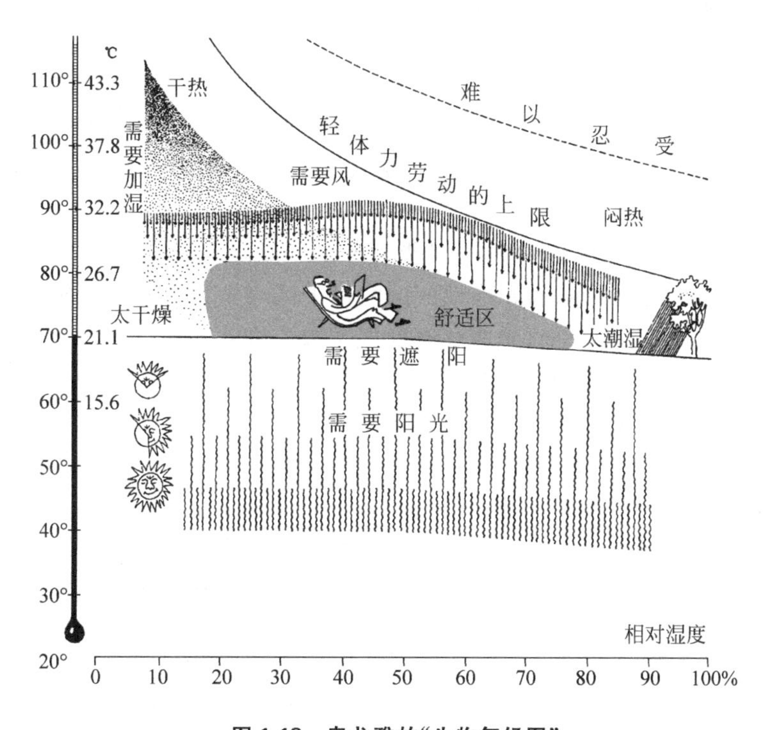

图1-18 奥戈雅的“生物气候图”

图中标示与周围的空气温度、湿度、平均辐射温度、风速、太阳辐射强度及蒸发散热等因素有关的人体舒适区。纵坐标是干球温度，横坐标是相对湿度，图表的中部分别标有冬季和夏季的舒适区范围(人对季节的适应性已经考虑在内)。依照具体的气候条件与舒适区的相对位置关系，确定需要采取的设计策略。

1.4 室内热环境设计标准/Indoor Thermal Environment Design Standard

室内热环境影响人的生活和健康,热舒适标准以满足人对环境的客观生理要求为基本依据,同时考虑建筑节能问题,保证室内热环境相关各项指标达到标准,围护结构性能符合建筑节能要求,体现在采暖和空调季节的室内温度、换气次数、围护结构的传热系数等指标。

《民用建筑热工设计规范》(GB 50176—1993)是围护结构设计的依据,根据气候条件和房间使用要求,按照经济和节能的原则,规定室内空气计算温度、围护结构的传热阻,屋顶及外墙的内表面最高温度等,保证相关物理因素满足人的热舒适性标准。

《公共建筑节能设计标准》(GB 50189—2015)对办公楼、餐饮、影剧院、交通、银行、体育、商业、旅馆、图书馆九大类公共建筑的各个不同功能空间的集中采暖室内计算参数进行了详细规定,对空气调节系统室内计算参数进行了规定。对主要空间的设计新风量进行了分项详细规定。

对北方冬季采暖地区居住建筑,《严寒和寒冷地区居住建筑节能设计标准》(JGJ 26—2010)规定了严寒和寒冷地区的气候子区与室内人环境计算参数,冬季采暖室内计算温度应取 18℃,采暖计算换气次数应取 0.5 次/h,18℃作为采暖度日数[①]计算基础,考虑经济和节能的需要,按照各地区的采暖期室外平均温度规定了该地区的建筑物耗热量指标和与其相适应的外围护结构各部分(如屋顶、外墙、窗、地面等)应有的传热系数限值。

对中南部地区居住建筑,《夏热冬冷地区居住建筑节能设计标准》(JGJ 134—2010)规定,冬季采暖室内热环境设计计算指标为卧室、起居室室设计温度应取 18℃,换气次数取 1.0 次/h;夏季空调室内热环境设计计算指标为卧室、起居室设计温度应取 26℃[②],换气次数取 1.0 次/h。《夏热冬暖地区居住建筑节能设计标准》(JGJ 75—2012)规定夏季空调室内设计计算指标取值:居住空间计算温度 26℃,计算换气次数 1.0 次/h;北区冬季采暖室内设计计算指标为:居住空间设计计算温度 16℃,计算换气次数 1.0 次/h。

---

① 采暖度日数:一年中,当某天室外日平均气温低于 18℃时,将该日平均温度与 18℃的差值乘以 1d,并将此乘积累加,得到一年的采暖度日数。

② 空调度日数:一年中,当某天室外日平均气温高于 26℃时,将该日平均温度与 26℃的差值乘以 1d,并将此乘积累加,得到一年的空调度日数。

2 气候与建筑
Climatic Sensitive Architecture Design

从原始遮蔽物到当今的现代化建筑，主要功能都是塑造室内热环境，缓解得热和失热带来的不舒适，让人满意地居住和工作。

建筑是人类智慧的结晶，也是人类文明的载体，其起源与气候密切相关。

人类自身的出现和进化是气候变化的结果。3000 万年前，人类远祖生活的北半球温带地区，气候温暖湿润，北极无冰雪覆盖，欧亚大陆森林茂盛，食物资源丰富。大约 1000 万年前，全球气温逐渐下降，热带森林退化成稀树草原，喜热动植物群落分布南移，最早的类人猿诞生。此后，第四纪大冰期在某种程度上抑制了人类社会发展，却使人类取得了显著的生理进化，完成了从猿到人的具有决定意义的转变，为人类文明发展奠定了基础。

人类在征服各种气候，扩展到地球各个角落的历程中，生理上出现了适应性进化，如人种肤色，但这种进化是缓慢和滞后的，真正保障人类生存应归功于三项具有划时代意义的发明：生火取暖、缝制服装和建造原始遮蔽物(Shelter)，这是维系人体热平衡的三种重要补偿方式。约 200 万年前，人类掌握了火的使用，对于人类而言，火意味着温暖、安全、光明，以及加工食物和改善营养，增加寿命。火空前扩展了生存和活动空间，大幅改善了人体周围的热环境，提供了度过寒冬的可能。服装带来了更高的热舒适，约 30 万年前旧石器时代晚期，兽皮缝制服装形成人体抵御寒冷的第一道外部防线，弥补了生火取暖的不足，进一步扩大了生存空间。火与服装伴随着人类向高纬度地区迁徙的漫长过程，原始遮蔽物比火与服装更久远，它提供安全防御、遮阳、避雨、防风功能，是人类生存的根本条件。

建筑的前身——树居、崖下居和岩洞居。在掌握用火和保存火种之前，人类生存范围局限在热带雨林和热带草原的交接地带。人类的前身“南方古猿”和最早的人类“能人”虽然下到地面活动和获取食物，但仍然保留了栖息树上的习性。树居主要出于躲避大型猛兽袭击的安全考虑，只有掌握用火，驱散黑暗，赶走野兽，才能将洞穴作为庇护所。大约 200 万年前，人类从热带地区向温带、寒带地区迁徙，住所从“树居”过渡到“崖下居”再到“岩洞居”。崖下居选址朝南，利用岩石特性，白天蓄热，夜间释放，形成相对理想的热环境。崖下居并非封闭空间，作用仅限于防风避雨，最大优点是防风，温带地区冬季强劲的北风大大增加了人体散热量，且防风对保存火种至关重要。在中高纬地区，为了适应寒冷气候，住所演变为“岩洞居”，冬暖夏凉，调节年较差和日较差。“树居”、“崖下居”和“岩洞居”展示了人类从热带低纬地区向寒带高纬地区迁徙的过程，体现了对寒冷气候的适应性，是“建筑适应气候”的最初体现。

建筑的雏形——原始巢居和穴居。作为与大自然不断抗争的产物，建筑的雏形“巢居”和“穴居”由“树居”和“岩洞居”发展而来。新石器时代，以穴居和巢居为主体的史前建筑体系逐渐形成，在漫长的历史过程中型制发展成熟。巢居和穴居有完全不同的热环境特征、分布和适用范围。巢居源于树居，但增加了“构木为巢”的创造过程，体现改造自然的能力。穴居的热稳定性优于巢居，但空间较封闭，容易潮湿，适合冬季寒冷地区(图2-1)。

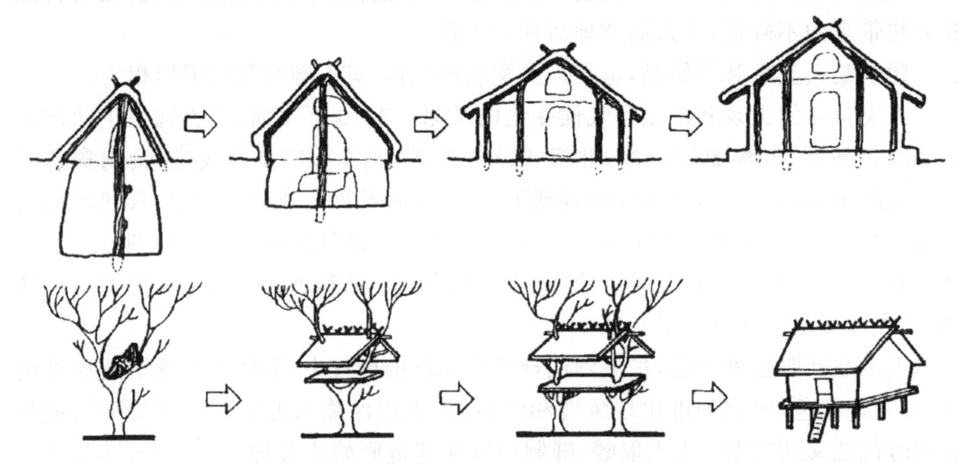

图2-1 从原始的穴居和巢居发展到真正意义上的建筑

建筑的繁荣。公元前10000年，人类从原始采集、狩猎进入原始农业定居时代，临时性巢居和穴居向更稳定的建筑形态发展，对建筑发展影响深远，人类首次感到建造坚固、耐久建筑的必要性，聚居地从单独的房子转向一片聚落或一座城市，原始手工业发展并从原始农业中分离出来，社会结构和人口分布发生改变，开始了最初的城市化进程。城市出现和发展是建筑走向繁荣的标志。远古初民比现代人更依赖自然环境，气候变迁尤其是冷暖干湿变化，在很大程度上对早期文明兴衰发挥决定性影响。气候变迁创造了文明，同样毁灭了许多曾经辉煌的文明。

时至今日，建筑一直在为人类抵御不利的气候条件，充当庇护所。在建筑发展过程中，气候条件对建筑演变和热环境塑造产生了直接而深刻的影响。

2.1 气候与建筑设计/Climate and Architecture Design

地球表面大气层中，在太阳的驱动下发生各种物理过程，太阳辐射的吸收和散射、空气的对流和热传递、水的蒸发和凝结等，形成各种天气现象。一般地，天气是某一地区在某一瞬间或某一短时间内的大气状态(如空气温度、湿度、压强等)和大气现象(风、雨、雪、雾和雷电等),而气候是指地球上某一地区多年的天气和大气活动的综合状况,是某个时段(月份、季节或全年)天气的平均统计特征,由太阳辐射、大气环流、地面性质等相互作用决定。气候具有长时间尺度统计的稳定性和地理空间变化的地域性。

气候的物候特征是指不同气候对地貌、动植物形态产生的影响。典型的地貌、动植物形态常常用来表征气候,如热带雨林气候、热带草原气候、极地冰原气候、极地苔原气候等。在现代热环境控制技术出现之前,乡土建筑通常表现出明显的气候敏感性特征,因此,在某种意义上也是一种物候特征。与建筑设计相关的气候因素有太阳辐射、空气温度、空气湿度、风向和风速、凝结和降水等。

2.1.1 气候与气候分区/Climate Zones

1. 全球气候形成与分区/Global Climate Zones

太阳为全球气候形成和变化提供动力。不同纬度地区太阳入射角不同,地球表面所接收的太阳辐射能量分布不均。低纬度地区比高纬度地区相比,单位面积地表面接收的太阳辐射能量多,这些能量通过大气环流(atmospheric circulation)进行再分配,低纬度地区的大气被地表加热后上升,高纬度地区冷空气流向低纬度地区补充,低纬度地区空气在上升途中逐渐冷却,流向高纬度地区并下降,形成对流循环圈,南、北半球各一个,称为单圈环流模式(图 2-2)。实际上,由于地球自转因素的影响形成了三圈环流模式。在地球表面,太阳辐射和大气运动加上各地地理特征的共同作用,形成了多姿多彩的全球气候类型。

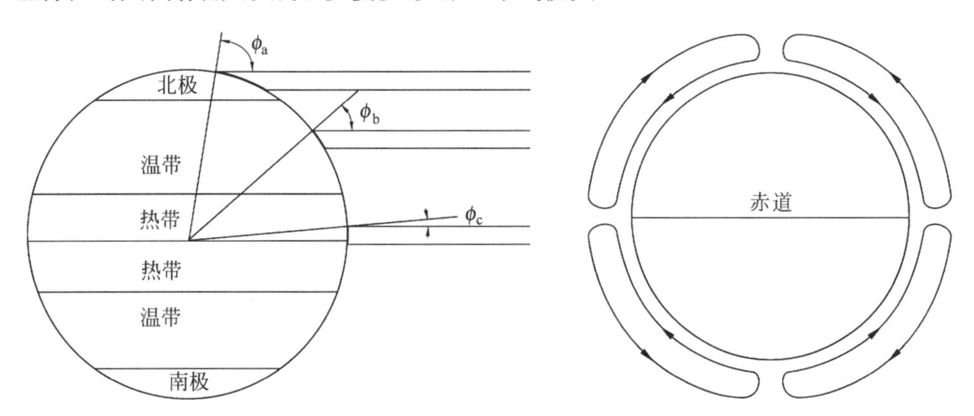

图 2-2 地球表面太阳辐射的不均匀性(左图)和单圈环流模式太阳辐射能再分配(右图)

全球各地气候千差万别,但在某一区域或不同地区,气候特征存在相似性,为客观地认识不同区域的气候特征,对其进行归纳或区别,称为气候分类。

气候分类通常包括两级,第一级是气候带,行星或更大尺度的因子是造成地球气候呈纬向带状分布的根本原因;第二级是气候型,主要由空间尺度较小的因子如海陆分布、地形等所致。全球气候包括若干气候带,每个气候带又可分成若干气候区和气候型。

气候带是根据纬向带状分布气候特征划分的。气候系统内部的各种物理、化学过程的动力来自系统之外的太阳，由于太阳辐射照射能量在地表分布随纬度增高而递减，决定了地球气候的基本状态也随纬度变化呈现地带性(图 2-3)。另外，在山地地区，虽然太阳辐射能量随海拔高度增加而增加，但由于反射、辐射等因素的影响，总辐射能量随高度增加递减，空气温度随高度增加而降低，降水先随高度而增加，到一定高度之后又随高度而减少，形成了山地地区气候随海拔高度而变化，自下而上出现从热带到寒带的气候特征，类似从赤道到极地的各个气候带，称为垂直气候带(图 2-4)。

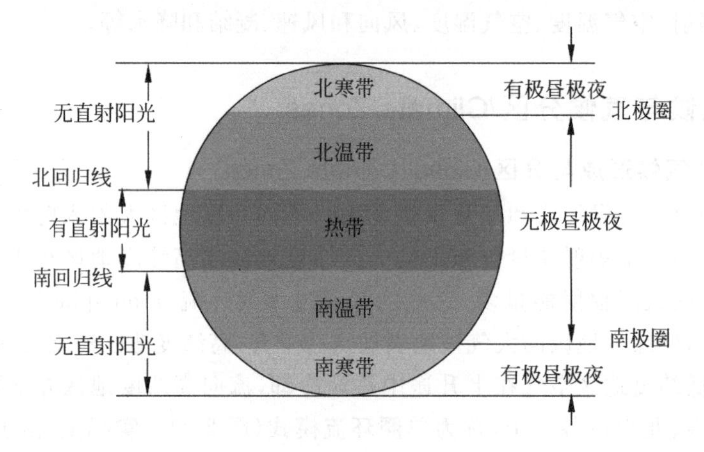

图 2-3 气候带

以回归线和极圈作为气候带的界线，将全球划分为热带、南(北)温带、南(北)寒带。

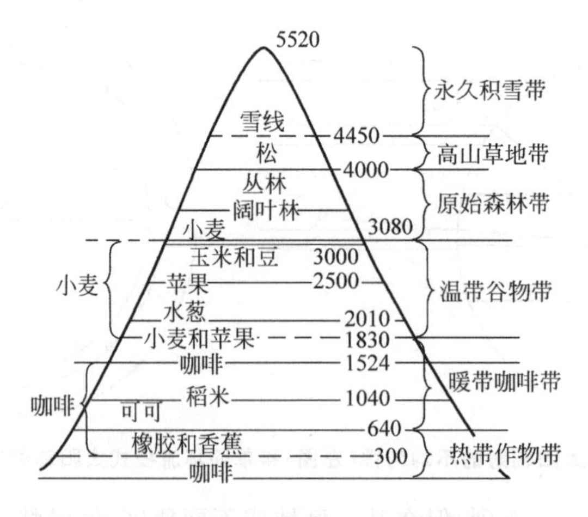

图 2-4 安第斯山(赤道区)垂直气候带(m)

拉丁美洲的安第斯山脉自北而南，穿过赤道，相当大的面积在热带地区。由于温度随高度递减，从山麓到山顶可分出热地带、暖地带、冷地带和冻地带等几个不同的垂直气候带。又由于从赤道多雨气候到热带荒漠气候的纬度逐渐增高，在山麓湿润条件上又有很大的差异，因此在热带安第斯山，垂直气候带和自然植被又随所在纬度的地表湿润状况而有明显的差异。

公元前4世纪，亚里士多德(Aristotle)著有《气象学》(*Meteorologis*)一书。公元前3世纪，埃拉托色尼(Eratosthenes)按纬度划分热带、南(北)温带、南(北)寒带五个气候带。公元2世纪，托勒密(Claudius Ptolemaeus)以太阳辐射为依据从赤道到极地划分24个气候带。

气候带与气候型的划分方法分为两大类。

第一类实验分类法，是根据大量观测记录，以某些气候要素的长期统计平均值及其季节变化与自然界的植物分布、土壤水分平衡、水文情况及自然景观等相对照来划分气候带和气候型，如柯本气候分类法。1884年，柯本(Vladimir Peter Koppen)根据月平均温度20℃与10℃的持续月数，将全球划分为热带、副热带、温带、寒带和极地带，又以气温和降水为基础，参照自然植被分布，把全球气候分为6个气候区：赤道潮湿性气候区(A)、干燥性气候区(B)、湿润性温和型气候区(C)、湿润性冷温型气候区(D)和极地气候区(E)，由于山地气候(H)变化非常复杂，将其单独归为一类。在气候区基础上进一步划分为13个气候型，即热带雨林气候、热带季风气候、热带草原气候、沙漠气候、稀树草原气候、地中海气候、亚热带湿润性气候、海洋性西海岸气候、湿润性大陆性气候、针叶林气候、冰原气候、苔原气候和山地气候。柯本气候分类法系统分明，气候型有明确的温度或雨量界限，结合自然植被和自然景观，如森林、草原、沙漠、苔原等物候特征，表达直观，分类采用的基本气候资料易于获得。

第二类成因分类法，是根据气候形成的辐射因子、环流因子和下垫面因子来划分气候带和气候型。一般是先从辐射和环流来划分气候带，然后再就大陆东西岸位置、海陆影响、地形等因子与环流相结合来确定气候型，斯查勒(A. N. Strahler)分类法是动力气候分类法，根据气团源地和分布以及锋的位置，将全球气候分成三大带：低纬度气候带、中纬度气候带和高纬度气候带，各气候带又划分为若干气候型，这种分类法重视气候的形成因素，把高地气候与低地气候区分开来，同时考虑了气候的纬度地带性和大陆东西岸及内陆的差异性，结合土壤水分收支平衡，干燥气候与湿润气候的划分明确细致。

2. 建筑气候分区/Climatic Zones for Building

在《建筑师环境科学手册》(*Environmental Science Handbook for Architects*)中，斯欧克来(Steven V. Szokolay)根据空气温度、空气湿度、太阳辐射等因素，粗略划分出四种气候区，即湿热气候区、干热气候区、温和气候区和寒冷气候区(表2-1)，用于研究各种气候条件下的建筑气候敏感性设计策略，是研究建筑与气候关系时最常用的分类法。目前世界上广泛使用的还有柯本气候分类法(表2-2)。

表 2-1 建筑气候分区

气候类型	气候特征及气候因素	建筑气候策略
湿热气候区	温度高(15℃～35℃),年均气温在18℃左右,或更高 年较差小 年降水量≥750mm 潮湿闷热,相对湿度≥80% 太阳辐射强烈,眩光	遮阳 自然通风降温 低热容的围护结构
干热气候区	太阳辐射强烈,眩光 温度高(20℃～40℃) 年较差、日较差大 降水稀少、空气干燥、湿度低 多风沙	最大限度地遮阳 厚重的蓄热墙体增强热稳定性 利用水体调节微气候 内向型院落式格局
温和气候区	有明显的季节性温度变化(有较寒冷的冬季和较炎热的夏季) 月平均气温的波动范围大,最冷月可低至－15℃,最热月则可高达25℃ 气温的年变幅可从－30℃到37℃	夏季:遮阳、通风 冬季:保温
寒冷气候区	大部分时间月平均温度低于15℃ 日夜温差变化较大 风 严寒 雪荷载	最大限度地保温

表 2-2 柯本气候分类法

气候区	气候特征	气候型	气候特征
A 赤道潮湿性气候区	全年炎热 最冷月平均气温≥18℃	热带雨林气候 Af	全年多雨 最干月降水量≥60mm
		热带季风气候 Am	雨季特别多雨 最干月降水量＜60mm
		热带草原气候 Aw	有干湿季之分 最干月降水量＜60mm
B 干燥性气候区	全年降水稀少 根据降水的季节分配,分冬雨区、夏雨区、年雨区	沙漠气候 Bwh,Bwk	干旱 降水量＜250mm
		稀树草原气候 Bsh,Bsk	半干旱 250mm＜降水量＜750mm
C 湿润性温和型气候区	最热月平均气温＞10℃ 0℃＜最冷月平均温度＜18℃	地中海气候 Csa,Csb	夏季干旱 最干月降水量＜40mm,不足冬季最多月的1/3
		亚热带湿润性气候 Cfa,Cwa	
		海洋性西海岸气候 Cfb,Cfc	

续表

气候区	气候特征	气候型	气候特征
D 湿润性 冷温型 气候区	最热月平均气温>10℃ 最冷月平均气温<0℃	湿润性大陆性气候 Dfa,Dfb,Dwa,Dwb	
		针叶林气候 Dfc,Dfd,Dwc,Dwd	
E 极地 气候区	全年寒冷 最热月平均气温<10℃	苔原气候 ET	0℃<最热月平均气温<10℃ 生长有苔藓、地衣类植物
		冰原气候 EF	最热月平均气温<0℃ 终年覆盖冰雪
H 山地 气候区		山地气候 H	海拔在2500m以上

2.1.2 中国气候特征与区划/China Climate Zones

依据柯本气候分类法，从分布来看，中国东北地区属于湿润性大陆性气候(Dwb)，华东地区属于亚热带湿润性气候(Csa)，华南地区属于热带季风气候(Am)，西南地区青藏高原属于山地气候(H)，西北地区属于稀树草原(BSk)和沙漠气候(BWk)范围。

中国气候有三大特点。

(1) 显著的季风特色。我国大多数地区一年中风向发生着规律性的季节更替，这是由所处地理位置海陆配置所决定的。由于大陆和海洋热力特性的差异，在冬季严寒的亚洲内陆形成一个高气压区，东南方的海洋上相对成为一个低气压区，高气压区的空气流向低气压区，形成冬季多偏北和西北风；相反，夏季大陆比海洋热，高温的大陆成为低气压区，海洋成为高气压区，盛行从海洋吹向大陆的东南风或西南风。由于大陆风干燥，海洋风湿润，所以我国降水多发生在偏南风盛行的5～9月。因此，季风特色不仅反映在风向转换上，也反映在干湿变化，冬冷夏热，冬干夏雨。

(2) 明显的大陆性气候。与海洋相比，大陆热容量小，太阳辐射减弱或消失时，大陆比海洋降温快，大陆温差比海洋大，称为大陆性。我国大陆性气候表现在与同纬度其他地区相比，冬季冷，夏季热（沙漠除外）。

(3) 多样的气候类型。我国幅员辽阔，北部漠河位于北纬53°以北，南部南沙群岛位于北纬3°，南北跨越气候带，而且高山深谷，丘陵盆地众多，青藏高原海拔4500m以上的地区四季常冬，南海诸岛终年皆夏，云南中部四季如春，其余绝大部分地区四季分明。

一个国家或地区，按一定的标准，同时结合生产实际、考虑自然区或行政区因素，将全国或区域按气候特征划分为若干小区，称为气候区划。气候区划实际也是一种气候分类，只是局限在一定范围，并侧重于气候应用和服务。建筑采光、采暖、通风都与当地的气候要素相关,研究建筑适应当地气候特点,合理规划、布局、选材、设计施工,以创造适宜的建筑热环境和建筑气象效应的科学,称为建筑气候学。

《建筑气候区划标准》(GB 50178—1993)提出了建筑气候区划,涉及更多气候参数,适用范围更广,以累年1月和7月的平均气温、7月平均相对湿度作为主要指标,以年降水量、年日平均气温≤5℃和≥25℃的天数作为辅助指标,将全国划分为7个一级区,即Ⅰ、Ⅱ、Ⅲ、Ⅳ、Ⅴ、Ⅵ、Ⅶ区。在一级区内,又以1月和7月平均气温、冻土性质、最大风速、年降水量等指标,划分成若干二级区,并提出了相应的建筑基本要求和技术措施。

《民用建筑热工设计规范》(GB 50176—1993)从建筑热工设计角度,将全国建筑热工设计进行分区,使建筑热工设计与地区气候相适应,符合基本建筑热环境要求和国家节能政策。用累年1月和7月平均温度作为分区主要指标,累年日平均温度≤5℃和≥25℃的天数作为辅助指标,将全国划分为5个区,即严寒地区、寒冷地区、夏热冬冷地区、夏热冬暖地区和温和地区,并提出相应的设计要求。分区指标、气候特征和对建筑基本要求如表2-3所示。

表2-3 民用建筑热工设计规范中的5个分区

分区名称	分区指标		设计要求
	主要指标	辅助指标	
严寒地区	最冷月平均温度≤−10℃	日平均温度≤5℃的天数≥145d	必须充分满足冬季保温要求,一般可不考虑夏季防热
寒冷地区	最冷月平均温度≤0℃~−10℃	日平均温度≤5℃的天数90d~145d	应满足冬季保温要求,部分地区兼顾夏季防热
夏热冬冷地区	最冷月平均温度0℃~−10℃ 最热月平均温度25℃~30℃	日平均温度≤5℃的天数0d~90d 日平均温度≥25℃的天数为49d~110d	必须满足夏季防热要求,适当兼顾冬季保温
夏热冬暖地区	最冷月平均温度>10℃ 最热月平均温度25℃~29℃	日平均温度≥25℃的天数为100d~200d	必须充分满足夏季防热要求,一般可不考虑冬季保温
温和地区	最冷月平均温度0℃~13℃ 最热月平均温度18℃~25℃	日平均温度≤5℃的天数0d~90d	部分地区应考虑冬季保温,一般可不考虑夏季防热

由于建筑气候区划(一级区划)和建筑热工设计分区的划分主要标准是一致的,因此两者互相兼容。

2.1.3 大气温室效应/Atmospheric Greenhouse Effect

地球大气层由多种气体组成,太阳辐射穿过大气层照射地球,导致地表温度升高,并以长波辐射的方式向外层空间散发,大气层中的一些气体对于太阳的短波辐射有良好的透过性能,而对于地面发出的长波辐射透过性差,起到类似温室的作用,称为"大气温室效应",这些气体称为温室气体(图2-5)。

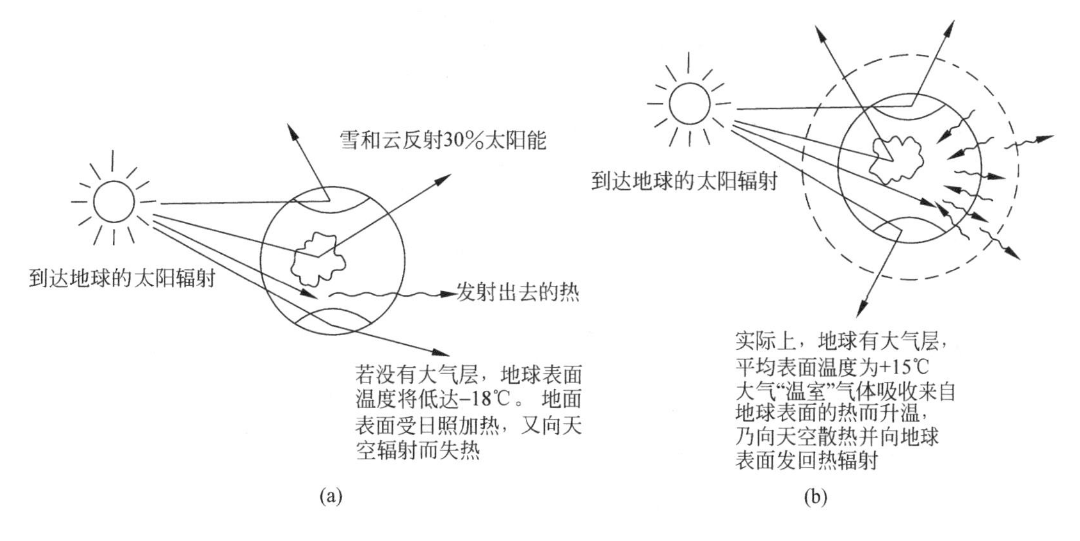

图 2-5 大气温室效应

地球表面的大气层不仅调整赤道和两极区的温差，也调整昼夜温差。

《京都议定书》认定的温室气体包括二氧化碳(CO_2)、甲烷(CH_4)、氧化亚氮(N_2O)、氢氟碳化物(HFCs)、全氟化碳(PFCs)、六氟化硫(SF_6)六种。大气温室效应主要来源于水蒸气和上述气体。工业革命之后，人类活动向大气大量排放温室气体，其累计影响已达全球层面，导致大气中某些成分含量的变化。二氧化碳主要来源于石油、煤炭和天然气等碳基能源的燃烧，由于二氧化碳排放(碳源过程)速度快，植物光合作用等自然过程(碳汇过程)无法消解。甲烷是自然界植物腐烂产生，如水稻农业和垃圾堆放排放出甲烷。氧化亚氮主要来自碳基燃料燃烧。氢氟碳化物是人造化学品，大量用于制冷剂和工业发泡剂，它不仅破坏大气臭氧层(Ozone Layer)，也造成强烈的大气温室效应。

2.1.4 气候设计维度/Climatic Design Scales for Climate

气候是大气及其要素的时空分布与变化，城市与建筑的气候应对设计，既要受到宏观区域性气候条件的而影响，又受到局地城市或郊区中观和微观因素的影响(表 2-4)，涵盖宏观、中观和微观等各个不同尺度(表 2-5)。一般地，地区气候和局地气候既受区域性气候影响，又受到局部地形、方位、土壤特性和地面覆被状况的影响。

表 2-4 气候系统对建筑的影响分类

气候系统	气候特征对建筑影响范围的尺度/km		时间范围
	水平范围	竖向范围	
全球性气候	2000	3～10	1～6个月
地区性气候	500～1000	1～10	1～6个月
局地(地形)气候	1～10	0.01～1	1～24h
微气候	0.1～1	0.1	24h

表 2-5 气候设计的时空范围及其影响因素

尺 度	范 围	关 注 因 素	
宏观气候	区域范围	太阳辐射;温度;风;湿度与降水	国土和区域规划
中观气候	城市范围	太阳辐射相关的天空云量、遮挡系数、地形、植被、周边建筑因素;温度相关的地形 、植被 、下垫面因素、城乡温度差异因素;与风相关的地形和热岛效应;与湿度相关的地形和植被	城乡规划和城市设计
微观气候	街区与建筑范围	太阳辐射相关的植被和邻近建筑;与湿度相关的水体和植被因素;与风相关的植被、建筑、防护林围篱	街区与建筑设计
建筑微气候	建筑细部范围	建筑物周围地面上及屋面、墙面、窗台等特定地点的太阳辐射、空气流动,空气温度、空气湿度状况	建筑与细部设计

1. 宏观气候——区域范围

区域层面的宏观气候空间影响范围层面可以达到数千千米,凭借人类现有的科学技术无法将其改变。

2. 中观气候——城市范围

城市规划要考虑区域范围的地理和气候特点,还要考虑城市用地的自然条件改变而形成的城市气候。由于市区与郊区的气候存在差异,需要将市区从大范围地区中分离出来,研究其不同于周围地区的气候特征。19 世纪初,英国霍华德(Lake Howard)开始对城市气候进行系统研究,1818 年出版《伦敦气候》,除了提出“伦敦大雾是城市的产物”之外,还发现伦敦城市中心区温度比郊区高的现象,即城市“热岛效应”(图 2-6,图 2-7)。当前,随着观测手段的现代化,特别是计算机模拟分析的应用,对城市气候的研究从广度、深度到方法都有显著发展。

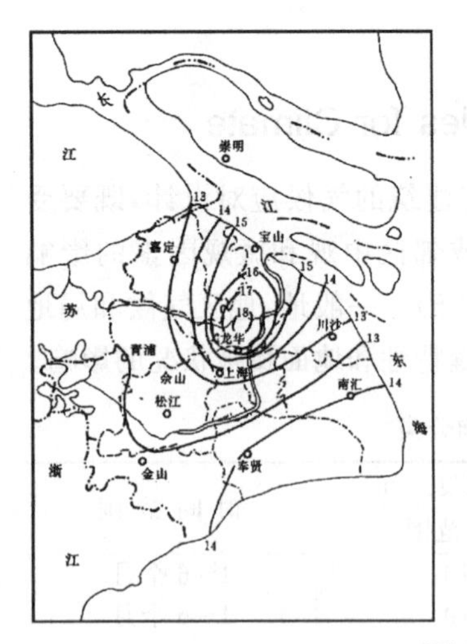

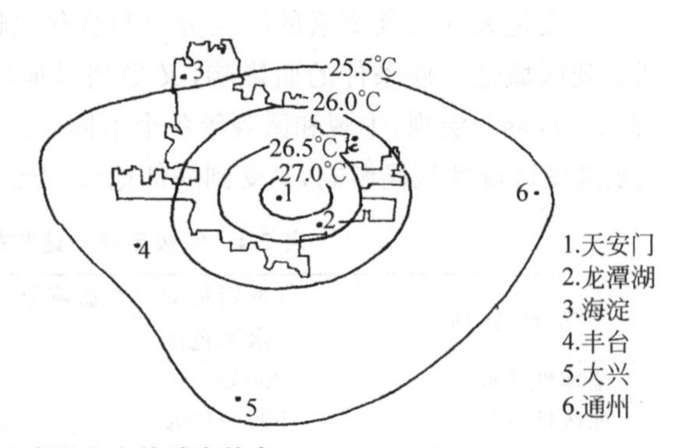

图 2-6 上海和北京的城市热岛

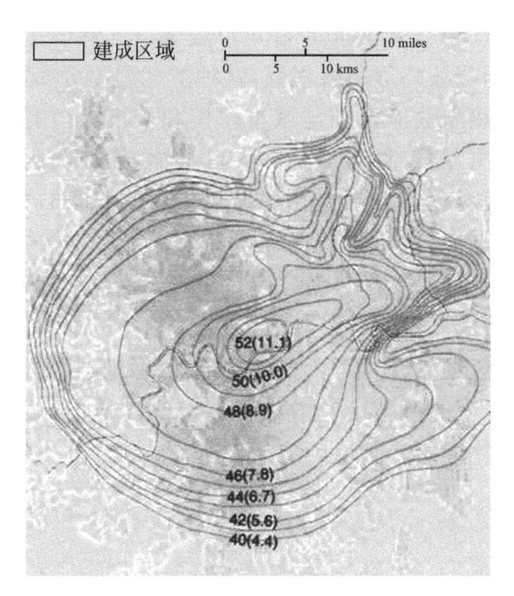

图 2-7 伦敦城市热岛

在区域气候背景下，某一地区经过城市化后，人口高度密集，在特殊下垫面和人类活动的影响下，改变了该地区原有的区域气候状况，形成一种与城市周围不同的局地气候，称为城市气候。具体来说，城市化地区人类活动对气候的影响，首先体现在下垫面性质改变。下垫面是气候形成的重要因素，与空气间存在复杂的物质交换和能量交换，同时也是下层空气运动的边界面，对局地气候的影响非常敏感。城市中建筑物和构筑物高度集中，以水泥、沥青、砖石等坚硬密实、干燥而不透水的建筑材料代替原来疏松和植物覆盖的土壤或空旷荒地。道路纵横交错，建筑参差不齐，城市轮廓复杂，这种“人为的立体下垫面”无论在材料还是形状上都与郊区大不相同。其次，在城市高强度的生产和生活中使用大量能源，一方面，燃料燃烧产物会造成城市大气污染，改变大气组成，影响大气透明度、能见度，增强温室效应；另一方面，大量“人为热”使城市获得的热量比郊区多，影响了城市热平衡，从多方面改变了城市气候。

城市气候参数包括平均气温、平均相对湿度、日照时数、平均风速和雾日。区域气候影响下，城市气候具有一些共同特征，表现几个方面：①城市热岛效应，城市市区气温明显高于郊区，城市热岛强度在夜间大于白天；②城市干岛和湿岛，市区下垫面蒸发量、蒸腾量小，绝对湿度的日振幅比郊区大，白天市区绝对湿度比郊区低，形成“干岛”，夜间市区绝对湿度比郊区大，形成“湿岛”；③城市多雾，由于空气尘埃多，一定条件下，空气相对湿度 70%～80%就会出现雾；④城市热岛环流，城市热岛效应使市区中心空气受热上升，郊区相对较冷的空气流向市区补充，形成局地环流；⑤城市多云。由于热岛中心的上升气流，空气中又有较多的尘埃，水汽易凝结成云，因此城市云量比郊区多。

城市热岛效应(urban heat island effect)是城市气候的主要特征,城市各处温度不同,绘制等温线图与岛屿等高线相似,这种空气温度分布的特殊现象形象地称为“热岛效应”。城市热岛效应强度与城市规模和城市人口有关,并受天气状况和季节影响。在水平方向,随着城市蔓延和人口增加,热岛强度也增加(图2-8)。在垂直方向,随城市规模变化热岛效应影响范围50m～500m,并随地理及风力条件而变化。对寒冷地区来说,城市热岛提高了气温,冬季能减少建筑采暖需求,缩短采暖期和节约能源,但总体来说,热岛效应对城市生活弊多于利,使城市夏季更热,不利于污染物扩散,造成多雾、多云、多雨。

城市气候受区域气候、太阳辐射、城市下垫面、绿地与水体、人工热源等因素综合作用,通过对这些因素的调节可有效控制城市热岛效应,改善城市热环境,高效利用能源为进一步改善建筑热环境创造条件。

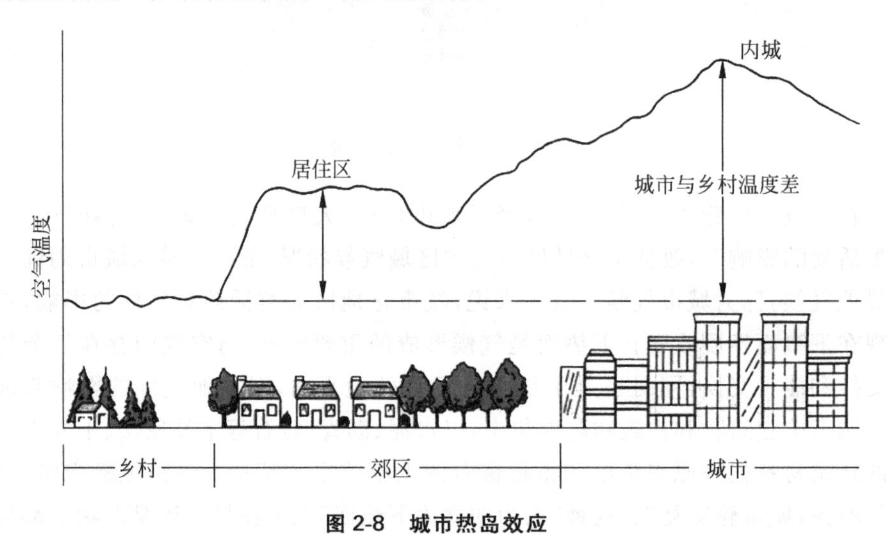

图2-8 城市热岛效应

3. 微观气候——建筑范围

在近地面大气层中,某个地方可能与本地区一般气候特点存在差异,为此,气候学家提出了“微气候”(micro climate)概念。微气候定义为由细小下垫面[①]构造特性所决定的、发生在地表(一般指土壤表面)1.5m～2.0m大气层中的气候特点和气候变化,对人的活动和建筑设计影响较大。

建筑微气候是指在建筑物周围地面上及屋面、墙面、窗台等特定地点的风、阳光、辐射、气温与湿度条件。与围护结构热传递及热感觉有关的气候条件是一种特定的局地气候,通常都可归为“建筑微气候”的范畴。由于与建筑发生直接联系的是建筑周围的局部环境,因此通过改善建筑周围微气候有助于改善室内热环境。

应对微观气候的设计关注街区、建筑与细部层面。建筑热环境塑造既可以从

① “下垫面”是气候学术语,指直接与大气下表面接触的地表层。

建筑设计、围护结构和建筑材料出发，也可以从城市气候和建筑周围微气候出发，改变室外气流的形成和形式，改善建筑周围微气候，减少对环境控制设备的依赖，改善室内热环境、节能和亲近自然。以住区为例，通过对实际状况和各种影响因素进行分析，研究建筑周围微气候特性，研究不同规划和建筑形式下，风压和表面温度不均匀形成的热压所引起的建筑周围空气流动、夜间住区各表面与天空之间的长波辐射、住区绿化对住区内热岛效应和空气流动的影响等因素，得到改善建筑周围微气候的途径和集成方法。

2.2 结合气候设计的要素/Climate Elements for Architecture Design

气候取决于多种要素的变化特性及组合状况，各种气候要素之间相互联系，共同作用并影响建筑设计。建筑设计相关的气候要素有太阳辐射、空气温度、气压与风、空气湿度、凝结与降水。太阳辐射是建筑外部的主要热源，通过对建筑外墙和直射室内带来热量；空气温度是建筑保温、防热、采暖、通风和空调热工设计的计算依据；空气运动的风向和风速影响建筑群布局和建筑自然通风组织；凝结和降水影响建筑造型和排水以及围护结构表面结露、内部凝结和保温材料设置等。

2.2.1 太阳辐射/Solar Radiation

太阳辐射是来自太阳的电磁波辐射。太阳辐射带来了地球地表及大气层的空气温度变化，并驱动和主导各种气候现象。对于建筑来说，太阳辐射一方面夏季建过热的原因，另一方面又是冬季室内热源。太阳辐射照射建筑围护结构，照射屋顶和墙面，部分能量被反射，部分被吸收；照射门窗时，部分能量被反射，部分被吸收和透过。太阳辐射对围护结构外表面材料和颜色选择、厚度和窗墙比确定有重要影响。

太阳辐射能。地球从太阳获得的年辐射能是 5.44×10^{24}J。地球表面的太阳光谱波长范围为 0.28μm～3.0μm，划分为紫外线、可见光和红外线三个区段，波长 0.4μm～0.76μm 是可见光，波长小于 0.4μm 为紫外线，波长大于 0.76μm 为红外线。其中可见光和红外线波段携带的能量较多。

太阳常数。太阳的表面温度约为 5800K，向外辐射的能量并不恒定，地球大气层外的太阳辐射能随太阳与地球的距离及太阳活动状况而变化。太阳辐射在穿过地球大气层过程中衰减，受到大气层厚度和大气透明度的影响，光谱分布也因大气层吸收、反射与散射而改变。通常将地球大气层外，太阳与地球平均距离处，太阳辐射垂直表面上，单位面积、单位时间接收到的太阳辐射能（测量的平均值）称为太阳常数(solar constant)，通常取 1367J/m^2 · s。

太阳常数值由于观测手段与推算方法的差异而略有不同。

太阳辐射照度。太阳辐射在穿过大气层的过程中被大气吸收和反射,直接辐射到地面的部分称为直射辐射,被大气层吸收后再辐射到地面的部分称为散射辐射,直射辐射与散射辐射之和称为总辐射(图 2-9)。物体表面在单位面积、单位时间所接收的辐射能称为辐射照度,计量单位为 W/m^2。不同地区的地面太阳辐射照度随地理纬度、大气透明度和季节时间变化而变化,决定建筑得热状况和利用太阳能的潜力,影响夏季防热和冬季保温设计。我国主要城市夏季各主要朝向上的太阳辐射照度可查阅《民用建筑热工设计规范》(GB 50176—1993)。

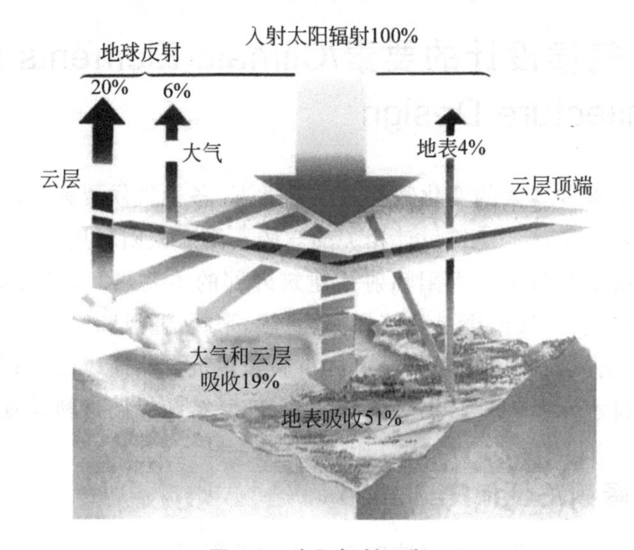

图 2-9 太阳辐射平衡

如果将地球作为一个整体,那么大约有 30% 的太阳辐射被大气层反射或散射回太空,剩余 70% 分别被大气层和地球表面所吸收。太阳辐射进入地球大气层,辐射强度发生衰减,不同地区的衰减程度存在差异,平均约有 27% 的太阳辐射直接到达地面(直接辐射),23% 被云层反射回太空,19% 被大气成分(如臭氧、水蒸气、二氧化碳等)所吸收,28% 被大气散射到各个方向,其中 20% 到达地面(散射辐射),8% 返回太空。因此,地面得到太阳辐射总辐射包括直接辐射和散射辐射两部分,约为 47%。

辐射的方向性。辐射具有方向性,在同一地区不同各朝向的建筑表面,太阳辐射照度随季节的变化规律各不相同。举例来说,北纬 40°地区,不同月份各朝向总辐射照度比较可以看出,平屋顶(水平面)夏季太阳辐射照度最大,远大于朝南墙面(垂直面)。朝南墙面与其他朝向墙面相比,冬季接受的太阳辐射最多而夏季的辐射得热又比东、西向少(图 2-10)。太阳辐射的方向性影响建筑朝向和定位以及建筑和门窗遮阳设计。

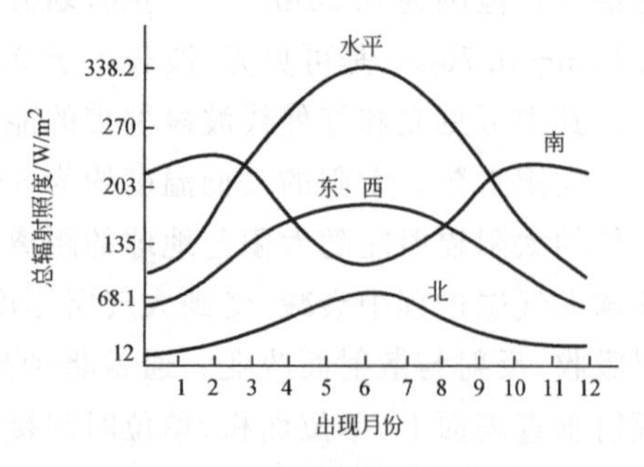

图 2-10 太阳辐射的方向性

辐射的时间变化。由于太阳和地球

相对运动的规律性，受太阳辐射强度和持续时间的影响，地球表面某一地区接受的太阳辐射能随季节和时间变化而变化，形成太阳辐射的日较差和年较差，影响建筑围护结构厚度、材料选择和蓄热设计。

辐射波长。一般地，辐射波长 0.3μm～3μm 称为短波辐射，辐射波长大于 3μm 称为长波辐射。太阳辐射及水面、玻璃和混凝土对太阳辐射的反射、天空和云层的散射均属短波辐射。常温物体向外发出辐射波长主要在 3μm～120μm 之间，属于长波辐射。在建筑中，屋顶材料和颜色选择影响对太阳辐射的吸收和外逸长波辐射散热。由于玻璃能够透过短波辐射而不能透过长波辐射，阳光间和窗户设计可以利用温室效应采集冬季太阳能。

2.2.2 空气温度/Air Temperature

室外空气温度既与人的热舒适密切相关，也是建筑围护结构保温和隔热、采暖和空调设计的依据。室外空气通过门窗通风进出建筑，带来或带走热量，改变室内空气温度，影响热平衡。

室外空气温度受到太阳辐射、风、地表覆盖状况及地形的影响。空气是透明的，太阳辐射对空气温度只产生间接影响，地表接收太阳辐射后温度升高，并向外发出长波辐射，空气吸收地表长波辐射后温度升高，或与地表直接接触被加热，通过对流传递至上层空气。在冬季或夜间，由于外逸长波辐射的作用，地表温度下降，地表空气温度降低。因此，地表与空气热交换影响空气温度。大气环流中，气团从一个地区移动到另一个温度不同的地区时，将会改变原有的空气温度。

空气温度因地点、高度、时间、朝向不同而有所变化。气象学中所指的空气温度是距离地面 1.5m 高、背阴处空气的温度，因此，空气温度测量必须避免太阳辐射的影响。

年变化与日变化。地球自转和公转的周期性变化，以及大气环流引起的非周期性变化，带来某一地区空气温度的年变化和日变化，形成年较差和日较差。年变化及日变化取决于地表温度的变化和地表的物理性质。年较差指一年内最冷月和最热月的月平均气温之差，随纬度、地表性质、海拔高度不同而变化。年较差一般随着纬度升高年较差增大。同纬度条件下，滨海地区小于内陆地区，多云多雨地区小于干旱地区，植被茂盛地区小于土壤裸露地区。年较差随海拔的升高而减小。日较差指一日内气温最高值和最低值之差，随纬度、季节、地表性质、海拔高度和天气状况而变化。一般日较差随纬度的升高逐渐减小，且内陆地区大于滨海地区，山谷大于山脊，晴天大于阴天，夏季大于冬季。日较差在很大程度上决定了对建筑围护结构蓄热性能的要求。由于建筑室内外空气温度变化并不同步，存在延迟，热带雨林气候日较差很小，厚重围护结构材料的蓄热对调节、延缓室内温度变化没有太多作用，而在沙漠气候条件下，则可以大大减小室内温度变化幅度。

水平分布和垂直变化。从赤道到极地、从海滨地区到内陆高原,空气温度的空间分布呈现明显的变化特征,与纬度、大气环流、海陆分布、地形、洋流等因素密切相关,其中又以纬度影响最为明显。在水平方向上,高纬度地区年平均温度逐渐降低(图2-11),在垂直方向上,空气温度随高度变化而改变。与地表接触的空气气团上升过程中因扩散而变冷,绝热冷却。一般距离地面越远,空气温度越低,只有在一些特殊情况下,可能出现空气温度随高度升高而增加的逆温现象。

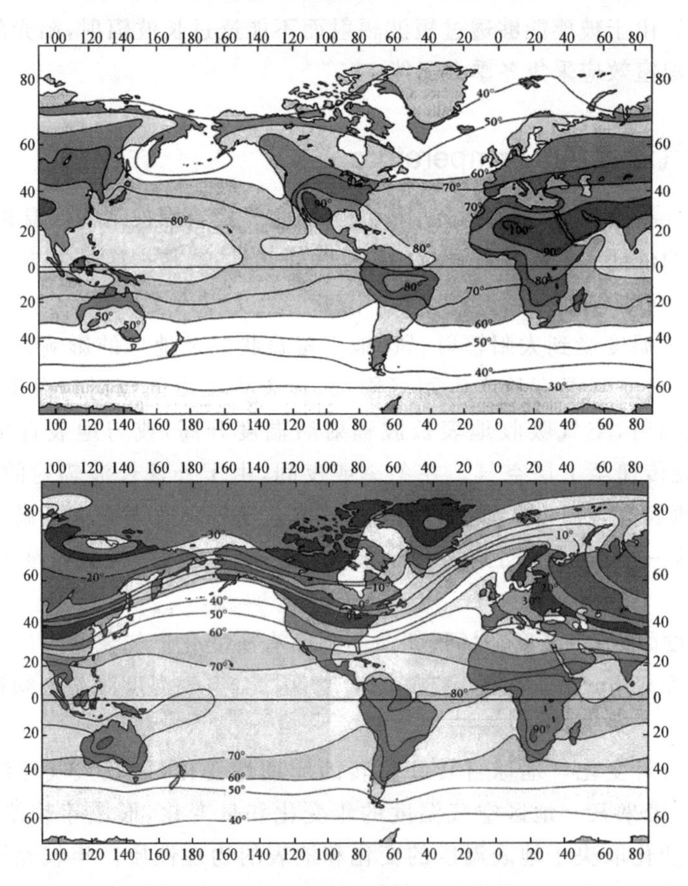

图2-11 全球各地夏季和冬季温度

从全球1月(下)、7月(上)份气温分布图,显示空气温度水平变化主要特点:

(1) 全球气温赤道高、两极低,且等温线大体与纬线平行,表明太阳辐射强度随纬度的变化而改变的规律。

(2) 北半球冬季等温线在大陆上凸向赤道,在海洋上凸向极地;夏季则正好相反,表明海陆分布对空气温度水平分布的影响。

(3) 北半球夏季(7月)等温线明显比冬季(1月)稀疏,表明北半球冬季南北温差大,夏季则相对较小。

(4) 全球最高温度带并不正好位于赤道,而是位于北纬5°~10°(冬季)或北纬20°(夏季)。

(5) 南半球冬季最低气温出现在南极,而北半球冬季最低气温则出现在西伯利亚和格陵兰地区。

平均最低、最高气温。指历年来最低、最高气温平均得到的数值，反映一个地区的极端最低和最高温度，这种状况持续时间不长，但对人的热舒适性的不利影响较大。

2.2.3 气压与风/Air Pressure and Wind

大气层的重力作用在地球表面形成大气压力，随海拔高度而变。海平面大气压力称作标准大气压，为 101300Pa 或 760mmHg。气压压差驱动空气流动形成风，风的分布受全球性因素和地区性因素影响，如太阳辐射引起的全球气压季节性分布、地球自转、海陆地表温度的日变化以及地形与地貌差异等。

全球性风系(global wind system)。赤道和两极之间由于空气温度差形成的大气运动称为大气环流(图 2-12)。在地表太阳辐射差异和海陆分布影响下，南、北半球大气存在不同的压力带和气压中心，有永久性的，也有季节性的。在赤道地区形成低气压带，周围高气压区的空气流向该低压区。由于地球自转作用，气流并非沿着最大压力梯度方向即垂直于等压线的方向移动，而是受到复合向心力的作用产生偏斜，由此在南、北半球形成三个全球性的风带——信风、西风及极风。此外，还有海陆分布形成的季风系(图 2-13，图 2-14)。

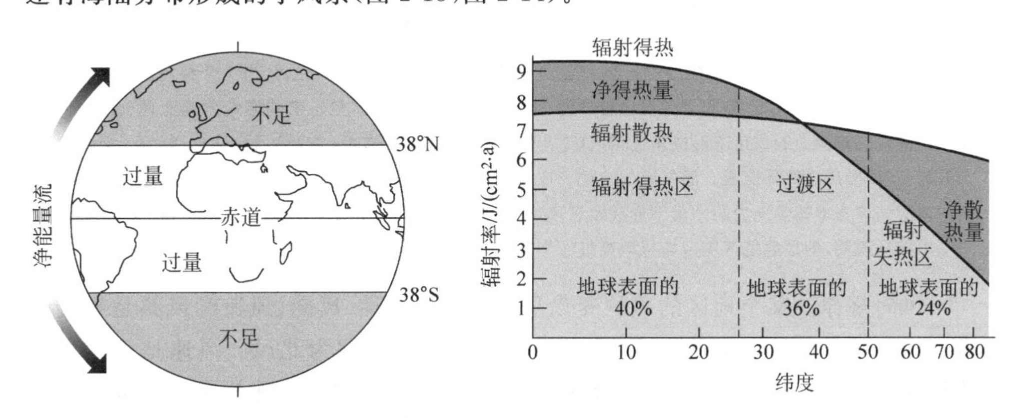

图 2-12 全球能量平衡与流动示意图

大气环流是指地球上各种规模和形式的空气运动综合状况。由于地表接受太阳辐射不均匀造成从赤道到两极热量得失不平衡。以南北纬 38°为界，靠近赤道的地区得热量(太阳辐射)大于散热量(地表与大气的长波辐射)，靠近极地的地区则相反，且越靠近赤道或极地这种不均衡性就越明显。调节这一热量失衡的热量流动正是大气环流的原动力。如果没有这一热量流动，那么极地地区就会极冷，而赤道地区则会极热，生命难以存在。大气环流的另一项作用就是调节全球的水分平衡，对于各个地区的气候有着直接而重要的影响。

地方风(local winds)。在小范围局部地区，由于太阳辐射不均匀和地形、地势、地表覆盖、水陆分布等因素影响产生的地方性风系。既有地表局部地方受热或受冷不均匀而产生的海陆风(land and sea breezes)或山谷风(mountain and valley wind)，也有风在遇到障碍物绕行时产生风向和风速的改变，如街巷风、高楼风(图 2-15)。

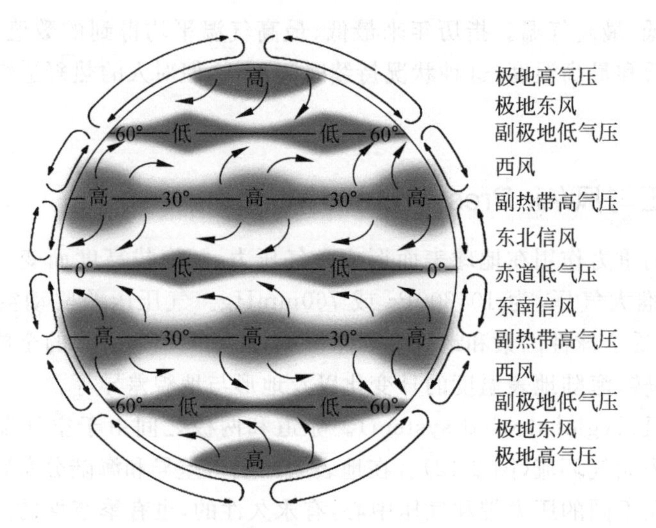

图 2-13　气压带与三圈环流模式示意图

在赤道地区,终年太阳辐射强,气温高,空气受热后上升,到高空后向外扩散,在低空形成低气压,称赤道低气压。在两极地区,终年太阳辐射弱,气温低,空气受冷后积聚在低空,形成高气压,称极地高气压。由于地球的自转,由赤道上空流向极地方向的气流,在地转偏向力的作用下方向逐渐发生偏转,到纬度20°～30°附近,气流完全偏转为西风,这便阻挡了来自赤道上空的气流继续向极地方向运动。再加上在运动过程中气流温度逐渐降低、地球纬圈减小等原因,空气在此下沉形成高气压,称副热带高气压。在副热带高气压和极地高气压之间有一个相对的低气压区,称副极地低气压。因此全球可以划分为7个纬向的气压带。由于气压带的存在,高压带的空气便向低压带流动。在北半球,副热带高气压带的空气向南北两侧流动。向南一支在地转偏向力的作用下形成东北信风(南半球为东南信风)。东北(南)信风到达赤道地区,补充那里上升的气流,形成低纬环流圈。而向南(北)的一支在地转偏向力的作用下形成西风。同样,从极地高气压区向南的气流在地转偏向力的作用下形成偏东风,称极地东风。副热带高气压带与副极地低气压带之间形成了中纬环流圈,副极地低气压带与极地高气压带之间形成高纬环流圈。

风向规律。某个地区的风的变化呈现一定规律性,风向、风速和风频是重要参数。风向是指气流吹来的方向,如果风从北方吹来就称为北风。风速是表示气流移动的速度,即单位时间内空气流动所经过的距离,风向和风速这两个参数都是在变化的。一般以所测开阔地距地面10m高处的风向和风速作为当地的观测数据。某一地区的风向频率图(又称风玫瑰图)是该地点一段时间内的风向分布图,表示当地的风向规律和主导风向,它按照逐时实测的各个方位风向出现的次数,分别计算出每个方向风的出现次数占总次数的百分比,并按一定比例在各方位线上标出,最后连接各点而成。常见的风向频率图是一个圆,圆上引出16条放射线,代表16个不同方向,每条直线的长度与这个方向的风的频率成正比,静风频率放在中间。一些风向频率图还标示出各风向的风速范围。风向频率图可按年或按月统计,分为年风向频率图或某月的风向频率图(图2-16)。

日变化与年变化。风是地表太阳辐射不均匀引起空气流动形成的,是一个不稳定的气候因素,风速、风向会在短时间内显著变化,规律性不像太阳辐射、温度、降水那样容易把握。通常,风的日变化在某种程度上是周期性的。由于太阳辐射和海陆分布产生季节性温差，风向和风速也发生季节性变化。

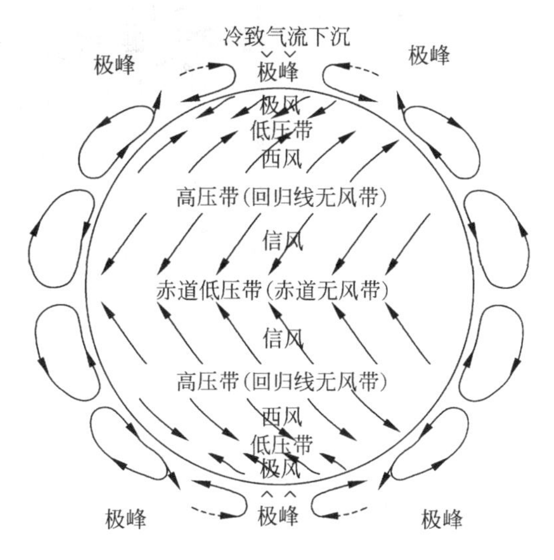

图 2-14 全球性风系

(1) 信风。信风发生于两个半球上的亚热带高压区并汇集于形成赤道低气压带的热带锋面上。在北半球，信风来自东北，在南半球则来自东南。信风的性质取决于它所经过的大地表面。在大部分海洋上空，信风是沿着固定的方向并具有恒定的速度(15km/h～35km/h，最高时速可达 45km)，但信风在夏季经过印度洋及西南太平洋上空时，其方向要受季风的影响而转折。在陆地上空，信风风向可能发生改变。

(2) 西风。西风同样源于亚热带地区，吹向亚寒带低压区。在冬季，北半球上西风的风向与风速变化很大，形成移动的低气压系统。在夏季，其变化不大，气流方向一般是朝向东北。在南半球，西风的性质较为规则，但在任何地区由于移动的低气压的影响，西风的形式也较复杂。

(3) 极风。极风由南极和北极的高压区冷气团扩散所形成。在北半球，一般是吹向西南，在南半球则吹向西北。

(4) 季风。在一年之内，大范围地区的盛行风随季节的变化而显著改变的现象，称为季风。季风的成因主要是海陆间存在的热力差及这种差别的季节性变化。大陆冬冷夏热，海洋冬暖夏凉。冬季气流从陆地流向海洋，夏季气流从海洋流向大陆。由于两种季风来自不同源地，其属性有本质差别。冬季由大陆吹向海洋，属性干冷；夏季由海洋吹向大陆，属性暖湿。

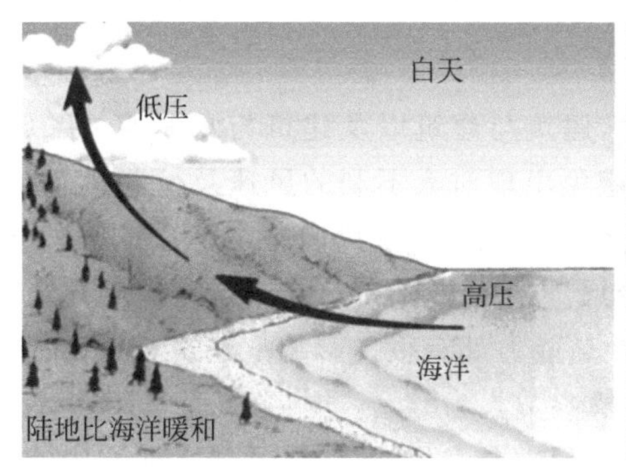

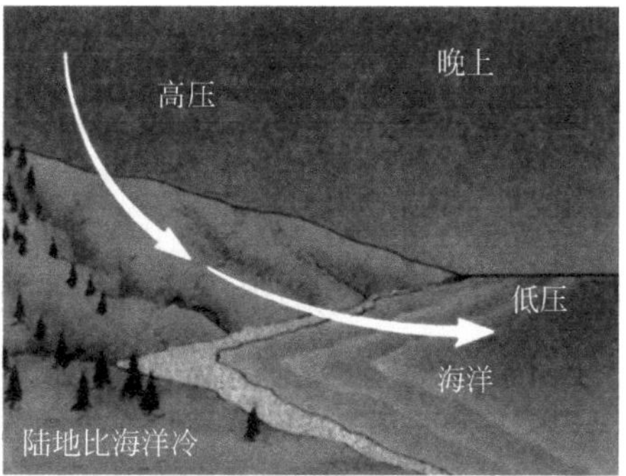

图 2-15 地方风

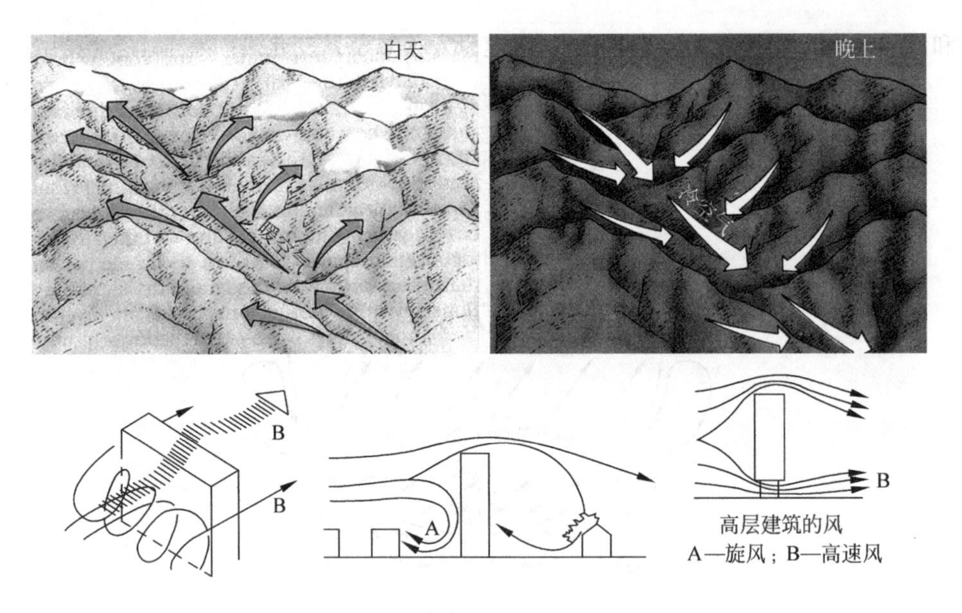

图 2-15(续)

(1) 海陆风。在滨海地区,由于海陆热力性质的不同,使风向发生有规律的变化。白天风从海洋吹向陆地,夜晚风从陆地吹向海洋。这种以一天为周期而转换风向的风系,称海陆风。夏季白天,风从水面吹向陆地,夜间,风从陆地吹向水面。在白天,陆上的空气温度较同一纬度海上的空气温度升高的幅度大,热气流上升,海上的冷气流即吹向内陆。在夜间,陆地比水面冷却得快,风从陆地吹向水面。由于白天的陆、海温差大于夜间,故吹向陆上的海风大于吹向海面的陆风。陆风及海风均受全球性的气团及风系所制约。在滨海、滨湖地区,建筑多得益于海陆风,从水面吹向陆地的风对于水域周边地区有明显的降温效果。

(2) 山谷风。在山区,由于山坡和山谷受热不均,白天风从山谷吹上山坡,夜晚风从山坡吹下山谷,这种以一天为周期而转换风向的风系称山谷风。山谷风是由向阳坡面的气温与谷地上方等高处的气温差造成的。白天,靠近山坡表面的空气较同等高度的自由大气所受的热量多,地表升温快而出现气流上升,风向沿斜坡向上,傍晚以后,由于地表转冷而使气温下降,风沿斜坡向下吹,形成山谷风。从总体上讲,山谷风对局部风环境的影响往往不如海陆风那样显著,但也足以改变一个地区某一季节的主导风向。

(3) 高楼风。不同高度处的风速会有很大差异,风速随高度的增加而明显加大。由于城市中高层建筑的存在,会改变原有地段上一定范围内的风向和风速,形成高楼风。

(4) 街巷风。城市中道路交错,房屋高低错落,城市道路和街巷的走向,也会在一定范围内改变原有地段上的风向和风速,形成街巷风。

风影响城市布局、建筑朝向和开敞度,建筑与建筑以及建筑与水体的关系、建筑门窗开口的位置和大小。设计中需要避免出现对人不利的风速及街巷风、高楼风。建筑朝向选择应考虑风向因素,在夏季合理利用主导风向来组织自然通风,避开冬季不利的风向,减少围护结构的及冷风渗透的热损失。室外风速值对建筑布局中房间换气量及外围护结构外表面的换热能力都有很大影响。建筑热工设计中一般用平均风速作为建筑保温、隔热的计算参数。

气流也有温度属性,冷热性质在运动过程中会发生变化,风通过大面积水体因水的蒸发作用而降温,而通过大面积硬质铺装地面(如无遮阳的停车场、城市广场等)的风会显著升温。除了带来和带走热量之外,风还会促成降雨,携带沙尘。

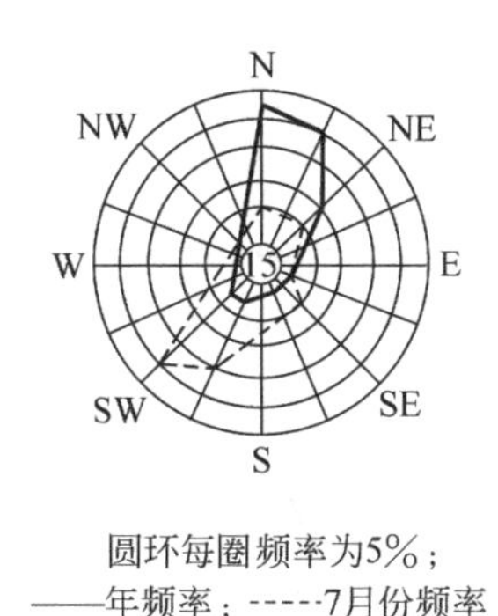

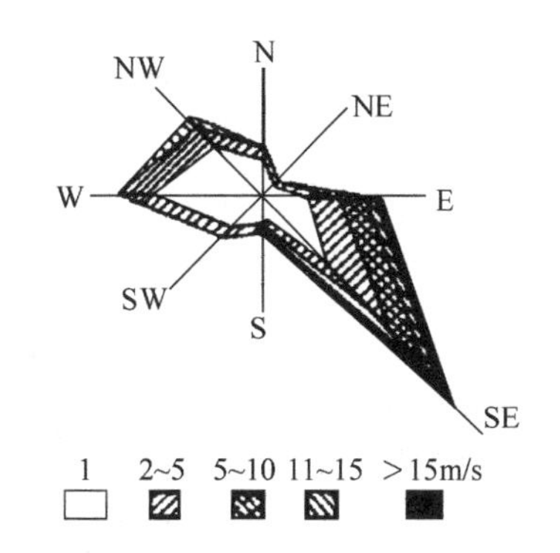

图 2-16 风向频率图和风速频率图

左图为某地区全年及7月份风向频率图，其中，除圆心外每个圆环间隔代表频率为5%。从图中可以看出该地区全年以北风居多，频率为23%；而7月份以西南风居多，频率为19%。除风向频率图外，还可用风速频率图(右图)区分出各方位的不同风速的出现频率。

在气象学中将风速分成12级。风速分级见表2-6。

表 2-6 风速分级表

风 级	风 名	风速/(m/s)	目测标准
0	无风	0～0.5	轻烟直上
1	软风	0.5～1.7	有吹风感
2	轻风	1.8～3.3	吹风感明显
3	微风	3.4～5.2	树枝微动
4	和风	5.3～7.4	树枝摇动
5	清风	7.5～9.8	大枝摇动
6	强风	9.9～12.4	主枝摇动
7	疾风	12.5～15.2	树干摇动
8	大风	15.3～18.2	细枝折断
9	烈风	18.3～21.5	大枝折断
10	狂风	21.6～25.1	拔树
11	暴风	25.2～29.0	重大损毁
12	飓风	>29.0	严重破坏

风速的垂直分布。随着高度增加，风速分布呈现梯度变化(图2-17)，高度与风速的关系可认为按幂函数规律分布，该算法适合于某一种下垫面情况(如旷野处)：

$$V_h = V_0\left(\frac{h}{h_0}\right)^n$$

式中：V_h——高度为h处的风速，m/s；

V_0——基准高度h_0处的风速，m/s；一般为10m高度处的风速；

n——指数，与建筑物所在地点的周围环境有关，取决于大气稳定度和地面粗糙度，对市区，周围有其他建筑时n值取0.2～0.5，对空旷或临海地区，n值可取0.14左右。

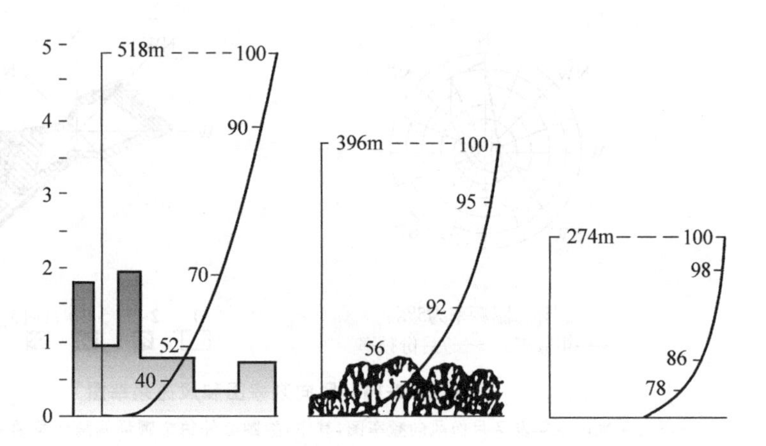

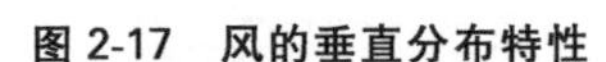

图 2-17 风的垂直分布特性

地表状况会导致风速显著下降，不同高度的风速会有所不同。在通常情况下，越靠近地面，风速越低。风速衰减的范围和幅度随下垫面性质的不同而异：在旷野处风速衰减幅度最小，林地次之，密集的城市衰减幅度最大。

2.2.4 空气湿度/Atmospheric Humidity

空气湿度是指空气中水蒸气的含量。水蒸气主要来源于海面、江河湖面、潮湿表面和植物，通过蒸发进入大气，经风携带散布。空气湿度受地面性质、水体分布、季节和阴晴等因素影响。

空间分布。空气水蒸气容量主要取决于气温，随气温增高而增大，因此，水蒸气在地球上的空间分布不均匀，赤道地区最高，向两极逐渐变小，其变化与太阳辐射及平均温度变化对应，水蒸气分压力随地点不同而变化，沙漠及寒冷地区的水蒸气压力低，而湿热地区高。竖向高度上，水蒸气压力的递减量较气压的递减快，因此，水蒸气含量随海拔高度增加而降低。

日变化和年变化。空气绝对湿度随季节而变，通常夏季高于冬季。水蒸气分压力的日变化一般较小，在水面或多雨地区的陆地上，水蒸气分压力的日变型和温度日变型一致。对于内陆地区，夏季昼夜温差大，水蒸气分压力变化幅度小，风速不稳定，一日之内可能出现多个最高值和最低值。受季风影响的地区，水蒸气分压力的年变化较大，季风从海洋上带来湿润的热空气，又从内陆带来干燥冷空气。由于空气温度的日变化和年变化，即使某一地区绝对湿度保持稳定，相对湿度的变化范围也可能很大。通常，一天之内中午气温最高时相对湿度最低，气温降低时相对湿度较高，在气温日较差较大的大陆上，午后气温达到最高值时，相对湿度很低，到了夜间，空气可能接近饱和状态(图 2-18)。

在建筑物密集的市区，由于雨水迅速排除，地面一般比较干燥，蒸发量少，气温比郊区高，因此相对湿度比郊区低。在建筑室内，相对湿度对建筑材料受潮、围护结构内表面结露以及人的热感觉都有直接影响。

空气湿度对建筑设计的影响，表现在湿热性气候区多采用开敞通透的围护结构通风除湿，而在干热性气候区多采用蒸发降温。

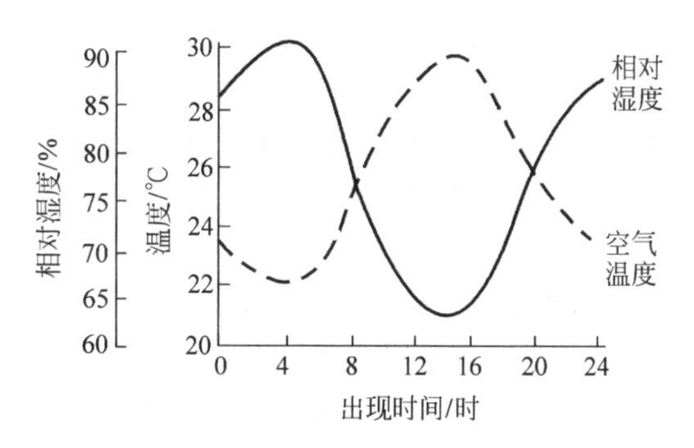

图 2-18 相对湿度的日变化

当气温升高时相对湿度降低，气温降低时相对湿度升高。由于当温度升高时，饱和水蒸气分压力的增幅比实际水蒸气分压力大得多，因此相对湿度的最高值一般出现在清晨日出之前（温度最低时），而最低值出现在午后（温度最高时）。

2.2.5 凝结和降水/Condensation and Precipitation

空气温度低于露点温度时，空气中的水蒸气发生凝结。空气冷却包括与冷表面相接触、与冷空气相混合和伴随上升气流扩散（绝热冷却）三种情况，前两种情况形成露水和雾气，第三种情况则形成降水。

露和雾。接近地表层的空气与冷表面接触而冷却，在冷表面上结露。未与冷表面直接接触的空气冷却至低于其露点温度时，即形成雾。在峡谷及凹地中，较冷、较重的空气趋于集中，故雾气较厚且常见。在海岸地区，潮湿的海风和陆上冷空气接触，雾也经常发生。

降水。降水包括降雨、降雪和冰雹等，是大地蒸发水分凝结后又回到地面的液态或固态水。降水强度指 24 小时的降水总量，单位 mm，受气温、地形、大气环流和海陆分布等因素影响，可划分为不同等级（表 2-7）。降雨是气团绝热冷却形成的，气团上升过程中所受压力降低，空气扩散所需能量由气团内部摄取，使之冷却并最终达到露点，发生大范围冷凝，形成无数微小水滴甚至冰晶组成的云，随空气继续上升，逐渐形成大水滴，当水滴大到足以降落并在下降过程中克服蒸发损失时，即发生降雨。

表 2-7 降水强度等级划分标准

雨/(mm/d)	小雨 ＜10	中雨 10～25	大雨 25～50	暴雨 50～100	大暴雨 100～200	特大暴雨 ＞200
雪/(mm/d)	小雪 ＜2.5	中雪 2.5～5	大雪 ＞5			

降水量的空间分布。由于纬度、大气环流、海陆分布、地形等因素影响，各地年平均降雨量差异大，其变化比温度分布要复杂，但仍保持了一定的纬度地带性，可分为赤道多雨带（年降水量＞1500mm）、副热带少雨带（＜500mm）、中纬多雨带（500mm～1000mm）和高纬少雨带（＜300mm）。

降水量的时间分布。由于降水不是一个连续发生的气象要素，一般通过统计和分析年、季、月降水量以及多年平均降水量，反映其时间分配特征。不同气候区的降水随时间呈现一定规律。例如，赤道潮湿性气候区中，三种气候型在温度上的差别并不显著,主要区别在于降水量及降水分布状况不同。热带雨林气候全年降水均匀,无干季;热带季风气候的降水分布极不均匀,分为干季和雨季,干季天空晴朗、降水量少,雨季降水量极大,其降水强度甚至大大超过热带雨林气候;热带草原气候一年中有干季、热季和雨季(湿季)三个季节,每逢雨季来临,气温高、闷热、多雨,草木茂盛,而当干季到来时,雨水稀少,蒸发旺盛,草木凋谢。

降水影响空气湿度,雨水蒸发也调节空气温度。城市道路、广场和停车场采用渗水性地面,能够有效地调节气候和缓解热岛效应。降水影响建筑周围及室内湿度状况,不仅影响屋顶形式和地面排水,也影响围护结构材料选择和构造设计。

2.3 气候敏感性建筑设计策略/Strategies for Climatic Sensitive Architecture Design

建筑是人类适应气候的产物。气候是一个长期的、宏观的概念,凭借目前的科学技术很难将其改变,但是,人可以宏观适应区域气候、影响中观城市气候并控制微观建筑气候,利用各种技术手段从规划、建筑和细部构造层面入手,创造舒适、健康和高效的建筑微气候。

气候敏感性建筑设计就是根据气候特点,根据太阳辐射、温度、风和降水状况进行围护结构的保温、隔热、通风、防潮设计,从建筑选址、采光、遮阳、保温、隔热、蓄热集热、采暖与制冷、通风与防风、防潮与防结露等方面,应用相应技术手段形成良好的室内热环境。

微气候建筑设计与宏观区域性气候下的建筑设计策略不同,一方面,研究范围不同,区域性气候建筑设计研究侧重于宏观空间范围和区域,如寒冷性气候区,该范围有类似的气候或环境条件,而微气候建筑设计针对具体的、单一的建筑,主要考虑建筑周围小范围空间的气候特征,对其加以利用;另一方面,两者在根据气候条件进行建筑设计的层次深度不同,区域性气候建筑设计侧重于建筑整体范畴上对气候条件的适应性设计,总结出总体形式特征,对于整个区域的建筑设计具有普遍实用性,微气候建筑设计虽然侧重于具体的建筑单体,但它扩大了通常所指的单体设计的范畴,通过创造建筑外部环境条件以改变建筑内部微环境,也要考虑利用建筑空间、构造和材料改善相应的微气候条件,创造宜人的微环境,因此对具体建筑设计的影响更为直接。长期以来,微气候建筑设计实践中积累了丰富的经验,新技术、新材料和新方法不断应用到实践中。

2.3.1 宏观气候设计策略/Macro and Meso Climatic Design Strategies

区域性气候特征对建筑有直接的影响(表2-8),城市气候和建筑周围微气候在大趋势上也取决于区域性气候。

表 2-8 不同气候类型的建筑设计策略(北半球)

气候类型	材料选用	围护结构			建筑体形	朝向	通风采光
		屋顶	墙体	楼地面			
湿热性气候 Warm Humid Climate	(1) 海洋性气候区——采用轻质、架空结构,利用建筑周围地区通风和建筑内部形成穿堂风; (2) 湿热的内陆区——建筑不同的部位采用不同的建筑材料,底部采用蓄热性好的材料和构造,供白天使用,而上部采用轻质结构,供夜间睡觉休息之用; (3) 热带山地气候区——由于温度的年变化和日变化比较小,所以对建筑材料没有严格要求	减少屋顶向下传热: (1) 选用浅色屋面材料反射太阳辐射; (2) 屋面设铝箔,减少向下传热; (3) 架空(通风)屋顶	(1) 朝南墙采用浅色表面; (2) 海洋性气候区建筑采用轻质结构,其他气候区可在建筑上部采用轻质结构; (3) 底层起居室采用蓄热材料,地板紧贴地面; (4) 避免东、西墙开门窗洞口	(1) 海洋性气候区采用轻质架空楼板; (2) 底层起居室掩土或地板紧贴地面	采用大面宽、浅进深以利于穿堂风与自然采光	建筑朝南或偏东西 20°之内	采用开敞建筑形式以利于通风降温除湿。 采用大面宽、浅进深的长方形平面有利于自然采光
干热性气候 Arid Climate	采用重质蓄热材料,建筑紧贴地面,采用浅色材料和提供良好的遮阳设施,减少温度波动	减少屋顶向下传热: (1) 采用浅色屋面材料反射太阳辐射; (2) 屋面设铝箔,减少向下传热; (3) 架空(屋面与吊顶之间空间加大)屋顶和通风屋顶(阁楼)	(1) 朝南墙采用浅色表面; (2) 采用蓄热材料和构造,紧贴地面,减少温度波动; (3) 避免东、西墙开门窗洞口	底层地板紧贴地面、采用掩土以稳定温度	采用紧凑平面或带有天井的院落式平面	建筑朝南或偏东西 20°之内	采用密闭建筑减少通风,减少在极端温度时的空气渗透。 采用紧凑平面、有院落的平面,或天井内院平面都可提供较好的自然采光
温和性气候 Temperate Climate	(1) 用朝南窗户利用冬季太阳能; (2) 海洋性区——用中等蓄热性材料,连(贴)地构造,架空构造; (3) 大陆性区——用蓄热性好的材料或掩土建筑	(1) 采用浅色屋面材料,反射夏季太阳辐射; (2) 屋面设铝箔,减少向下传热; (3) 吊顶上侧设轻质绝热层,减少向上的热损失; (4) 控制屋顶通风散热	(1) 窗户设活动遮阳,夏季遮阳,冬季争取日照; (2) 用轻质或铝箔绝热层,减少冬季失热; (3) 用中等蓄热材料,减少温度波动,特别是内墙部分。采用掩土墙,尤其是在大陆性气候区有很好的热稳定性		长方形平面有利于温度分布均匀,在温度较低的气候区,内部空间有适当的划分	建筑朝南或偏东 30°到偏西 20°之间	采用密闭建筑减少空气渗透,特别是大陆性气候区。 采用长方形平面易于自然采光
寒冷性气候 Cold Climate	(1) 高纬度地区——采用蓄热性好的材料,使用绝热材料和密闭材料控制通风; (2) 温和山区——同高纬度地区,但要有大小合适的窗户朝南,以收集冬季太阳能	(1) 屋顶内部用重质蓄热材料减少温度波动; (2) 采用绝热材料和外保温构造	减少向外失热 (1) 用重质墙体减少温度波动; (2) 采用绝热(高热阻)材料和外保温构造; (3) 山区朝南开窗收集太阳能冬季采暖; (4) 窗户采用多层玻璃窗(双层、三层或四层)	(1) 底层架空地板采用绝热材料; (2) 底层地面周围做保温处理	(1) 体形紧凑,减少体形系数和热损失; (2) 起居室与卧室分开	尽可能朝向南开窗,增加收集太阳能采暖	采用密闭建筑减少冷风渗透。利用卫生间、浴室和厨房的排气设施进行热交换,提供有控制的通风换气。 因为窗户小、玻璃层数多,自然采光不易满足要求

四种气候类型——湿热气候区、干热气候区、温和气候区和寒冷气候区——在太阳辐射、空气温度、空气湿度、空气流动和降水方面的鲜明特征，决定了各自不同的建筑设计策略，体现在建筑材料、围护结构、建筑体形、朝向和通风采光等方面(图2-19～图2-22)。

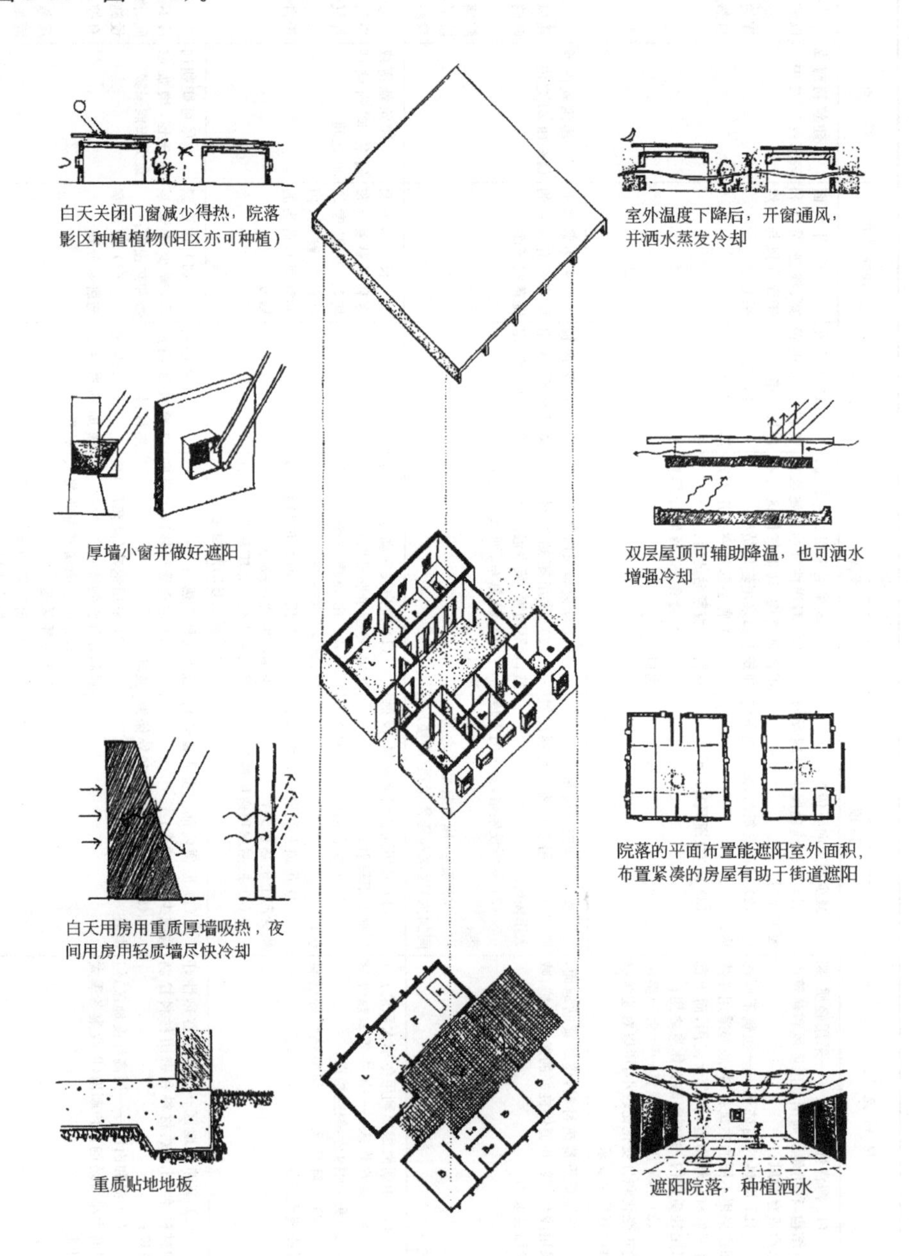

白天关闭门窗减少得热，院落影区种植植物(阳区亦可种植)
室外温度下降后，开窗通风，并洒水蒸发冷却
厚墙小窗并做好遮阳
双层屋顶可辅助降温，也可洒水增强冷却
院落的平面布置能遮阳室外面积，布置紧凑的房屋有助于街道遮阳
白天用房用重质厚墙吸热，夜间用房用轻质墙尽快冷却
重质贴地地板
遮阳院落，种植洒水

图2-19 干热性气候区设计策略

长挑檐遮阳防雨，双层屋面经屋脊出口通风

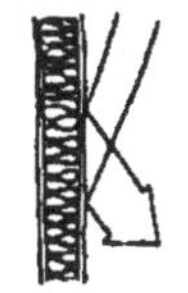

用轻质或铝箔反射绝热层，对受太阳辐射的墙加以保护

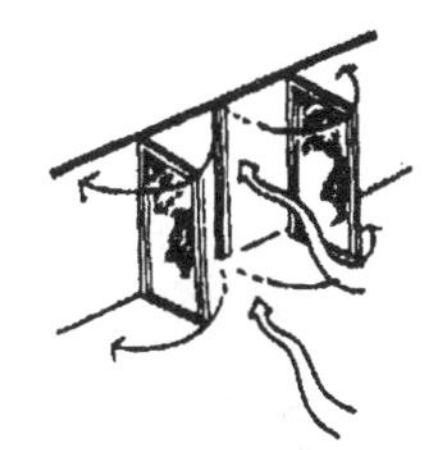

最大限度开启门窗增大通向走廊的风

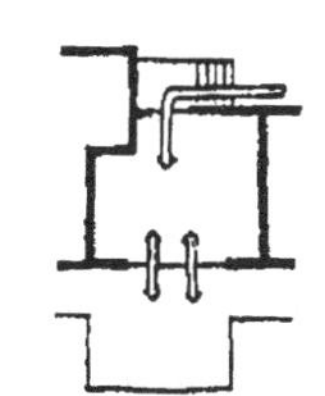

利用走廊作为交通和活动区

向室外扩展空间，最大限度扩充使用面积

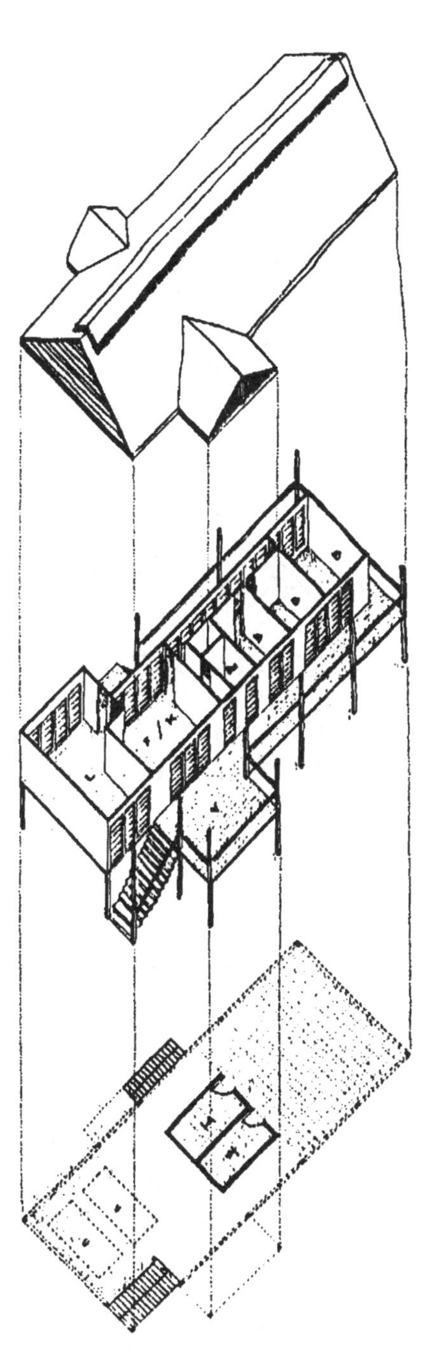

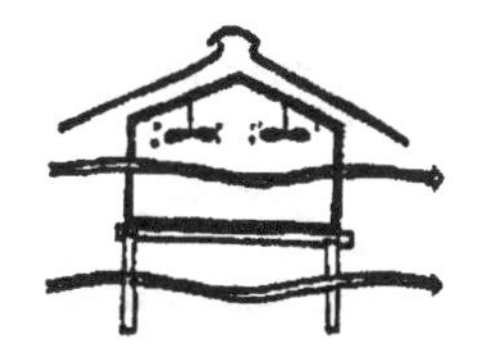

房屋架空使穿堂风尽量大，并用风扇吹风

百叶(透明或不透明)通风

透明玻璃采光，观景，百叶通风

各房间开间面开口通风

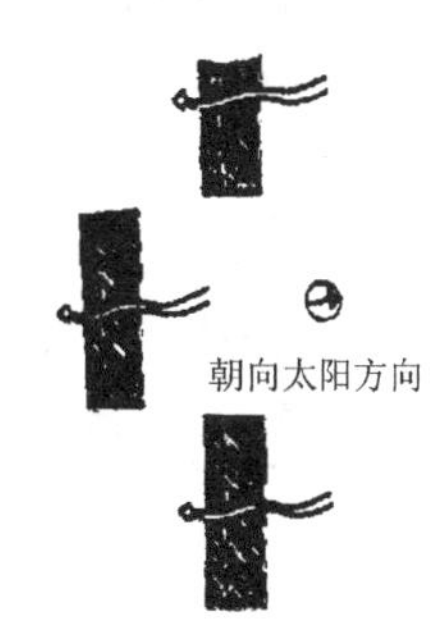

房屋分离错开以利于通风

图 2-20 湿热性气候区设计策略

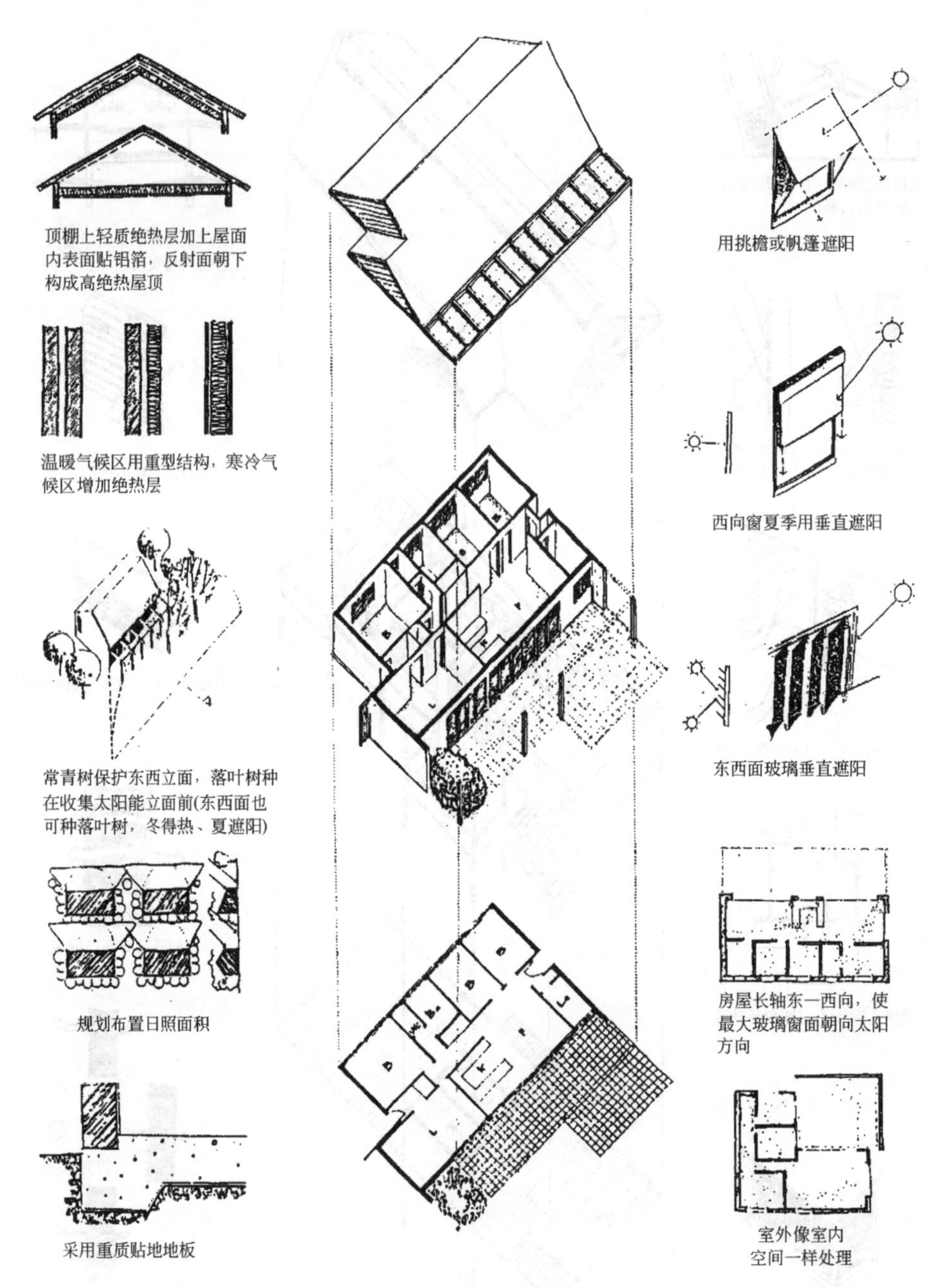

顶棚上轻质绝热层加上屋面
内表面贴铝箔，反射面朝下
构成高绝热屋顶
温暖气候区用重型结构，寒冷气
候区增加绝热层
常青树保护东西立面，落叶树种
在收集太阳能立面前(东西面也
可种落叶树，冬得热、夏遮阳)
规划布置日照面积
采用重质贴地地板
用挑檐或帆篷遮阳
西向窗夏季用垂直遮阳
东西面玻璃垂直遮阳
房屋长轴东—西向，使
最大玻璃窗面朝向太阳
方向
室外像室内
空间一样处理

图 2-21　温和性气候区设计策略

顶棚上轻质绝热构成
良好的绝热屋顶

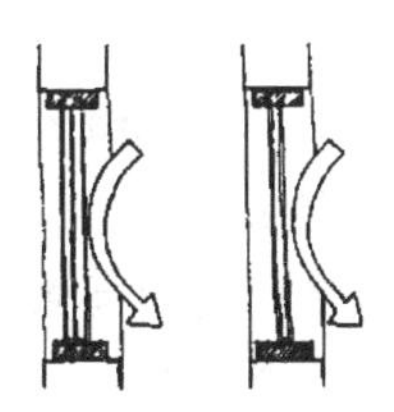

全部外窗用2层或3层玻璃

所有外门下沿做弹性密封条，
其余周边应密封

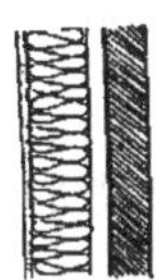

采用绝热性能好的墙体，
热工上不考虑用重型墙

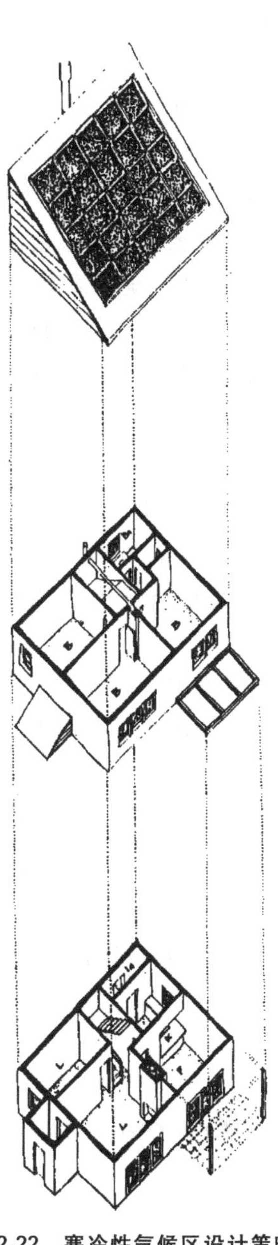

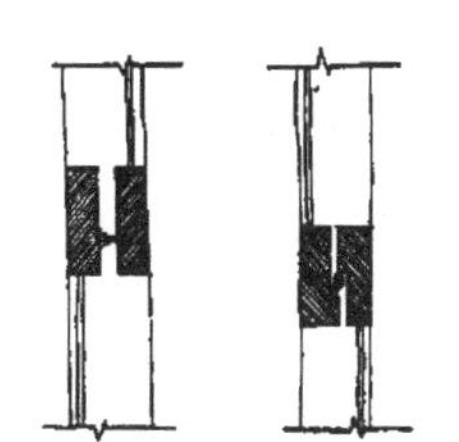

所有外门窗接缝应装密封条

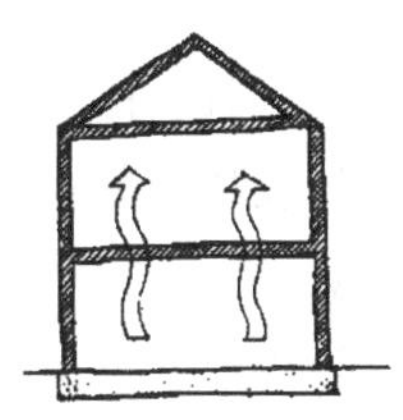

最大限度减小外表面积与容积之比
(体形系数)。用起居室的热加热夜
间使用的卧室

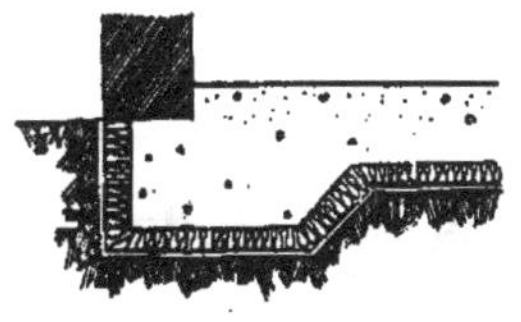

重质贴地地板周边设绝热层

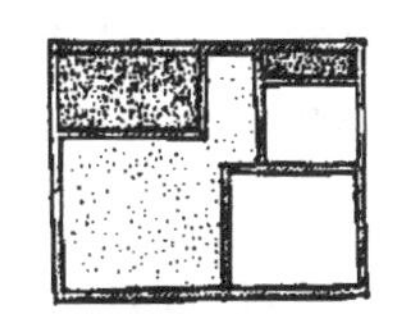

将最常使用的房间隔开以减
少辅助供热

图 2-22　寒冷性气候区设计策略

2.3.2 微观气候设计策略/Microclimatic Design Strategies

微气候建筑设计是指在大范围的区域气候条件影响下,对建筑自身所处的具体环境气候要素加以利用和改善,营造能充分满足人的舒适条件的室内外环境。微气候建筑设计策略表现在规划、建筑、建筑细部和建筑设备几个层面。

在规划层面,着重考虑气候环境因素,通过选址、规划、外部环境和体形朝向使建筑获得良好的周围微环境。除了考虑当地的气候、土质、水质、地形及其他微气候条件的综合状况之外,现代建筑还要综合考虑整体的生态环境因素,在建筑整个生命周期中保持适宜的微气候。在选址确定之后,通过研究微气候特征和建筑功能需求,通过外部环境设计来改善微气候,如利用植被遮挡风沙、调节风速、保持水分、调节温湿度、净化空气、遮阳和降噪,利用水面来调节环境温度、防风防沙,利用树木来改善风环境。

在建筑层面,建筑从外部形体组合到内部空间划分都有效地适应气候。选择合理的建筑体形,配合朝向获得有利的自然通风、日照和自然采光。采用合理的平面和剖面改善室内保温、通风和采光。门窗设计配合季节的变化来调节室内太阳辐射强度、通风、采光和改善空气质量,有效地利用温室效应来获取太阳能。

在细部层面,围护结构通过造型和材料来选择性地利用风、降水、太阳辐射等气候因素,发挥良好的保温、隔热和防潮通风效果。围护结构中的一些特殊构造,像寒冷地区的夹心墙体、被动式太阳房中的各种蓄热墙体(如水墙)以及干热地区的捕风塔,以及新的双层玻璃幕墙构造,低温地板采暖空调构造,都被用于改善室内热环境状况,提高能源使用效率。

在建筑材料和设备层面,选择健康、高效、经济、节能的新材料能更有效地利用和改善微气候条件,例如,新型透光隔热玻璃在门窗中应用起到更好的透光隔热效果,隔热效率高而且透明的低辐射玻璃加上复合铝材遮阳板综合发挥采光、隔热和遮阳的作用。

2.3.3 传统方法与现代技术/Vernacular Solutions and Modern Technologies

建筑主要功能之一就是缓解气候的不利影响,塑造良好的室内热环境。传统乡土建筑和现代建筑在关注气候方面各具侧重。历史上,乡土建筑从调整建筑构件适应气候开始,经过长期积累和演变,在不同气候区形成了极为丰富的建筑类型,虽然由于文化原因,建筑形式出现了变化,在形式上却仍然保留、集成和发展了大量气候敏感性特征。

1. 乡土建筑的气候策略/Vernacular Architecture Solutions

乡土建筑深深地刻上了气候的烙印，全球气候的多样性形成了丰富多彩的乡土建筑形式。气候作为重要的环境因素是形成建筑地域性特征的重要原因。首先，气候要素直接影响建筑的功能、形式、围护结构乃至采光、通风和遮阳，建筑体形组合紧凑还是松散？围护结构封闭还是开敞？厚重还是轻盈？平屋顶还是坡屋顶？代表了地方建筑的最基本特征。其次，气候与其他相关因素共同影响建筑，气候条件决定了一个地区的水源、植被状况，对地质土壤也有一定程度的影响，大体上限定了该地区的建筑材料。再次，在更深层次上，气候影响人、社会审美等，最终间接而又鲜明地影响建筑本身。因此，弗兰普顿(Kenneth Frampton)指出："在深层结构的层次上，气候条件决定了文化和它的表达方式，它的习俗和礼仪。"

乡土建筑的形成是长期适应自然环境的结果，体现了当时应用当地最经济的材料得到的生存环境和最大的舒适度，乡土建筑是在有限的物质财富和资源条件下，采用简便实用的建造技术，结合当地的自然气候条件和文化习俗，建造出实用、高效并易于维护的建筑，是气候敏感性建筑设计的典范。

气候要素在乡土建筑上的反映十分敏锐，反映在对空气温度、太阳辐射、空气流动、空气湿度和凝结降水的关注。

(1) 空气温度。寒冷性气候区的乡土建筑为了满足保温要求，就地取材，一般利用石材、土坯砖建造厚重封闭的围护结构。特别地，极度寒冷的北极冰原地带给因纽特人提供了一种难以想象的、唯一的建筑材料——雪块，雪块用于砌筑半球形圆顶雪屋抵御严寒。从体形系数来说，雪屋将建筑外表面散热面积减至最低，通过内壁衬皮毛作为隔热层，加上入口分级处理等措施，可使室内外温差达 36℃，室温可达 15℃，这种室温虽远达不到工业社会所要求的室内舒适度，但仅用雪块作为建筑材料控制微气候，已经提供了生存线以上的水平，体现圆顶雪屋对严酷气候的极强适应性，简洁典雅之美超越了气候和材料的局限。更重要的是，圆顶雪屋展示出严酷气候对建筑的决定性作用，以及乡土建筑在适应气候方面所蕴含的智慧(图 2-23)。与此相对应，在湿热性气候区，木材、茅草、芦苇、树叶被用来建造轻质通透和架空的围护结构，以最大限度地通风散热、除湿和遮阳(图 2-24，图 2-25)。在干热性气候区，围护结构蓄热是控制室内温度波动最有效的措施，岩石、土坯砖和生土都是极好的材料，在世界各地广泛使用，美洲安纳沙兹人的"悬崖宫殿"、埃及和中东地区的土坯建筑和黄土高原的窑洞都取得了"冬暖夏凉"的效果(图 2-26～图 2-28)。

(2) 太阳辐射。太阳辐射对乡土建筑影响至深，美洲安纳沙兹人的"悬崖宫殿"利用太阳高度角的变化规律，在冬季取暖和夏季遮阳之间找到平衡点，中国传统院落式民居采用南北朝向，更有利于从太阳获取热量。在遮阳方面，中东地区的

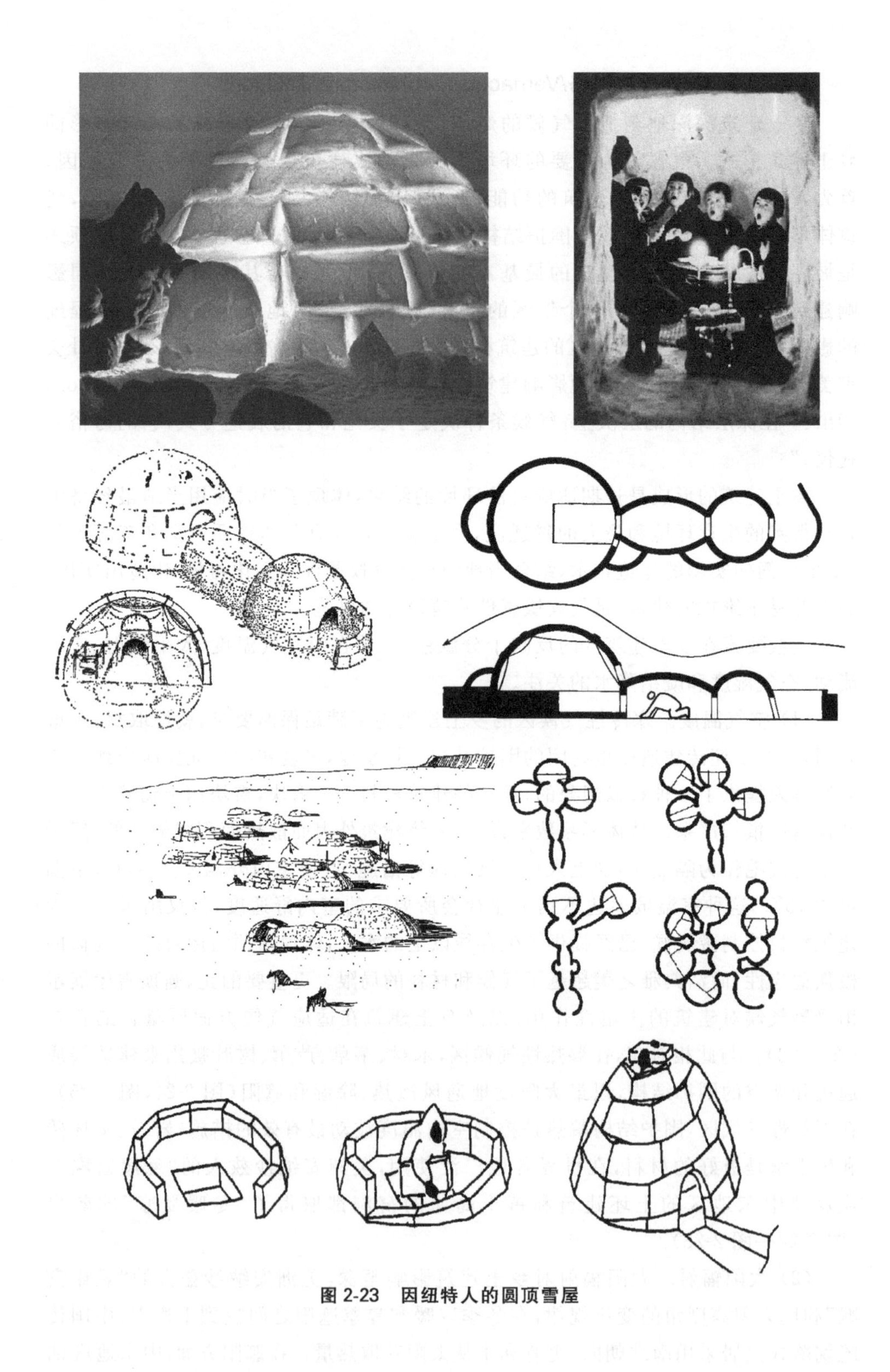

图 2-23 因纽特人的圆顶雪屋

图 2-24 萨摩亚人的“伞”形草屋

萨摩亚人草屋平面呈圆形或椭圆形，没有墙壁，圆屋顶用草叶搭成，沿周边有一圈柱子作为支撑。比较讲究的草屋在屋檐周围挂一圈椰叶编成的草帘，用以遮挡早晚的阳光，并防雨。

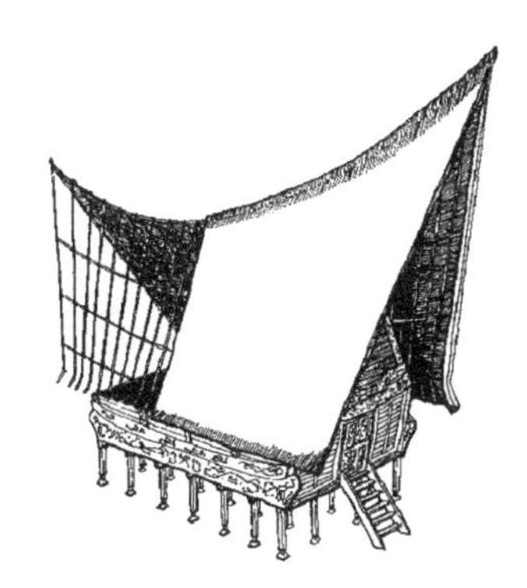

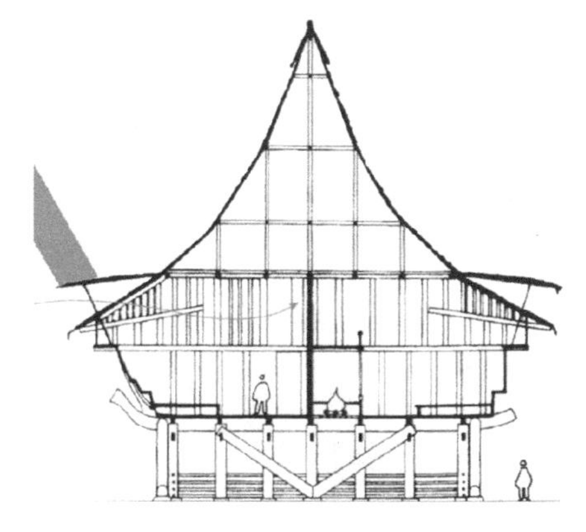

图 2-25 印度尼西亚苏门答腊岛的船形住屋

上图：苏门答腊 Batak 住屋；下图：苏拉威西 Toradja 住屋。

利用架空建筑来通风降温，利用巨大檐口为建筑和室外活动空间提供遮阳。

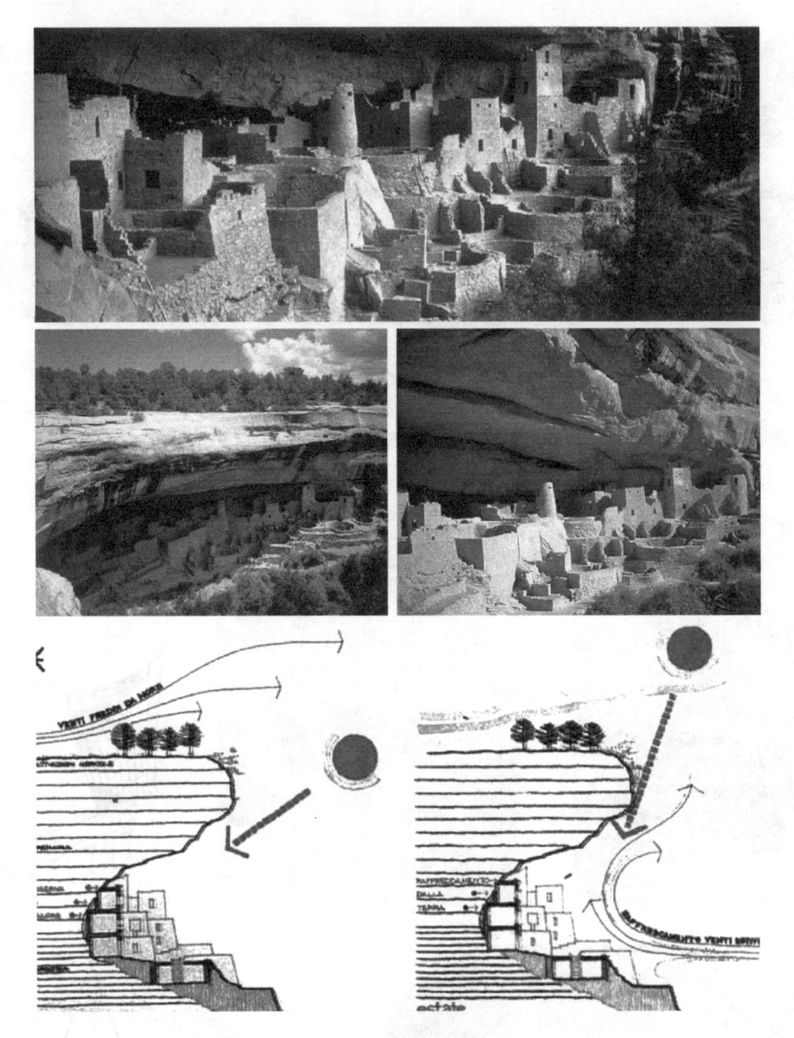

图 2-26 安纳沙兹人的"悬崖宫殿"

利用太阳高度角的变化来获得冬季日照和夏季遮阳,利用岩石良好的蓄热特性来取得冬暖夏凉的效果。

图 2-27 卡帕多西亚地区的岩居

利用岩石的蓄热特性来调节室内热环境。

图 2-28 突尼斯窑洞

利用土壤的蓄热特性来调节室内热环境。利用太阳高度角的变化来获得冬季日照和夏季遮阳，利用岩石良好的蓄热特性来取得冬暖夏凉的效果。

传统村落规划中，建筑相互靠近，相互遮阳，并利用自身构件遮阳。在干热性气候区，遮挡太阳辐射是首要问题，在埃及、伊朗、印度和巴基斯坦的乡土建筑中，深深的凉廊(Loggia)、阳台和出挑在墙面上形成大面积阴影，木制或石雕格子窗在遮挡阳光的同时又不妨碍微风吹入。在湿热性气候区，南太平洋岛国萨摩亚人的住屋没有墙壁，仅提供遮阳和避雨，圆屋顶用草叶搭成，沿周边有一圈柱子作为支撑，比较讲究的草屋还在屋檐周围挂一圈椰叶编成的草帘，用以遮挡早、晚的阳光。印度尼西亚苏门答腊岛的船形住宅，马鞍形屋面和曲线形屋檐非常轻盈，在山墙一侧深深向外出挑的船形屋顶不仅能够防止雨水淋湿山墙木雕和彩画，还能为家庭作坊提供大面积阴凉。种植乔木不仅能够调节微气候，而且能够获得冬季的日照和夏季的阴凉。

(3) 气压与风。乡土建筑对通风和防风都非常注重。在湿热性气候区，萨摩亚人住屋的轻盈通透和架空处理，对自然通风散热和除湿非常有利。在干热性气候区，自然通风的降温作用不可忽视，中东地区的捕风塔更是一套蒸发冷却自然通风系统，主导风从屋顶向下导入风塔中，并在气流进入房间之前经过冷水陶罐和潮湿木炭格栅层，使空气冷却并增加湿度(图 2-29)。埃及民居中的穹顶也具有促进热压通风的作用。考虑到防风的需要，圆顶雪屋和蒙古包的入口都避开主导风向(图 2-30)。中国北方院落式民居具有内向性特征，减少对外开窗面积，有效地避风和减小外表面积，减小冬季热损失。在北非、阿富汗及我国新疆等地，民居的传统内院和窄小街道可以阻挡热风沙尘。

(4) 空气湿度。从远古巢居演变而来的干栏楼居，四面临空的特点作为对湿热气候的适应特征始终保持下来。我国南方地区盛行的干栏建筑，巨大的陡坡屋顶和深出檐有利于排除夏季充沛的雨水，架空底层使居住层离开地面，不仅扩大建筑表面积加强散热，而且有利于通风防潮(图 2-31)。在沙漠或稀树草原地区，气候干燥，需通过加湿来改善室内湿度状况，上述捕风塔的风在进入室内之前先被水面加湿，降温和加湿双重效果同时实现。

图 2-29 巴基斯坦海德拉巴住宅和捕风窗

通过捕风窗来选择性地利用自然通风降温。

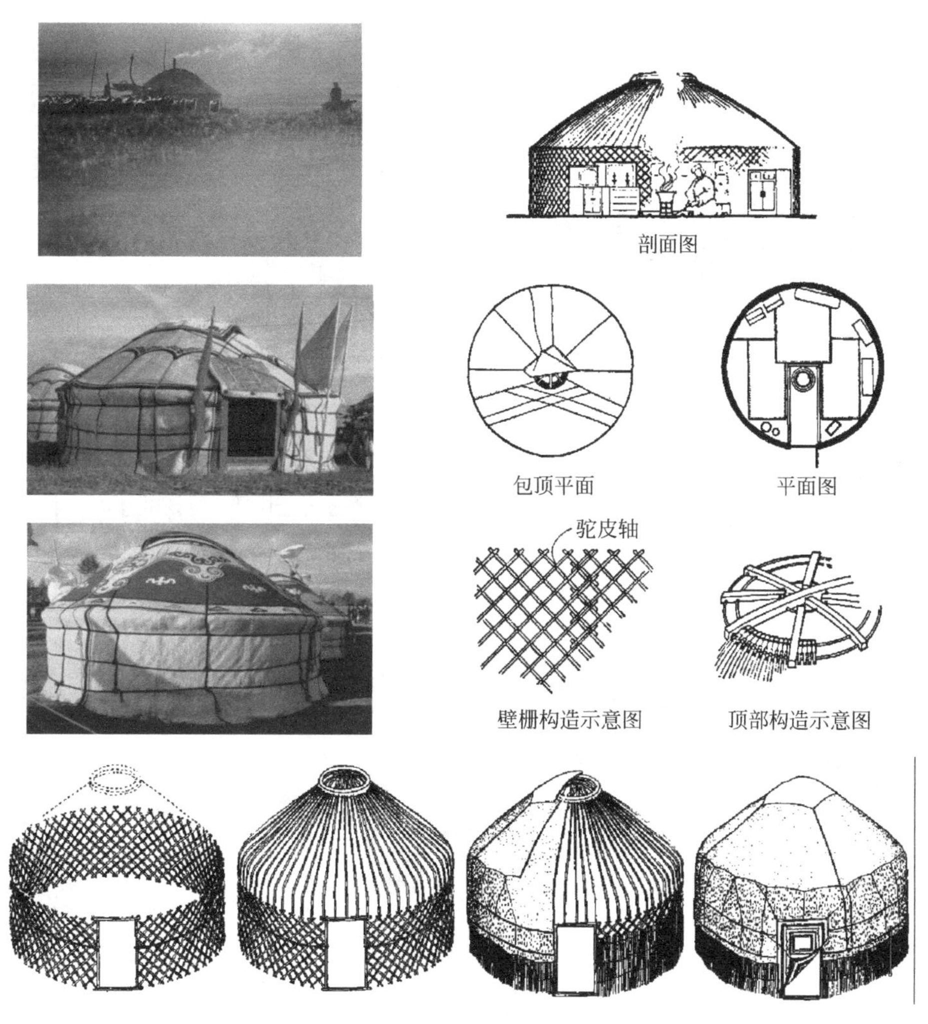

图 2-30 蒙古包

蒙古包具有很好的保温和防风避风性能，体形系数小，移动方便。

图 2-31 干栏建筑——西双版纳傣族木楼和苗族民居

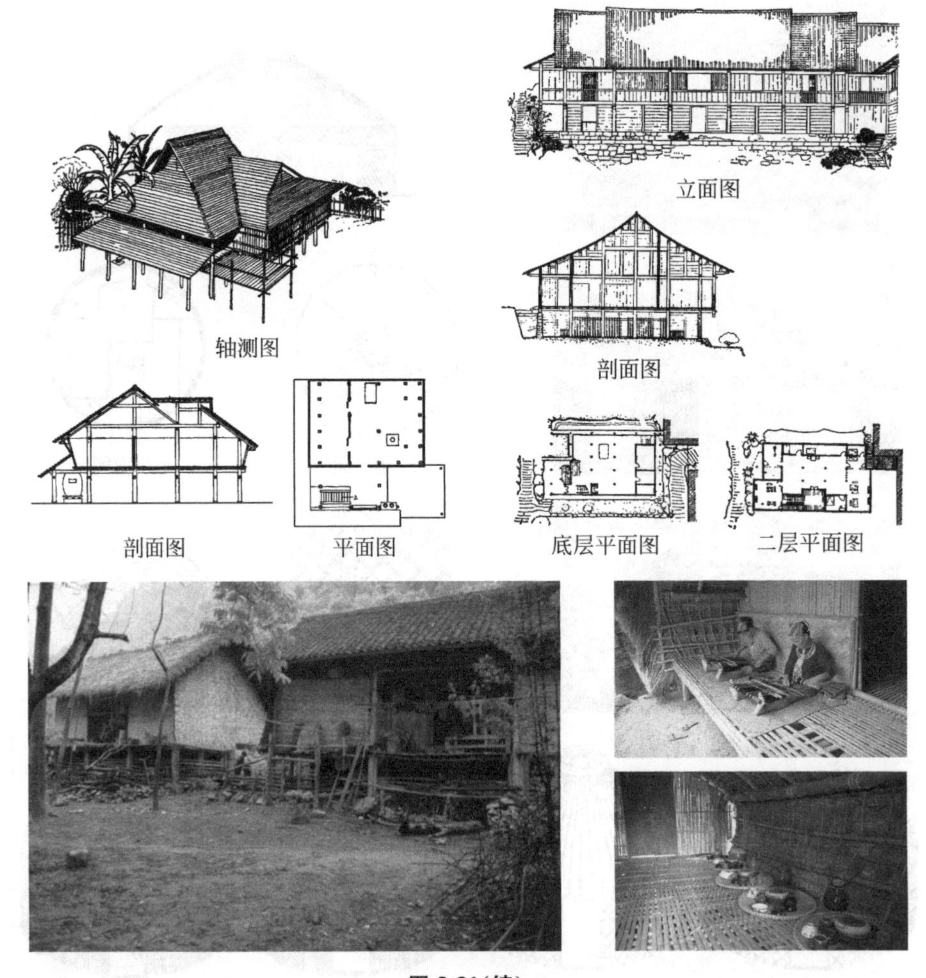

图 2-31(续)

(5) 凝结降水。乡土建筑屋顶随气候不同而产生变化,坡屋顶的坡度随着降水量的减少而减小;热带雨林地区倾斜屋顶利于排水,降雪丰富地区屋顶倾斜利于减少积雪,而降水稀少的干旱地区屋顶几乎是水平的。在湖泽地区,干栏建筑高高架起,离地很高,适应水位的涨落。在干旱地区,把雨水收集到院子里形成水池,调节空气湿度(图 2-32~图 2-34)。

2. 现代建筑的气候策略/Adaptation of Traditional Solutions in Modern Architecture

现代建筑有更多的技术支持、工艺支持和建筑材料支持。相对乡土建筑,现代建筑的围护结构有更好的保温、隔热性能,现代材料建造的复合墙体性能远远优于乡土建筑,即使气候不再是建筑设计的制约因素,20 世纪的现代建筑师在气候敏感性建筑设计方面仍然做了有益探索。举例来说,对作为应对气候的重要构件遮阳设计进行了深入实践和研究。勒·柯布西耶(Le Corbusier)去北非旅行,研究摩

· 轴测剖视图

· 正立面图

· 侧立面图

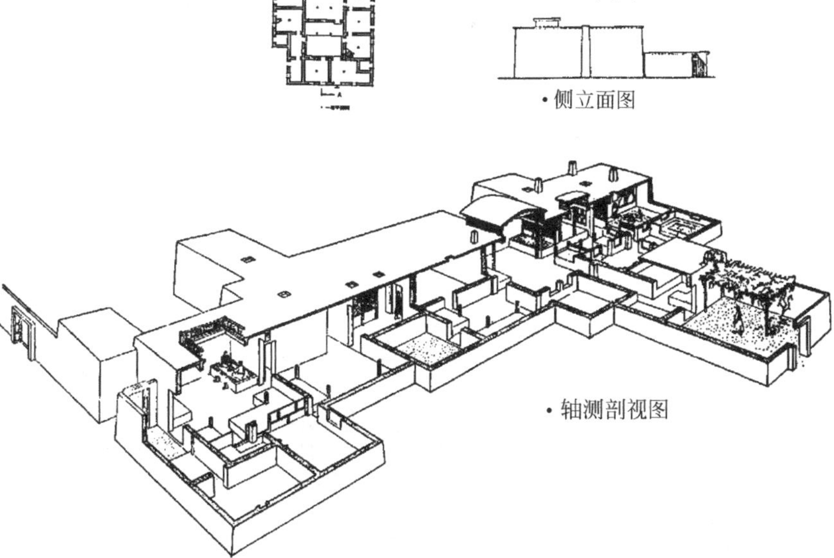

图 2-32 西藏民居(左图)和新疆民居(右图)

采用厚重的体和较小的窗墙比以利于保温和隔热。传统新疆土坯房以木构架作为承重体系，土坯(或夯土)墙为围护结构，屋面是由木梁覆盖黄泥构成。由于太阳辐射和土壤的热惰性，建筑室内温度适宜，受外界温度影响较小。

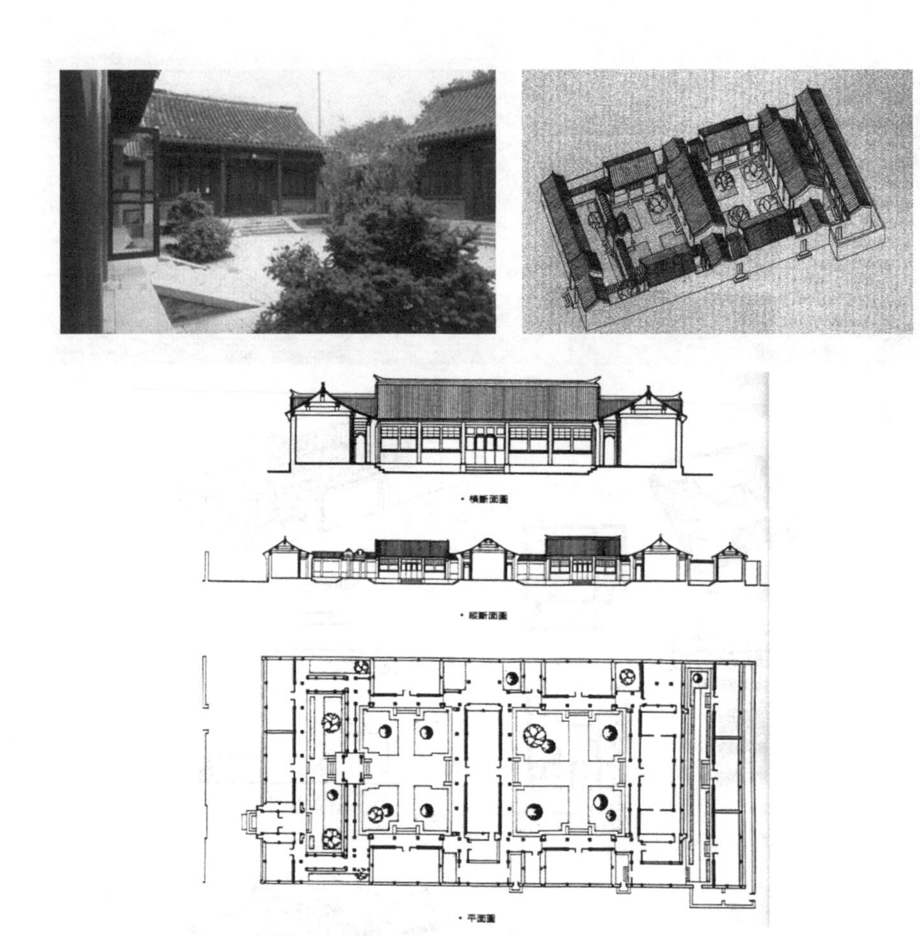

图 2-33　中国北方院落式民居

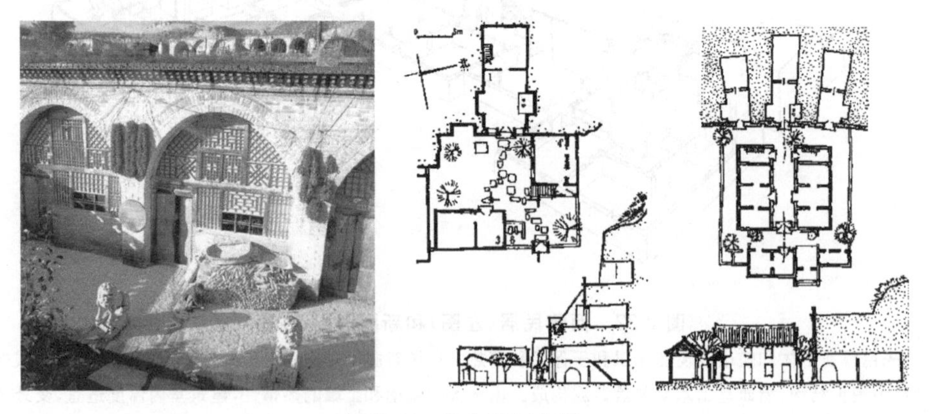

图 2-34　黄土高原窑洞

窑洞建筑的冬暖夏凉来自土壤的热工性质,厚重土层的绝热作用使土中温升很低,温度波动在土壤中仅有一定的深度,此深度以下温度稳定。

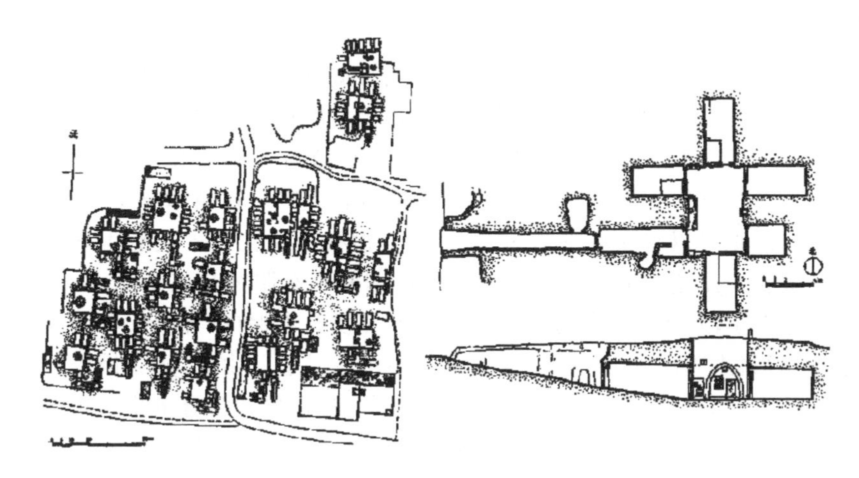

图 2-34(续)

洛哥木格屏(mashrabiya)和花格窗(claustrum)之后,设计出“遮阳构架”,用混凝土框架建造,将蜂巢状的遮阳构件与玻璃立面结合,遮挡阳光,从简单的外部构件到直接整合于建筑中(图 2-35)。20 世纪四五十年代,美国建筑师纽特拉(Richard Neutra)、康(Louis Lsadore Kahn)和鲁道夫(Paul Rudolph)、巴西建筑师尼迈耶(Oscar Niemeyer)和考斯塔(Luci O Costa)的设计中都考虑了气候和地域这两个因素的影响,特别是对太阳直射光线的控制。1957 年,奥戈雅兄弟(V. Olgyay and A. Olgyay)出版《太阳光控制和遮阴设备》一书,对上述建筑师的设计作品进行研究,从科学角度进行总结归纳。1963 年,奥戈雅完成了《设计结合气候:建筑地方主义的生物气候研究》一书,提出“生物气候地方主义”设计方法,其基本原则是通过建筑设计和构造设计,控制一些气候要素对建筑的影响。此后,吉沃尼对生物气候设计方法作了改进,从人体的生物气候舒适性出发分析气候条件,确定可能的设计策略。

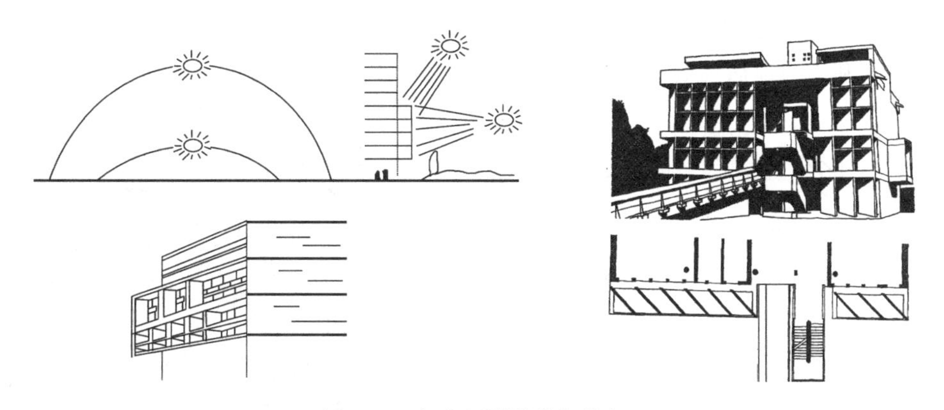

图 2-35 柯布西耶的遮阳构架

“遮阳构架”是国际式与乡土式解决方案的结合,体现了现代技术和乡土智慧,经历了一个从简单的外部构件到整合于建筑的过程。

另一方面,在"现代化"与"全球化"的趋势下,建筑与气候之间的关系受到人们的思想观念和滥用技术的影响,在"征服自然、改造自然"的自信和傲慢中丧失了节俭本色,挥霍和浪费能源。"全球化"在促进社会发展和经济繁荣的同时,也对地域性文化产生了毁灭性的影响。技术手段的进步导致对气候的漠视,多数现代建筑虽不能说完全与气候无关,但气候对建筑的影响在递减。在技术支持下,建筑采用坡屋顶或平屋顶可以与降水量毫无关系,完全由社会文化和审美意识来决定。现代建筑无需像乡土建筑那样谨慎地适应气候和利用有限的自然资源,在设计上更多地依靠空调手段,为创造舒适的室内微气候提供技术保证,无论是冬雪飘扬还是闷热潮湿,建筑人工环境都可以带来温暖如春的热舒适。由此,建筑缺乏地域性特色不仅导致了形象单调,而且造成资源和能源的浪费,也并没有带来真正的健康和舒适。20世纪80年代,面对各种环境问题,乡土建筑对气候的高度适应性重新受到重视。引发对各种传统设计解决方案的科学评价,以及发展传统的、基于自然资源的设计方法和策略的研究。适应气候和地域条件的建筑设计策略并非精确科学计算的结果,而是历代人通过试错和类比方法,不断保留设计中的有效部分并流传下来的,经历了实践和时间的检验。

一些建筑师致力于从乡土建筑中汲取精华,挖掘乡土建筑在太阳能利用、自然通风、生土材料保温蓄热等技术手法并加以改良,提高效率,用之于现代实践,一些做法非常成功并富于创造性,例如,埃及建筑师哈桑·法赛(Hassan Fathy)侧重于对乡土建筑进行再发现,修正现代建筑在干热气候区的一些设计策略,坚持把过去的民族传统与现代技术和需要结合起来的原则,重新评价埃及乡土建筑中多种气候设计策略:从建筑材料角度重新评价了土坯砖的价值,建造替代水泥的土坯建筑;从建筑细部出发重新评价了传统木格屏、捕风窗(malqaf)和穹顶的作用(图2-36),并对传统捕风塔和拱顶、穹顶进行改造,提高通风效果和冷却效率;在规划方面注重外部街道、开敞庭院和内庭院空间,将街道加顶获得建筑群体遮阳,将内庭院作为"蓄冷库",将建筑附加阳台、有顶凉廊或屋顶敞廊起到遮阳和控制屋顶散热的作用(图2-37)。1946年,法赛受政府委托对卢克索地区的高纳新村进行规划设计,基于当地居民的传统生活习惯和严酷的沙漠气候,构筑了一系列有明显层

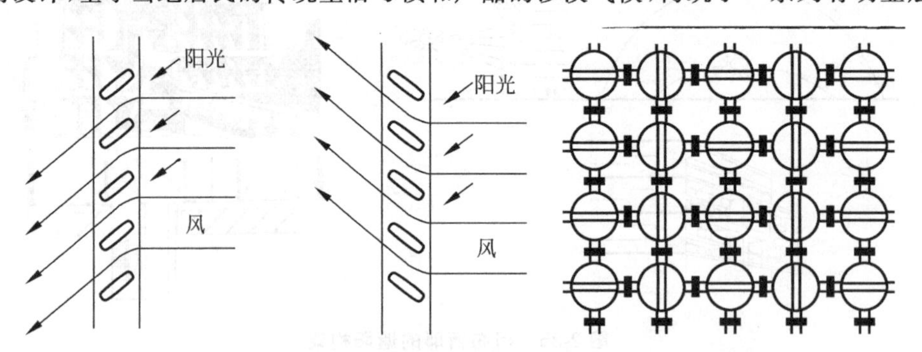

图2-36 百叶窗遮阳与通风的关系(左图);木格屏细部(右图)

次、半遮蔽的室外空间，使建筑阴影中的街道成为住宅的延伸。同时，借鉴穹顶建造技术和利用传统土坯砖创造出伊斯兰特色的质朴风格。住宅单体设计充分利用通风降温、屋顶隔热、建筑遮阳、内庭院及水体应对气候(图 2-38～图 2-40)。

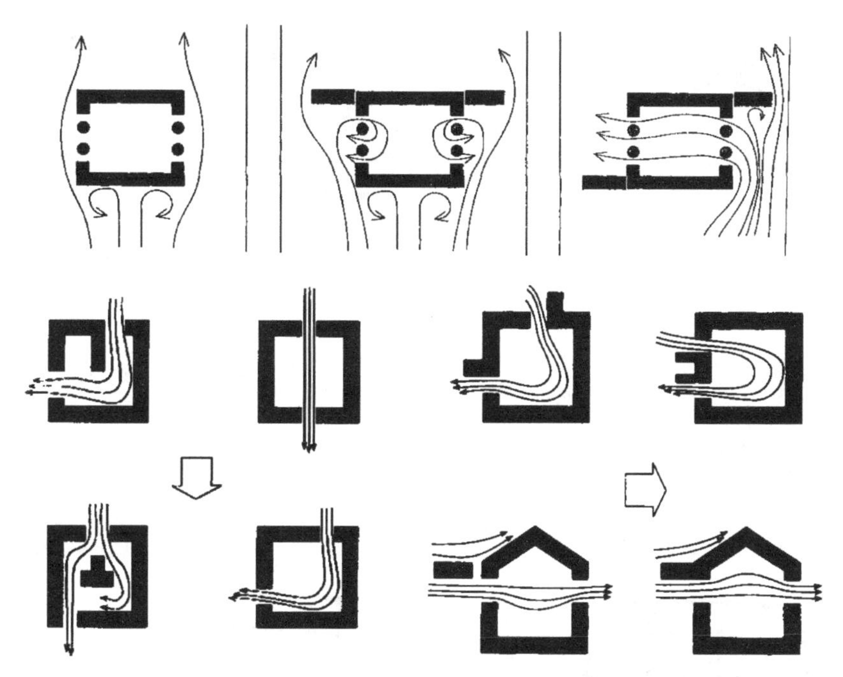

图 2-37 哈桑·法赛对通风的研究

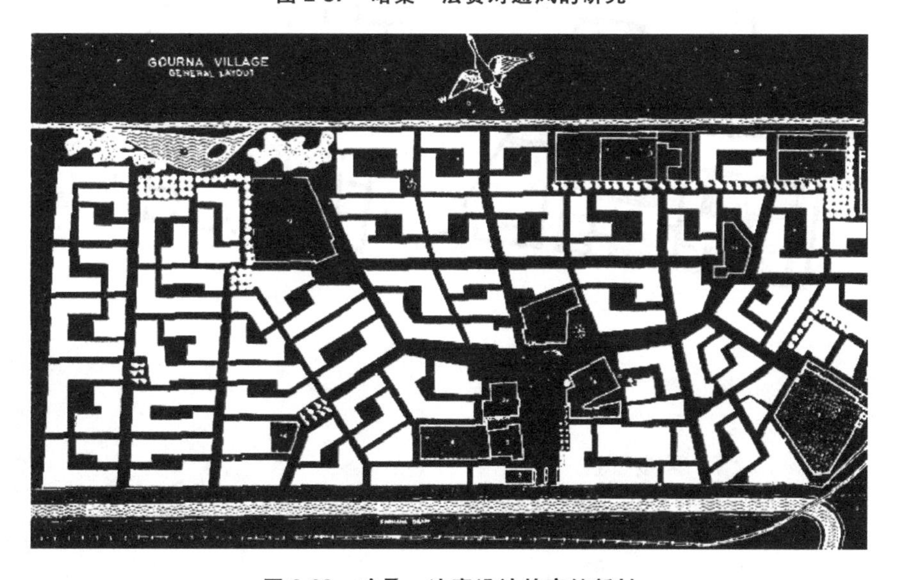

图 2-38 哈桑·法赛设计的高纳新村

1946 年，法赛受政府委托对卢克索地区的高纳新村进行规划设计。

图 2-39 哈桑·法赛设计的高纳新村清真寺和民居

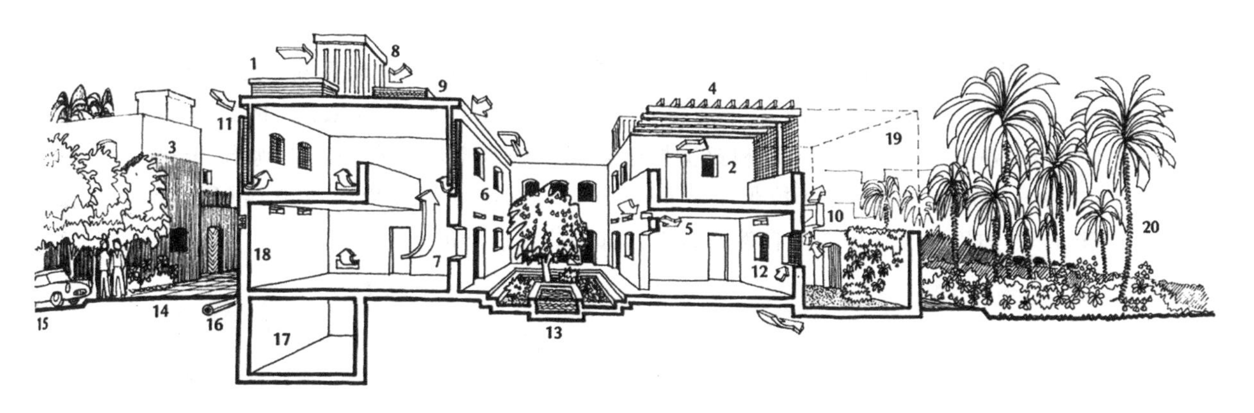

图 2-40 庭院建筑的气候设计策略图解

说明：

1—家用热水由平板太阳能热水器提供。

2—开放的屋顶露台可以作为夜间乘凉区。

3—狭窄的遮阳街道，植物阴凉提供遮阳、凉爽、通风的区域。

4—遮阳架和种植屋顶为屋顶平台和步行区提供遮阳。

5—屋檐和顶棚下的通风孔给屋顶和楼板通风降温。

6—窗户朝向阴凉的内院防热和防眩光。

7—中庭流通空间获得自然通风对流。

8—通过捕风塔引导自然通风。

9—利用蒸发水池为自然通风提供降温。

10—室外设计用以强化室内和室外的通风。

11—在湿热地区，将空气经过吸湿材料的管道过滤，通过水蒸发降温。

12—木格屏遮阳。

13—利用内院和公共庭院的水池和植物来促进蒸发降温，利用植物来除尘、减少眩光和收集雨水。

14—利用铺装来减少尘土，减少地面太阳辐射反射，采用渗水性地面促进雨水就地渗透，利用植物防沙。

15—限制机动车通行以减少对步行人流的干扰和减少噪声。

16—雨水和污水收集用于浇灌植物，建立景观植物灌溉系统。

17—利用地下空间获得稳定温度。

18—利用本地材料建造蓄热性墙面减少温度波动，限制开窗面积减少得热。

19—可增长型的建设模式，适应家庭成员数量的变化。

20—利用中心花园提供休闲空间和进行家庭植物栽培。

当代，“高技派”建筑师崇尚技术，将各种新技术和新观念贯彻到建筑设计中，关注环境的是其建筑思想的核心内容。以技术为手段，先进设备（如 PV 光电板）、材料（如透明绝热材料）和工艺（如自动建造系统）结合气候条件，无论被动地适应宏观气候还是主动地控制微观气候，都是以高效和创造健康的建筑热环境为目的，关注三方面，一是适宜的室内温湿度满足人体热舒适及健康要求，二是利用自然采光以减少人工照明的能耗，三是强化自然通风减少空调能耗。应对不同气候条件下，各有侧重，对湿热性气候地区，最大限度的自然通风获得热舒适，在寒冷性地区，在保障室内空气质量的前提下减少换气次数，降低热损失，在热带地区，综合考虑自然采光、建筑得热的平衡。

福斯特(Norman Foster)的法兰克福商业银行的自然通风系统、霍普金斯(Micheal Hopkins)的伦敦议会大厦的机械辅助式自然通风系统、格雷姆肖(Nicholas Grim Shaw)的塞维利亚世博会英国馆的水幕墙及自动控制遮阳、努维尔(Jean Nouvel)的巴黎阿拉伯世界研究中心的遮阳和采光以及皮亚诺(Renzo Piano)的迪巴欧文化中心的自然通风设计都是非常成功的典范(图2-41)。

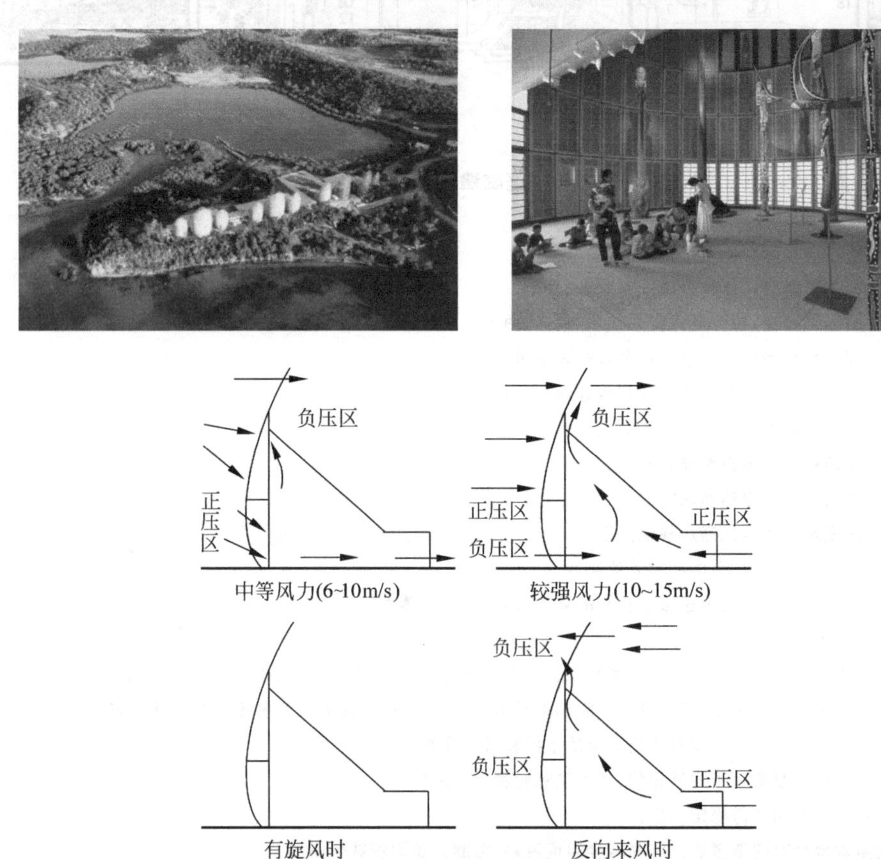

图2-41 伦佐·皮亚诺设计的迪巴欧文化中心

第 2 部分

材料·构造·围护结构——基于技术的考虑

Material · Construction · Envelope— Thinking of Technology

建筑与周围环境和建筑内部之间都存在热交换现象。塑造适宜的室内热环境需要对建筑得热和失热进行控制。建筑室内外的热交换主要包括 10 个方面,如下图所示。

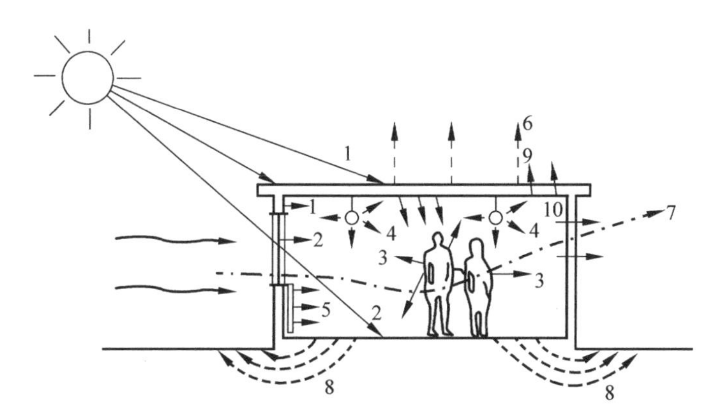

建筑热平衡图

建筑的得热部分有:

1—通过墙和屋顶的太阳辐射得热。构件外表面吸收太阳辐射并转换成热能,通过导热传递到构件的内表面,再经表面长波辐射及空气对流换热将热量传入室内。

2—通过窗的太阳辐射得热,主要是透过玻璃的辐射。

3—居住者的人体散热。

4—电灯和其他设备散热。

5—采暖设备散热。

建筑的失热部分有:

6—通过外围护结构的导热、对流与辐射向室外散热。

7—空气渗透和通风带走热量。

8—地面传热。

9—室内水分蒸发,这部分水蒸气排出室外所带走的热量(潜热)。

10—制冷设备吸热。

为取得建筑中的热平衡,让室内处于稳定的适宜温度,在室内达到热舒适环境后应使以上各项得热的总和等于失热的总和。通常5与10不同时出现。

建筑中得热和失热的多少与围护结构热工性能密切相关,围护结构的材料和构造对建筑的保温、隔热、通风和防潮,对塑造室内热环境和节能发挥重要的作用。

3 传热学的基本概念和原理
Principles of Thermal Physics

热是物质分子能的外部表现，是能的一种形式，量度单位是焦耳(J)。

显热与潜热。当热流由一个物体流向另一个物体时，可能引起物体温度变化，如太阳辐射照射墙面引起墙体温度升高，这种现象称为显热(sensible heat)，是可感知或测知的热。在另一种情况下，热流流动可能不引起温度变化，如沸腾的水(保持在100℃蒸发)，称为潜热(latent heat)。潜热包括熔解热(潜热物质熔解时吸收的热或凝固时放出的热)和汽化热(潜热物质蒸发时吸收的热或凝结时放出的热)两种。

热容与质量热容。热容(heat capacity)是使一定的物体升高1℃(或1K)所需的热量。质量热容(specific heat capacity)是使1kg物质升高1℃(或1K)所需的热量，其单位是J/(kg·K)。

热力学第一定律表明，在热能与其他形式能的互相转换过程中，能的总量始终不变。热力学第二定律表明，自然界中发生的热过程是一种自发过程，自发过程是不可逆的，要想使自发过程逆向进行，就必须付出某种代价，或者说给外界留下某种变化。“熵”用来表示任何一种能量在空间中分布的均匀程度，能量分布得越均匀，熵就越大。一个系统的能量完全均匀分布时，熵就达到最大值。孤立系统的熵只能增大，或者不变，绝不能减小，一切实际过程都一定朝着使孤立系统的熵增大的方向进行，任何使孤立系统的熵减小的过程都是不能发生的。热力学第三定律认为，不可能通过有限过程使系统冷却到绝对零度。

热传递有辐射、对流和导热三种方式，辐射是自由空间热转移的主要方式，对流是流体即液体与气体内热转移的主要方式，导热是固体内热转移的主要方式。

3.1 辐射与辐射换热/Radiation and Radiation Heat Transfer

3.1.1 辐射的反射、吸收和透过/Reflection, Absorptance and Transmission

凡温度高于绝对零度的物体都可以发射和接收热辐射。理论上，物体热辐射的电磁波波长可以包括电磁波的整个波谱范围，在普通物体的温度范围内，热辐射波长在波谱的0.38μm～1000μm之间，且大部分能量位于红外线区段的0.76μm～20μm范围内，红外线又有近红外线和远红外线之分，以4μm为界限。

物体对外来入射辐射进行反射、吸收和透过，其与入射辐射的比值分别称为物体对辐射的反射系数(又称反射率)γ、吸收系数(又称吸收率)ρ和透过系数τ(又称透过率)(图3-1)。以入射辐射为1，则有如下关系式：

$$\gamma+\rho+\tau=1$$

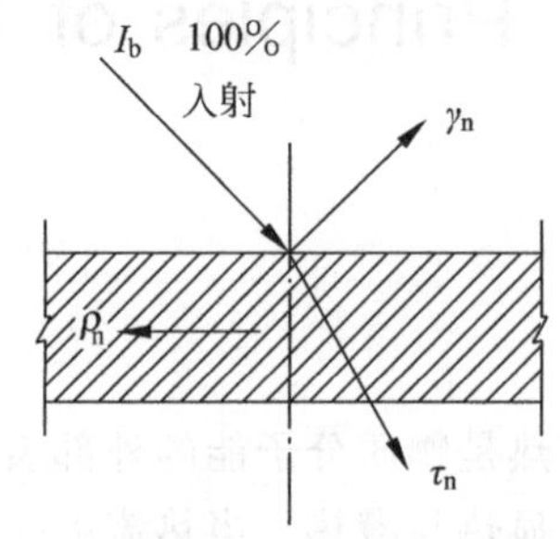

图3-1 辐射热的反射、吸收和透过

由于多数不透明的物体的透过系数$\tau=0$，则对不透明物体上式可写成：

$$\gamma+\rho=1$$

为了便于研究，在理论上将外来辐射全吸收的物体($\rho=1$)称为黑体，对外来辐射全部反射的物体($\gamma=1$)称为白体，对于外来辐射全部透过的物体($\tau=1$)称透明体。但在自然界中没有理论上所定义的绝对的黑体、白体或透明体，自然界中的不透明物体多数介于黑体与白体之间，近似称为灰体(grey body)。

黑体(Black Body)辐射。黑体能将一切波长的外来辐射完全吸收，也能向外发射(Emittance)一切波长的辐射。对黑体辐射基本规律的阐述主要有斯蒂芬·玻耳兹曼定律和普朗克定律。

1. 斯蒂芬·玻耳兹曼定律

黑体单位表面积、单位时间以波长$\lambda=0\sim\infty$的全波段向半球空间辐射的全部能量，称为黑体的全辐射力(E_b)，其单位为W/m^2。根据斯蒂芬·玻耳兹曼定律，黑体的全辐射力同它的绝对温度的4次方成正比。用公式表示为

$$E_b=C_b\left(\frac{T_b}{100}\right)^4$$

式中：E_b——黑体全辐射力，W/m^2；

C_b——黑体的辐射系数，常数，其值为$5.68W/(m^2\cdot K^4)$；

T_b——黑体表面的绝对温度，K。

2. 普朗克定律

普朗克定律表明了黑体的单色辐射力与其绝对温度和波长之间的函数关系，可用公式表达为：

$$E_{b\lambda}=\frac{C_1\lambda^{-5}}{e^{\frac{C_2}{\lambda T}}-1}$$

式中：$E_{b\lambda}$——黑体的单色辐射力，指在某波长λ下波长间隔$d\lambda$范围内所发射的能量，$W/m^2\cdot m$；

C_1,C_2——普朗克常数：

$C_1=3.743\times10^{-16}W\cdot m^2$，

$C_2=1.4387\times10^{-16}W\cdot m^2$；

λ——波长，m；

T——黑体的绝对温度，K。

普朗克定律证明：黑体单色辐射力 $E_{b\lambda}$ 的最大值随着黑体温度升高而向波长较短一边移动。黑体温度越高，其最大辐射力的波长越短。如太阳相当于温度为6000K的黑体辐射，其最大辐射力波长约为 0.5μm，而 16℃(289K)左右的常温物体发射的最大辐射力波长约为 10μm(图 3-2)。

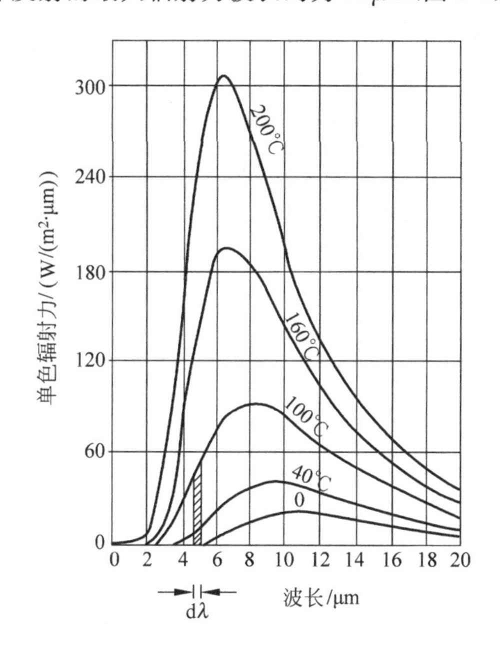

图 3-2 黑体辐射光谱

黑体单色辐射力 $E_{b\lambda}$ 的最大值随着黑体温度升高而向波长较短一边移动。根据普朗克定律可绘出不同温度下黑体辐射能按照波长的分布情况，当波长 $\lambda=0$ 时，$E_{b\lambda}=0$，随着 λ 的增加 $E_{b\lambda}$ 也相应增加；当 λ 增加到某一数值时，$E_{b\lambda}$ 为最大值；然后又随着 λ 值的增加而减少，至 $\lambda=\infty$ 时 $E_{b\lambda}$ 重新降至 0。

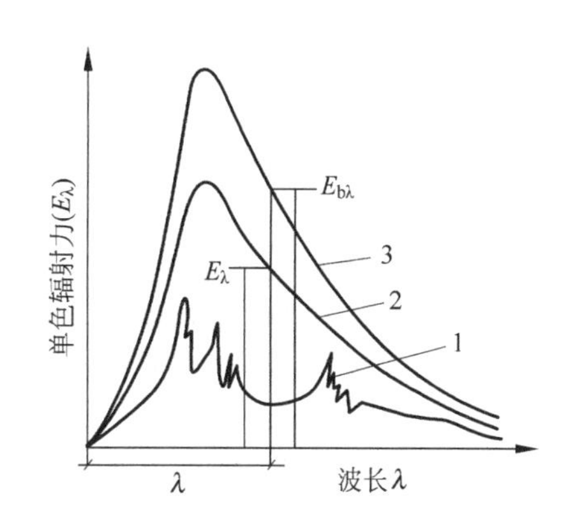

图 3-3 同温度物体的辐射波谱

1—实际物体；2—灰体；3—黑体

灰体的辐射特性与黑体近似，但在同温度下其全辐射力低于黑体。在工程上将多数建筑材料均近似认为是灰体以便于计算。灰体、黑体与实际物体在同温度时的辐射波谱比较如图 3-3 所示。

$$E=C\left(\frac{T}{100}\right)^4$$

式中：E——灰体全辐射能力；

C——灰体辐射系数；

T——灰体的绝对温度。

辐射系数 C 可以表征物体向外发射辐射的能力。各种物体(灰体)的辐射系数均低于黑体，其数值大小取决于物体表层的化学性质、光洁度、颜色等。

黑度，或称发射率，是物体辐射系数与黑体辐射系数之比。用算式表达为

$$\frac{C}{C_b}=\varepsilon$$

式中的 ε 为物体的黑度。黑体的黑度为1，其他物体黑度均小于1。

在一定温度下，物体对辐射热的吸收系数(ρ_n)在数值上与其黑度 ε 相等。也就是说，物体辐射能力越大，它对外来辐射的吸收能力也越大；反之，若辐射能力越小，则吸收能力也越小。应注意的是，物体对太阳辐射的吸收系数(ρ_s)并不等于其黑度，这是因为太阳表面温度很高，主要发射短波辐射，最大辐射力波长为接近0.5μm的可见光，一般物体是在常温下，发射最大辐射力的波长为4μm～20μm的红外线(长波)辐射，两者的波谱相差很大，而常温下物体表面的黑度是发射长波热辐射的物理参数。为说明这种差别，在表3-1中列出了几种常用材料在常温下的辐射系数 C，黑度 ε(也是对常温物体的热辐射吸收系数)和对太阳辐射的吸收系数 ρ_s。

表3-1 材料的 ε、C、ρ_s 值

序号	材　料	ε(10℃～40℃)	$C=\varepsilon C_b$	ρ_s
1	黑体	1.00	5.68	1.00
2	开在大空腔上的小孔	0.97～0.99	5.5～5.62	0.97～0.99
3	黑色非金属表面(如沥青、纸等)	0.90～0.98	5.1～5.5	0.85～0.98
4	红砖、红瓦、混凝土、深色油漆	0.85～0.95	4.83～5.4	0.65～0.80
5	黄色的砖、石、耐火砖等	0.85～0.95	4.83～5.4	0.50～0.70
6	白色或淡奶油色砖、油漆、粉刷涂料	0.85～0.95	4.83～5.4	0.30～0.50
7	窗玻璃	0.90～0.95	5.1～5.4	
8	光亮的铝粉漆	0.40～0.6	2.27～3.41	0.30～0.50
9	铜、铝、镀锌铁皮、研磨铁板	0.20～0.30	1.14～1.7	0.40～0.65
10	研磨的黄铜、铜	0.02～0.05	0.14～0.28	0.30～0.50
11	磨光的铝、镀锡铁皮、镍铬板	0.02～0.04	0.14～0.23	0.10～0.40

注：表中 C 值单位为 $W/(m^2 \cdot K^4)$。

对于多数不透明的物体来说，对外来入射的辐射只有吸收和反射，即吸收系数与反射系数之和为1。吸收系数越大，则反射系数越小。另外，不同物体不仅对外来辐射的总吸收系数不同，而且对各种波长辐射的单色吸收系数的差异也很大。可以说，不同物体表面的反射系数随表面性质的不同而对入射的各种波长辐射呈现出各自的反射特性。图3-4中给出几种典型表面(光亮的铝表面、白色表面、黑色表面)对各种波长辐射的反射系数。

普通玻璃一般被认为是透明材料，对波长为2μm～2.5μm的可见光和近红外线有很高的透过率，而对波长为4μm以上的远红外辐射的透过率很低(图3-5)，这样，在建筑中可以通过玻璃获取大量的太阳辐射，使室内构件吸收辐射而温度升高，但室内构件发射的远红外辐射则基本不能通过玻璃再辐射出去，由此可提高室内温度，这种现象称为玻璃的温室效应，在建筑设计中常用来为节能服务。

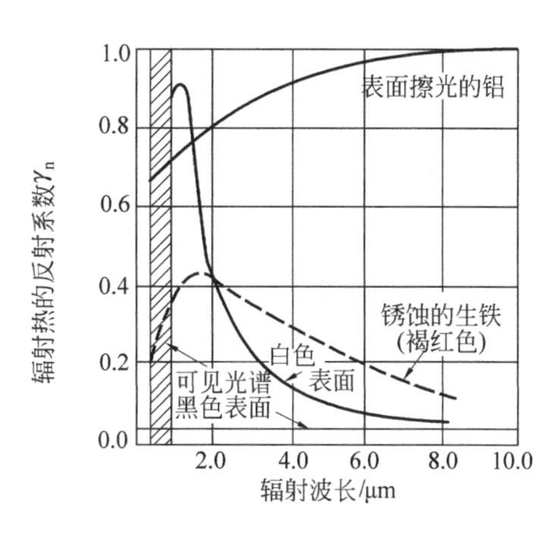

图 3-4 表面对辐射热的反射系数

图 3-4 显示，擦光的铝表面对各种波长的辐射反射系数都很大；黑色表面对各种波长辐射的反射系数都很小；白色表面对波长为 2μm 以下的辐射反射系数很大，而对波长为 6μm 以上的辐射反射系数又很小，其值接近黑色表面。这种现象对建筑表面颜色和材料的选用有一定影响。

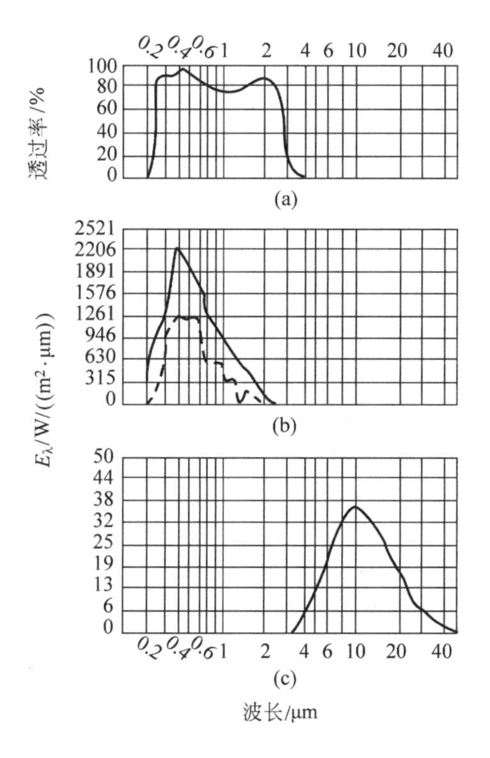

图 3-5 玻璃的透过率

普通玻璃对不同波长辐射的透过率(a)与太阳光谱(b)和温度为 35℃ 黑体的辐射光谱(c)相对比，可以看出，玻璃对太阳辐射中大部分波长的光可以透过，而对一般常温物体所发射的辐射(多为远红外线)则透过率很低。

3.1.2 辐射换热/Radiation Heat Transfer

两表面间在单位时间里的辐射换热量，主要取决于表面温度和两表面的面积及其相互位置关系，用角系数表示，如图 3-6 所示。角系数用于反映两个表面之间的位置关系，只由两表面的面积和相互位置之间的几何关系确定，和辐射量的大小无关。角系数值在 0～1 之间，建筑中常见的处于典型位置的两个表面之间的角系数可在有关传热学的书

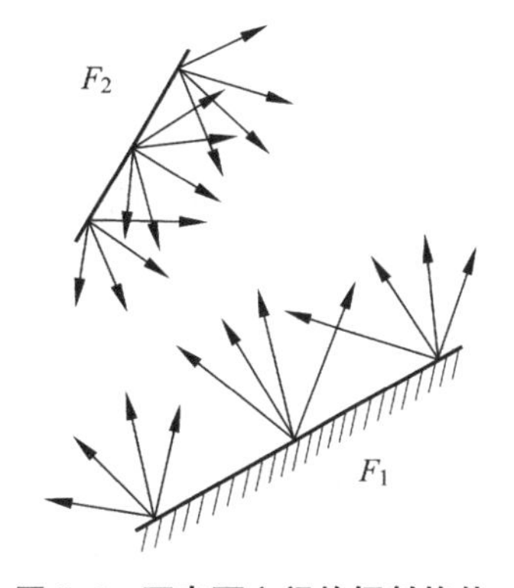

图 3-6 两表面之间的辐射换热

及手册中查出。

黑体表面辐射换热计算。运用角系数可得到单位时间里表面 F_1 给表面 F_2 的辐射热 Q_{12} 的计算式:

$$Q_{12} = Q_1\Psi_{12} = C_1\left(\frac{T_1}{100}\right)^4\Psi_{12}F_1$$

而单位时间里表面 F_2 给表面 F_1 的辐射热为

$$Q_{21} = Q_2\Psi_{21} = C_2\left(\frac{T_2}{100}\right)^4\Psi_{21}F_2$$

根据辐射换热中的"互换性定理",进行辐射换热的两表面之间存在如下关系:

$$\Psi_{12}F_1 = \Psi_{21}F_2$$

当参与辐射的两表面均为黑体时,由于 $C_1=C_2=C_b$,且没有反射作用,因此黑体两表面的单位时间净辐射换热量 Q_{b1-2} 可按下式计算:

$$\begin{aligned} Q_{b1-2} = Q_{b12} - Q_{b21} &= C_b\left[\left(\frac{T_1}{100}\right)^4 - \left(\frac{T_2}{100}\right)^4\right]\Psi_{12}F_1 \\ &= C_b\left[\left(\frac{T_1}{100}\right)^4 - \left(\frac{T_2}{100}\right)^4\right]\Psi_{21}F_2 \end{aligned}$$

灰体表面间辐射换热计算。当参与辐射的两表面为灰体时,因为灰体对辐射热的吸收系数均小于1,所以应考虑相互反射作用,其辐射换热过程远比黑体复杂。尤其是对反射系数大的表面,需考虑多次反射,否则将产生较大误差。除个别情况外,考虑多次反射的计算是很困难的,但经研究,对于辐射系数大于4.7的表面,取一次近似而忽略二次以上的反射,其误差在3%以内,一般是完全允许的。这样,对于任意相对位置且黑度大于0.8的灰体表面,F_1 和 F_2 之间在单位时间的净辐射换热量 Q_{1-2} 可表示为:

$$\begin{aligned} Q_{1-2} &= C_{12}\left[\left(\frac{T_1}{100}\right)^4 - \left(\frac{T_2}{100}\right)^4\right]\Psi_{12}F_1 \\ &= C_{12}\left[\left(\frac{T_1}{100}\right)^4 - \left(\frac{T_2}{100}\right)^4\right]\Psi_{21}F_2 \end{aligned}$$

$$C_{12} = \frac{C_1C_2}{C_b} = \varepsilon_1\varepsilon_2C_b \quad (\mathrm{W/(m^2\cdot K^4)})$$

式中:C_{12}——两灰体间的当量辐射系数;

C_1,C_2——两灰体的辐射系数;

F_1,F_2——两表面面积,m^2。

两无限大平行表面的辐射换热。当参与辐射换热的两表面 F_1、F_2 为无限大平行平面时,可以认为一个表面发射的辐射热全部投到另一表面上,所以它们之间的平均角系数都相等且都等于1,这是一种特殊情况。在这种情况下,即使考虑灰体之间的多次反射和吸收作用,计算也不困难。而且由于其单位面积上的辐射换热量均相等,可以计算出单位面积上单位时间的净辐射换热量 q_{1-2},其计算公式为

$$q_{1-2}=C_{12}\left[\left(\frac{T_1}{100}\right)^4-\left(\frac{T_2}{100}\right)^4\right]\quad (\mathrm{W/m^2})$$

式中：$C_{12}=\dfrac{1}{\dfrac{1}{C_1}+\dfrac{1}{C_2}-\dfrac{1}{C_b}}$（$\mathrm{W/(m^2\cdot K^4)}$）。

在建筑中，常在围护结构内设置空气间层，其两表面面积尺寸比两表面间的距离大得多，因此一般均可按两无限大平行表面计算其间的净辐射换热。

设有面积分别为 F_1 和 F_2 的两平面之间有热辐射作用，F_1 在单位时间内向外发射的全部辐射热量为 Q_1（W），F_2 向外辐射的全部辐射热为 Q_2（W），则有

$$Q_{1-2}=C_{12}\left[\left(\frac{T_1}{100}\right)^4-\left(\frac{T_2}{100}\right)^4\right]\Psi_{12}F_1=C_{12}\left[\left(\frac{T_1}{100}\right)^4-\left(\frac{T_2}{100}\right)^4\right]\Psi_{21}F_2$$

其中 C_{12} 为两灰体间的当量辐射系数；

T_1，T_2 分别为表面 F_1、F_2 的绝对温度，K。

在 Q_1 中只有一部分投到 F_2 上，设为 Q_{12}；Q_2 中也只有一部分投到 F_1 上，设为 Q_{21}。

以　$\Psi_{12}=Q_{12}/Q_1$

　　$\Psi_{21}=Q_{21}/Q_2$

则 Ψ_{12} 称为 F_1 对 F_2 的平均角系数，无量纲；

Ψ_{21} 称为 F_2 对 F_1 的平均角系数，无量纲。

Ψ_{12} 表示在单位时间内 F_1 投到 F_2 的辐射热量与 F_1 向外发射的总辐射热量的比值。Ψ_{12} 越大，说明 F_1 发射出去的总辐射中投到 F_2 上的越多；反之则越少。

有遮热板的空气间层辐射换热。在围护结构内设置的空气间层中，用铝箔或其他热辐射系数小的板加以分隔，能有效地提高空气间层的绝热能力（图 3-7）。用于这种构造的薄板称为遮热板。如在空气间层两表面 1、2 之间加设遮热板 3，由于遮热板很薄，其两表面的温度可近似地认为是同一个温度 T_3，两表面的辐射系数设为 C_3，当平面 1 的温度 T_1 高于平面 2 的温度 T_2 并在 1 与 2 之间的传热达到稳定状态后，热量将从平面 1 传到遮热板平面 3，再传到平面 2，其中在单位时间单位面积上由平面 1 传给平面 3 的净辐射热为

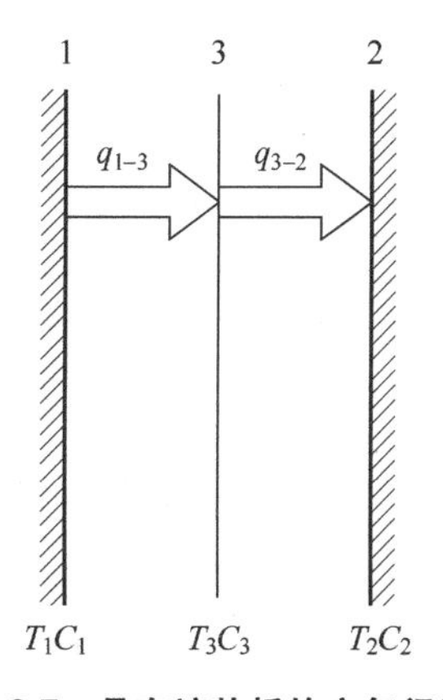

图 3-7　具有遮热板的空气间层

$$q_{1-3}=C_{13}\left[\left(\frac{T_1}{100}\right)^4-\left(\frac{T_3}{100}\right)^4\right]\tag{a}$$

在单位时间内单位面积上由平面 3 传给平面 2 的净辐射热为

$$q_{3-2}=C_{32}\left[\left(\frac{T_3}{100}\right)^4-\left(\frac{T_2}{100}\right)^4\right]\tag{b}$$

由于是稳态传热，围护结构各层间在单位时间单位面积上传递的热量应相

等,即

$$q_{1-3}=q_{3-2}=q'_{1-2}$$

从上式相等,可得

$$C_{13}\left[\left(\frac{T_1}{100}\right)^4-\left(\frac{T_3}{100}\right)^4\right]=C_{32}\left[\left(\frac{T_3}{100}\right)^4-\left(\frac{T_2}{100}\right)^4\right]$$

移项后得出

$$\left(\frac{T_3}{100}\right)^4=\frac{1}{C_{13}+C_{32}}\left[C_{13}\left(\frac{T_1}{100}\right)^4+C_{32}\left(\frac{T_2}{100}\right)^4\right]$$

代入式(a)或式(b),得出:在两表面1、2间设遮热板后在单位时间单位面积上的净辐射换热为:

$$q'_{1-2}=\frac{C_{13}C_{32}}{C_{13}+C_{32}}\left[\left(\frac{T_1}{100}\right)^4-\left(\frac{T_2}{100}\right)^4\right]$$

其中

$$C_{13}=\frac{1}{\frac{1}{C_1}+\frac{1}{C_3}-\frac{1}{C_b}}$$

$$C_{32}=\frac{1}{\frac{1}{C_3}+\frac{1}{C_2}-\frac{1}{C_b}}$$

如前所述,当无遮热板时,表面1传给表面2的净辐射热量本来是 q_{1-2},即

$$q_{1-2}=C_{12}\left[\left(\frac{T_1}{100}\right)^4-\left(\frac{T_2}{100}\right)^4\right]$$

由于增加了一个遮热板,传热量变为 q'_{1-2}。将两个传热量的公式相比,从中可以看出遮热板的绝热效果:

$$\frac{q'_{1-2}}{q_{1-2}}=\frac{C_{13}C_{32}}{C_{12}(C_{13}+C_{32})}$$

如果 $C_1=C_2=C_3$,即当遮热板的辐射系数与空气间层两壁面的辐射系数相同时,则 $C_{12}=C_{13}=C_{32}$,以其代入上式可得

$$q'_{1-2}=\frac{1}{2}q_{1-2}$$

亦即:当有一个材料热辐射性质与空气间层壁面1、2相同的遮热板时,表面1传给表面2的净辐射换热量将减少一半;当有 n 个与表面1、2相同辐射性质的遮热板时,则净辐射换热量将减少到原来的 $1/(n+1)$。

表面辐射换热系数。在建筑中有时需要了解某一围护结构的表面(F_1)与所处环境中的其他表面(别的结构表面、家具的表面等)之间的辐射换热,这些"其他表面"中往往包括了多种不同的不固定的物体表面,很难具体详细计算。在工程中一般用以下公式粗略计算:

$$q_r=\alpha_r(\theta_1-\theta_2)$$

式中:q_r——单位面积的表面与周围各表面在单位时间内通过辐射的换热量,W/m^2;

α_r——表面辐射换热系数，即当表面1与周围其他表面的温度差为1K(1℃)时，单位面积的表面与周围各表面在单位时间内通过辐射的换热量，W/(m^2·K)；

θ_1——表面F_1的温度，℃；

θ_2——与F_1进行辐射换热的其他各表面平均温度，℃。

上式中α_r综合了影响辐射换热的各因素，其计算式为

$$\alpha_r = C_{12}\frac{\left(\frac{T_1}{100}\right)^4 - \left(\frac{T_2}{100}\right)^4}{\theta_1 - \theta_2}\overline{\Psi}_{12}$$

在实际计算中，当考虑一围护结构的内表面与整个房间其他结构和家具等表面间的辐射换热，则取$\overline{\Psi}_{12}=1$，并粗略地以室内气温t_i代表所有对应表面的平均温度θ_2(辐射采暖房间除外)，当考虑外表面与室外环境辐射换热时，可将室外空间假想为一平行于围护结构外表面的无限大平面，则$\overline{\Psi}_{12}=1$，并近似以室外气温(t_e)作为假想表面的温度θ_2。

3.2 对流与对流换热/Convection and Convection Heat Transfer

液体和气体统称“流体”，其特性是抗剪强度极小，外形以容器形为形。由于重力的作用或者外力的作用引起的冷热空气的相对运动称为对流。空气的对流换热对建筑热环境有较大影响。在建筑中，含空气的部件中有热量传进、传出或在其内部传递。

3.2.1 自然对流和受迫对流/Free Convection and Forced Convection

对流换热是指流体中分子作相对位移而传递热量的方式，按流体产生对流的原因，可分为“自然对流”和“受迫对流”。自然对流是由于液体冷热不同时密度不同引起的。由于空气温度越高其密度越小，0℃时的干空气密度为1.342kg/m^3，20℃时的干空气密度为1.205kg/m^3，当环境中存在空气温度差时，低温、密度大的空气与高温、密度小的空气之间形成压力差，称为“热压”，能够使空气产生自然流动。热压越大，空气流动的速度越快。在建筑中，当室内气温高于室外时，室外密度大的冷空气将从房间下部开口处流入室内，室内密度较小的热空气则从上部开口处排出，形成空气的自然对流。受迫对流是由于外力作用(如风吹、泵压等)迫使流体产生流动，受迫对流速度取决于外力的大小，外力越大，对流越强。

3.2.2 表面对流换热/Convection Heat Transfer

表面对流换热是指在空气温度与物体表面温度不等时，由于空气沿壁面流动

而使表面与空气之间所产生的热交换。这种热传递方式常发生在建筑的外表面或者建筑构造内的空气层内。表面对流换热量的多少除与温差成正比外,还与热流方向(从上到下或从下到上,或水平方向)、气流速度及物体表面状况(形状、粗糙程度)等因素有关。对平壁表面,当空气与表面温度一定时,表面对流换热量主要取决于其"边界层"的空气状况。边界层指的是处于由壁面到气温恒定区之间的区域。在一般情况下,边界层是由层流区(又称层流底层)、过渡区和湍流区3个部分组成(图3-8,图3-9)。

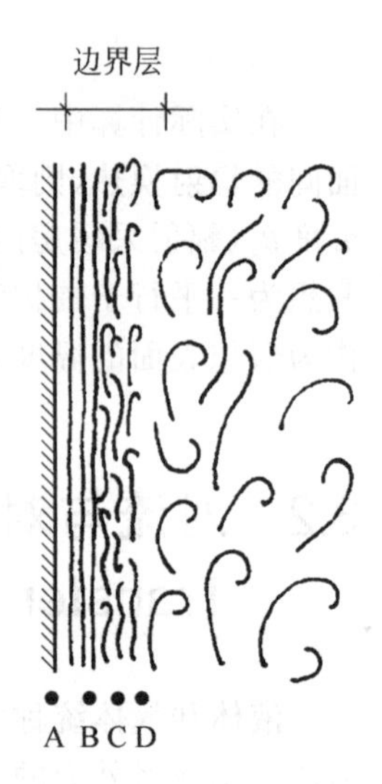

图3-8 边界层示意图(A—B层流区;B—C过渡区;C—D湍流区)

在空气与建筑表面交界处附着有一层空气层,该空气层内的空气流是层流,该空气层之外的气流是紊流,这层空气层即称为边界层(Boundary Film)。边界层的厚度取决于周围空气流动状况,气流速度较大时,边界层厚度极小,而在无风状况(常被称为自由对流条件)下,边界层可以厚到20mm,因为空气的导热性差,因此边界层热阻较大。边界层内,在层流区内依靠导热来进行热传递,而在紊流区则是通过对流来进行。

在紧贴壁体表面的一薄层内空气流动速度很慢,并且保持层流状态,图中A—B部分称层流区,接近气温恒定区的部分如图中C—D部分为湍流区,介于层流和湍流二区之间的B—C部分是过渡区。

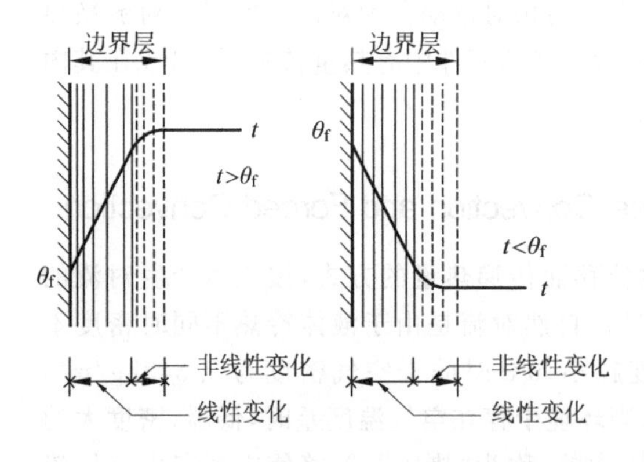

图3-9 边界层温度分布

在层流区内主要是以空气导热来传递热量,层内的温度按空气导热的规律,呈斜线分布。在过渡区和湍流区,温度分布可近似地看作是抛物线(图中的t线)。在远离壁面处的各点气温,可近似地认为是均匀一致的,所以温度分布为一直线。

表面对流换热所交换的热量一般用下式表示:

$$q_c = \alpha_c(\theta - t)$$

式中:q_c——单位面积、单位时间内表面对流换热量,W/m^2;

α_c——对流换热系数,$W/(m^2 \cdot K)$,即当表面与空气温差为1K(1℃)时,在单位面积、单位时间内通过对流所交换的热量;

θ——壁面温度,℃;

t——气温恒定区的空气温度,℃。

α_c不是一个固定不变的常数,而是一个取决于许多因素的物理量。对于建筑围护结构的表面需考虑的因素有：气流状况（自然对流还是受迫对流）和壁面所处位置（垂直或水平）。由于对 α_c 的影响因素很多，目前 α_c 值多是由模型实验结果用数理统计方法得出的计算公式。现推荐以下公式供计算时参考：

（1）自然对流状况

垂直平壁：$\alpha_c = 1.98\sqrt[4]{\theta - t}$ （W/(m^2·K)）

水平壁：当热流由下而上时 $\alpha_c = 2.5\sqrt[4]{\theta - t}$ （W/(m^2·K)）

当热流由上而下时 $\alpha_c = 1.31\sqrt[4]{\theta - t}$ （W/(m^2·K)）

θ——壁面温度，℃；

t——气温恒定区的空气温度，℃。

（2）受迫对流时

对于受到风力作用的壁面，同时也要考虑受到自然对流作用的影响，对于一般中等粗糙度的平面，受迫对流的表面对流换热系数可近似按以下公式计算：

对于内表面：

$$\alpha_c = 2.5 + 4.2V \quad (\mathrm{W/(m^2 \cdot K)})$$

对于外表面：

$$\alpha_c = (2.5 \sim 6.0) + 4.2V \quad (\mathrm{W/(m^2 \cdot K)})$$

在以上二式中，V 表示风速，m/s；常数项表示自然对流换热的作用。当表面与周围气温的温差较小（一般在 3℃以内）时，取常数项的低值，温差越大常数项的取值应越大。

3.3 导热与导热换热/Conduction and Conduction Heat Transfer

导热是物体不同温度的各部分直接接触而发生的热传递现象，在建筑构件中广泛存在。

3.3.1 导热/Conduction

导热可产生于液体、气体、导电固体和非导电固体中，是由温度不同的质点（分子、原子或自由电子）热运动而传送热量，只要物体内有温差就会有导热产生。所以，导热过程与物体内部的温度状况密切相关，按照物体内部温度分布状况的不同，可分为一维、二维和三维导热现象。同时，根据热流及各部分温度分布是否随时间而改变，又分为稳态导热和非稳态导热。

3.3.2 导热换热/Conduction Heat Transfer

在各向同性的物体中，任何地点的热流都是向着温度较低的方向传递的。法国数学家傅里叶在研究固体导热现象时提出导热基本方程,即一个物体在单位时间、单位面积上的传热量与其法线方向上的温度变化率成正比。

一维稳态导热。一维稳态导热仅产生于物体只在一个方向上有温差,并且温度和热流均不随时间而变的情况下。例如一个面积很大的平壁,其两表面分别维持均匀而恒定的温度 t_1,t_2,且 $t_1>t_2$,则热流均匀地从 t_1 面流向 t_2 面。由于两表面温度均匀不变,在截面上各点温度和单位时间里的热流量也必然稳定不变,如图3-10所示。

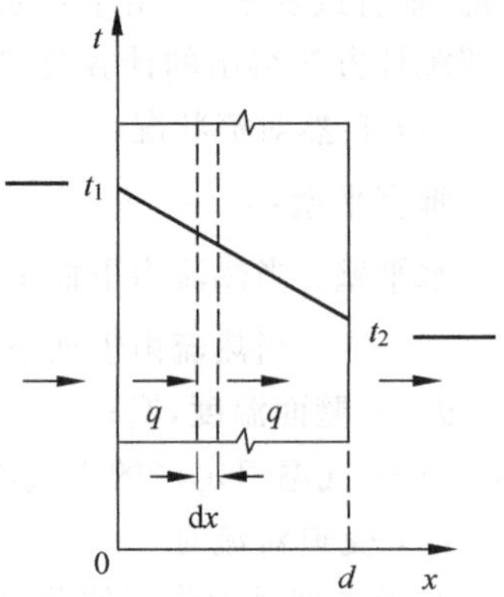

图3-10 一维稳态传热

设室外具有周期性热流,室内的空气温度是被控制的恒定温度,由于室外温度以24小时为一变化周期,围护结构内部及内表面温度也应以24小时为一周期波动,且每个时间内部各部分温度都不相同。

一维稳态导热的计算式可写成

$$q=\lambda\frac{t_1-t_2}{d}$$

式中:t_2——低温表面温度,℃;

t_1——高温表面温度,℃;

q——热流密度,W/m^2,即单位面积上单位时间内传导的热量;

d——单一实体材料厚度,m;

λ——材料导热系数,W/(m·K)。

冬季采暖建筑外围护结构的保温设计一般按一维稳态导热计算。从公式中可以看到:平壁所用材料的导热系数越大,则通过的热流密度越大;平壁所用材料厚度越大,则通过的热流密度越小。

一维非稳态导热现象产生于物体在一个方向上有温差,但温差方向的温度是随时间变化的情况,建筑中的非稳态导热多属周期性非稳态导热,即热流和物体内部温度呈周期性变化,又可分单向周期性热流和双向周期性热流,前者如空调房间的隔热设计,墙体内表面温度保持稳定,而外表面温度在太阳辐射的作用下呈现周期性的变化,后者如在干热性气候区,白天在太阳辐射作用下,墙体外表面温度高于内表面温度,热量通过墙体从室外向室内传导,日落后,墙体外表面温度逐渐降低,直至夜间低于内表面温度,此时热量通过墙体从室内向室外传导,直至次日日出,形成以一天为周期的双向周期性热作用(图3-11,图3-12)。

在非稳态导热中,由于温度不稳定,围护结构不断吸收或释放热量,即材料在导热的同时还伴随着蓄热量的变化,这是非稳态导热区别于稳态导热的重要特点。

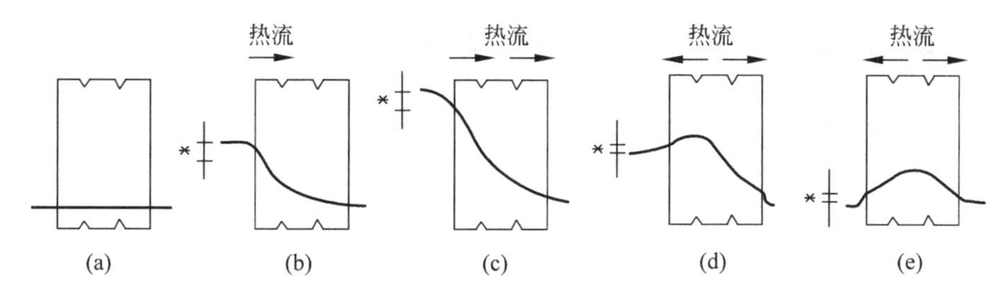

图 3-11 一侧有周期性热流时的传热状态

(a) 初始状态；(b) 过程 1；(c) 过程 2；(d) 过程 3；(e) 过程 4

在非稳态导热过程中，每一个与热流方向垂直的截面上，热流强度都不相等，壁体材料的比热(c)、密度(ρ)和导热系数(λ)以及热流波动的波幅和周期都影响着壁体内温度升降的速度，图为一侧有周期性热流时壁体内的温度变化及导热状态示意。

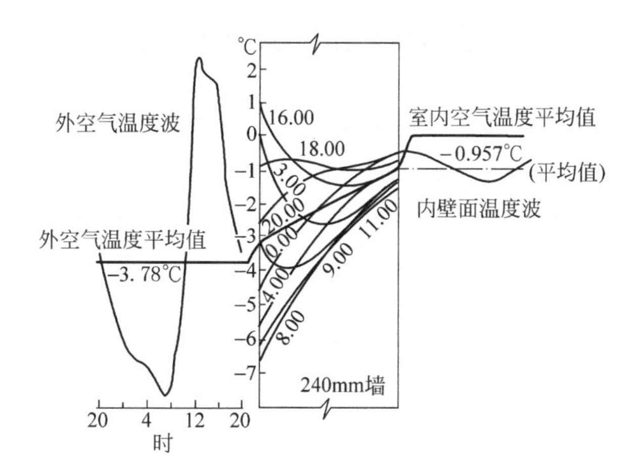

图 3-12 具有单向周期性热流的外围护结构的内部温度变化

4 建筑材料和构造的热工特性

Building Materials and Construction

建筑材料的热工特性包括绝热特性[①]和蓄热特性，绝热特性主要取决于材料的热阻，而蓄热特性取决于材料的比热和体积，并且与导热性能有关。

4.1 导热系数和热阻/Thermal Conductivity and Resistivity

导热系数的物理意义是：在稳态导热状态下，当材料层厚度为1m、两表面的温差为1℃时，在1h(即3600s)内通过$1m^2$截面积的导热量。它是反映材料导热能力的主要指标，用λ表示(图4-1)。导热系数越小，说明材料越不易导热。

各种物质(气体、液体、固体)的导热系数数值范围和性质有所不同，气体导热系数最小，例如空气在常温、常压下的导热系数为0.029W/(m·K)，所以静止不流动的空气具有很好的保温能力；液体的导热系数则一般大于气体，如水在常温常压下的导热系数为0.58W/(m·K)，为空气的20倍；金属的导热系数最大，如建筑钢材的导热系数为58.2W/(m· K)；非金属固体材料如大多数建筑材料的导热系数介于0.023W/(m·K)～3.49W/(m·K)，其导热系数一般均低于金属材料。导热系数是评定材料导热性能的重要指标，通常把导热系数小于0.23W/(m·K)的材料称为绝热材料，如矿棉、泡沫塑料、膨胀珍珠岩等。

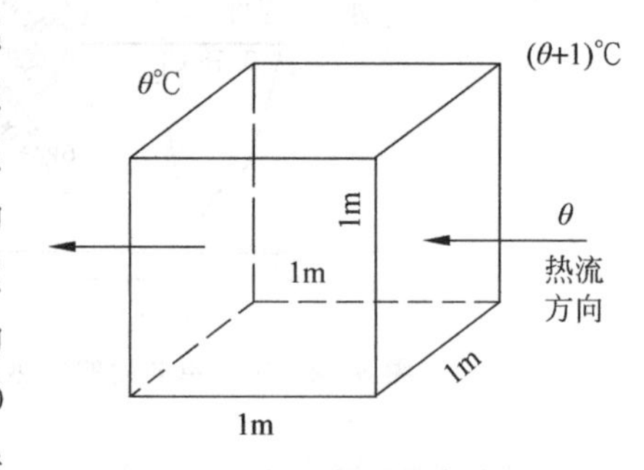

图4-1 材料导热系数表达图示

同一材料的导热系数值要受温度、湿度和密度等因素的影响。

温度。温度升高时，分子运动加强，使实体部分的导热能力提高，同时，孔隙中的对流、导热和辐射作用也都加强，从而使材料的导热系数增加。经验证明，大多数建筑材料在一定温度范围内导热系数与温度间呈线性关系。

湿度。各种材料与湿空气接触后，材料表面会吸收一些水分，在一定的大气压力和湿度条件下，材料的吸湿量为一常数，称为自然环境下的平衡含湿率。平衡含

---

① 在我国，常称冬季绝热为保温，热量传递由内到外，夏季绝热为隔热，热量传递由外到内。

湿率的大小取决于材料的物质特性和孔隙比。材料受潮后，其导热系数将显著增大，这是由于孔隙中有了水分以后，不但增加了水蒸气扩散的传热量，还增加了毛细孔中液态水分的导热。一般情况下水的导热系数约为 0.58W/(m·K)，冰的导热系数约为 2.33W/(m·K)，都远大于空气的导热系数，水或冰取代孔隙中的空气使其导热系数加大。另外，通常干燥材料的导热系数是随温度降低而减小的，但当材料湿度较大时，当温度在 0℃以下，材料中的水分会随着温度下降而变成冰，这时材料的导热系数反而会加大。总之，建筑围护结构所用材料，特别是绝热材料，应特别注意其内部湿度状况，控制材料内的含湿量(图 4-2)。

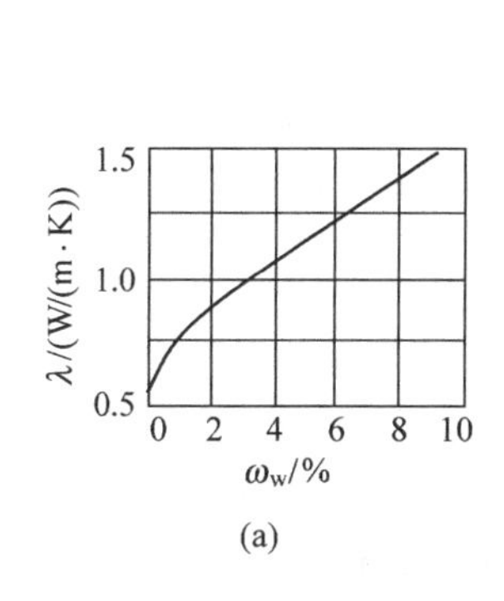

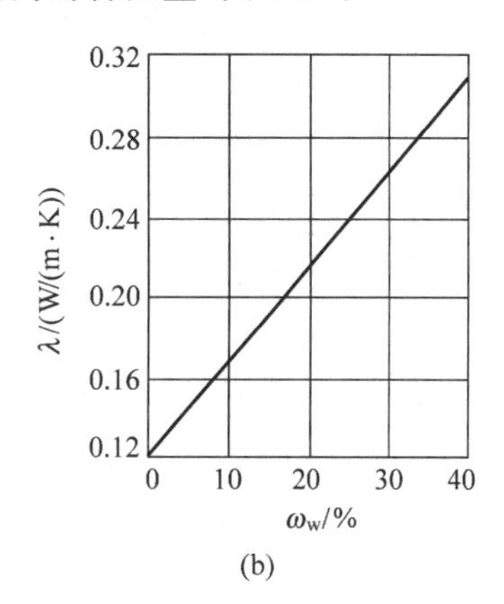

图 4-2 湿度与导热系数的关系

(a) 砖砌体重量湿度与导热系数；(b) 加气混凝土重量湿度与导热系数

密度。密度即单位体积的材料质量(kg/m³)，密度小的材料内部孔隙多，由于空气导热系数很小，因此，密度小的材料一般导热系数也小，良好的保温材料多数都是孔隙多、密度小的轻质材料，但是，当密度小到一定程度后，如果再加大孔隙率，则导热系数不仅不会降低，而且还会增大，这是因为太大的孔隙率不仅意味着孔隙数量多，而且孔隙也会越来越大，大的孔隙中空气对流作用增强，对流换热增加，加大了材料的导热能力。因此，轻质材料，尤其是纤维材料存在一个最低导热系数的密度极限(图 4-3)。

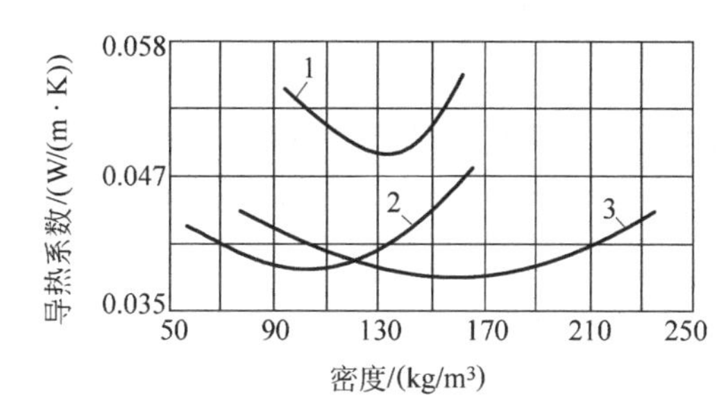

图 4-3 密度与导热系数的关系

材料的含湿率可以用重量湿度或者体积湿度表示。
1—沥青矿棉；2—树脂玻璃棉板；3—沥青玻璃棉毡

在建筑热工中，通常把材料厚度与导热系数的比值称为材料层的热阻，$R=\frac{d}{\lambda}$，单位为(m²·K)/W，其中 d 为材料的厚度，λ 为材料的导热系数。热阻也是材料绝热性能好坏的评价指标,与结构厚度、材料性能及构造形式有关。对于单一材料的围护结构,在厚度不变的情况下,热阻与导热系数成反比。一般来说,增加围护结构厚度来加大热阻是不经济的,可设法从材料的特性和构造形式来加大外围护结构的热阻。由不同材料组合而成的围护结构复合构造,热阻为各材料层热阻之和。当室内外温度相差1℃时,单位热量通过单位面积所需的时间越长,说明围护结构的热阻越大。

4.2 蓄热系数和热惰性指标/Thermal Mass and Inertia Index

围护结构夏季隔热则属于非稳态导热,即室外和室内温度随时间变化而变化,围护结构对波动热作用的抗拒能力(即热稳定性)用以下指标表示。

4.2.1 材料蓄热系数/Material Thermal Mass

当一种材料厚度为半无限大,并在其一侧受到周期性波动热作用时,表面温度将按同一周期而波动,通过表面的热流波动的振幅 A_q 与材料表面温度波动的振幅 A_θ 之比,叫做材料的蓄热系数,它反映了这种材料对波动热作用反应的敏感程度。在同样波动热作用下,蓄热系数大的材料,表面温度波动较小,即热稳定性好(图4-4)。

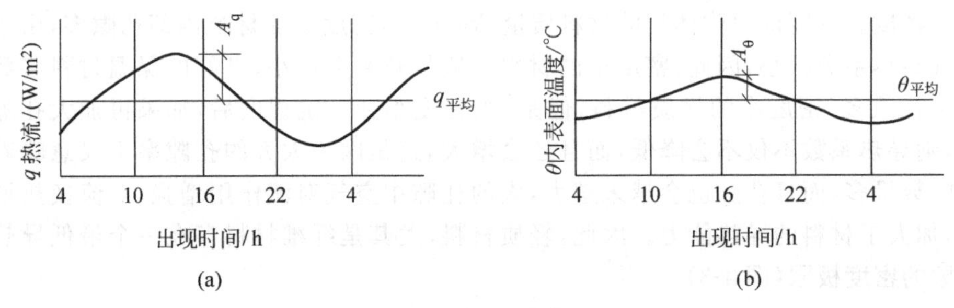

图4-4 热流及内表面温度波动振幅

材料蓄热系数(S)作为材料的一种基本性能,其数值取决于材料的导热系数及材料的体积热容量(即比热与密度的乘积),同时也因波动热作用的周期而异。其计算式为

$$S=\frac{A_q}{A_\theta}=\sqrt{\frac{2\pi}{z}\lambda C\rho}\quad (\mathrm{W/(m^2\cdot K)})$$

式中:z——热流波动的周期,以小时计,如以一天为周期的热流则 $z=24\mathrm{h}$;

λ、C、ρ——材料的导热系数($\mathrm{W/(m\cdot K)}$)、比热($\mathrm{(W\cdot h)/(kg\cdot K)}$)、密度($\mathrm{kg/m^3}$)。

例如：图 4-5 为一由 4 层薄结构组成的墙，在室内一侧有波动热作用，则其内表面蓄热系数 Y 的计算式应由近及远依次为(注意各层编号)：

$$Y_i=Y_4=\frac{R_4S_4^2+Y_3}{1+R_4Y_3}$$

$$Y_3=\frac{R_3S_3^2+Y_2}{1+R_3Y_2}$$

$$Y_2=\frac{R_2S_2^2+Y_1}{1+R_2Y_1}$$

$$Y_1=\frac{R_1S_1^2+\alpha_e}{1+R_1\alpha_e}$$

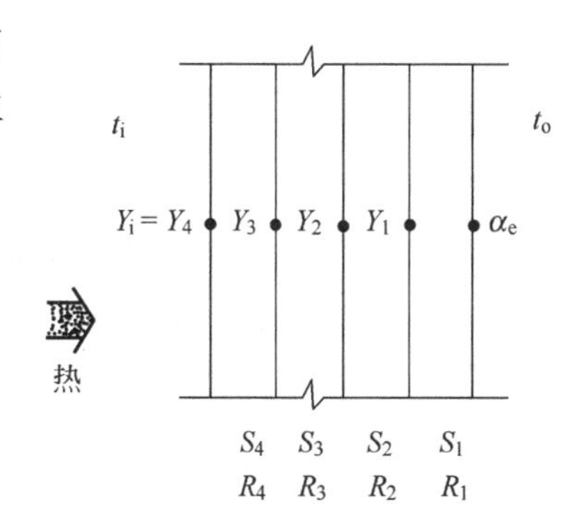

图 4-5 多层“薄”结构组成的围护结构内表面蓄热系数计算方法

式中，R、S、Y——各层的热阻、材料蓄热系数、内表面蓄热系数；

α_e——外表面换热系数。

由多层“薄”结构组成的围护结构内表面蓄热系数计算方法，各层内表面蓄热系数计算式也可以写成以下通用形式：

$$Y_n=\frac{R_nS_n^2+Y_{n-1}}{1+R_nY_{n-1}}$$

式中，n——各结构层的编号。距周期性热作用最远的一层，在此例中为外表面，其 Y_{n-1} 用表面换热系数 α 代替。

计算式中各层的编号是从波动热作用方向的反向编起的。即当波动热作用于内表面时，如需计算内表面的蓄热系数，则其编号次序应从最外层材料的内表面编起。另外，如构造层中某一层为厚层时，该层的 $Y=S$，内表面蓄热系数可从该层算起，后面各层就可不再计算。

当热流波动周期为 24h 时，以 24 代入 z，则得以 24h 为周期的材料蓄热系数 S_{24}。并可按下式计算：

$$S_{24}=0.51\sqrt{\lambda\cdot C\cdot\rho}\quad (\mathrm{W/(m^2\cdot K)})$$

各种主要建筑材料的 S_{24} 值可从《民用建筑热工设计规范》(GB 50176—1993)查出，空气间层的蓄热系数 $S=0$。

当遇到某一材料层是由几种材料组合而成时，则组合材料层的蓄热系数($\overline{S}$)应由各材料蓄热系数按下式加权平均得出：

$$\overline{S}=\frac{S_1F_1+S_2F_2+\cdots}{F_1+F_2+\cdots}$$

式中：S_1、S_2——组合材料层内各部分材料的蓄热系数；

F_1、F_2——各部分材料的表面积。

另外，由于构造及施工情况，材料可能被压缩或受潮，使 S_{24} 值加大，为此还应对 S_{24} 值乘以修正系数。

4.2.2 围护结构内表面蓄热系数/Envelope Themal Mass

当房间内供暖不稳定、具有周期性变化时,通过围护结构的热流量也必然不稳定,围护结构内表面的温度必将随之而产生周期性变化。通过围护结构内表面热流波动的振幅 A_q 与内表面温度波动振幅 A_θ 之比,称为围护结构内表面蓄热系数 Y_i,用公式表示如下:

$$Y_i = \frac{A_q}{A_\theta} \quad (\mathrm{W/(m^2 \cdot K)})$$

内表面蓄热系数 Y_i 表示在周期性热作用下,直接受到热作用一侧的表面对周期性热作用反应敏感程度特性的指标。Y_i 越大,表明在同样的周期性热作用下,内表面温度波动越小,即温度越稳定。围护结构内表面蓄热系数 Y_i 值反映了围护结构内表面的热稳定性。

内表面蓄热系数的数值和围护结构各层材料的性质及厚度有关,大致可分两种情况加以考虑:

(1) 当围护结构内面由较厚的一种材料组成时,内表面蓄热系数可用这层材料的材料蓄热系数(S)值来表示。

(2) 当围护结构内面材料层不很厚时,如由多层材料构成的屋顶或外墙,其内表面温度的波动振幅不仅与面层材料的物理性能有关,而且与其后面材料的性能有关,即在顺着热流波动前进的方向与该材料相接触的介质(另一种材料或空气)的热物理性能和散热条件对内表面的波动也有影响。其计算方法为依照围护结构的材料分层,逐层计算。

4.2.3 围护结构热惰性指标/Index of Thermal Interia

当围护结构的表面受到周期性热作用后,温度波将向结构内部传递,同时不断衰减,直到背波面(如波动热作用于外侧,则指内表面)。热惰性指标是表明背波面上温度波衰减程度的一个主要数值,它表明围护结构抵抗周期性温度波动的能力。

对单一材料围护结构,热惰性指标即其热阻与材料蓄热系数的乘积,表示为

$$D = R \cdot S$$

对多层材料的围护结构,热惰性指标为各材料层热惰性指标之和:

$$D = R_1 S_1 + R_2 S_2 + \cdots + R_n S_n = D_1 + D_2 + \cdots + D_n$$

R、S 分别为各材料层的热阻和蓄热系数。

如围护结构中有空气间层,由于空气的蓄热系数(S)为 0,该层热惰性指标 D 值也为 0。如围护结构中某层是由几种材料组合时,则需先求出该材料层的平均热阻 $\bar{R}$ 和平均蓄热系数 $\bar{S}$,再进行计算。

材料层的热惰性指标越大，说明温度波在其间的衰减越大。

一般建筑外围护结构的热惰性指标(D)均应大于1，且在外表面有周期性热作用的情况下，围护结构的 D 值越大，其内表面的温度波动越小，如200mm厚加气混凝土(密度700kg/m^3)D 值为3.26，370mm厚砖墙 D 值为4.86，在同样条件下，后者的内表面温度波动小，温度较稳定。

4.3 绝热建筑材料与构造/Insulation Materials and Construction

乡土建筑使用的保温材料多为茅草和树叶等自然材料。20世纪，技术进步为现代建筑提供了高效的绝热材料和构造，如轻质成型材料、空气间层构造和反射绝热材料等。现代建筑围护结构材料除考虑绝热性能之外，还考虑材料自重、强度和施工性能，以及耐用、美观、高强、调湿、抗菌和去污等性能，并且要求材料生产节能、污染小、易降解，环境友好(表4-1，表4-2)。

表4-1 几种常用建筑保温材料物理性能比较

屋面保温材料	导热系数 /(W/(m·K))	密度 /(g/cm^3)	抗压强度 /MPa	吸湿率 /%	使用温度 /℃
泡沫混凝土	0.076	0.35～0.4	3～4		
沥青膨胀珍珠岩	0.065～0.09	0.4	>2	1.3～1.5	60
沥青玻璃棉毡	0.045	0.08～0.10		1.07	≤300
聚苯乙烯泡沫板	0.027	0.37			-40～70

表4-2 常用建筑绝热材料的种类和性能

化学成分	形　状	名　称	导热系数 /(W/(m·K))
有机材料	泡沫塑料	聚苯乙烯	0.031～0.047
		硬质聚氯乙烯	≤0.043
		硬质聚氨酯	0.037～0.055
		脲醛	0.028～0.041
	多孔板	软木板	0.052～0.70
		木丝板	0.11～0.26
		蜂窝板	

续表

化学成分	形　状	名　称	导热系数/(W/(m·K))
无机材料	纤维材料	矿棉(岩棉、矿渣棉)	<0.052
		矿棉毡	0.048～0.052
		矿棉板	>0.046
		玻璃棉	>0.035
	粒状材料	膨胀蛭石	0.046～0.070
		蛭石制品	0.079～0.1
		膨胀珍珠岩	0.025～0.048
		珍珠岩制品	0.058～0.87
	多孔材料	泡沫混凝土	0.082～0.186
		加气混凝土	0.093～0.164
		微孔硅酸钙	0.047
		泡沫玻璃	0.06～0.13

4.3.1 轻质成型材料及成品板材/Bulk Insulation Materials

轻质成型材料，通过减少材料内部空气对流，发挥导热性能低的特点达到绝热目的，大致分为有机材料和无机材料。有机材料包括泡沫塑料和多孔板，其绝热性能好，但耐久性稍差，易腐朽，无机材料包括纤维材料、粒状材料和多孔材料等。

轻质成型材料制成的板材主要用于墙体和屋面，具有轻质、隔热、保温、吸声、调温等功能，常见的非承重轻质成型板材有加气混凝土陶粒墙板、GRC(纤维增强水泥)墙板、GRC聚苯(及珍珠岩)保温复合板、硬质矿棉板、铝塑板、石膏板、彩色钢板聚苯或聚氨酯泡沫类芯墙板、岩棉板、丝板、树脂珍珠岩板和聚苯乙烯泡沫塑料板等。

聚苯乙烯泡沫塑料板是一种性能优良的保温板材，以聚苯乙烯树脂为基料，加入发泡剂、催化剂、稳定剂等辅助材料，经加热使可发性聚苯乙烯珠粒预发泡，在模具中加热制成，是一种具有微细密闭孔结构的硬质聚苯乙烯泡沫塑料板，这种板材导热系数小，0.027W/(m·K)，保温性能好；密度小，37kg/m^3，有效减轻结构荷载，有利于抗震；施工操作简便，不受气候条件限制。

4.3.2 空气间层构造及空心砌体/Air Gap

空气是一种良好的绝热体，如果不形成对流条件，空气间层具有高热阻性能。

密闭空气间层的热阻大，质量轻。例如 0.5cm～5cm 厚的垂直空气间层的热阻冬季可达 0.1(m^2·K)/W～0.18(m^2·K)/W，相当于 18cm～32cm 的钢筋混凝土结构的热阻。

由于绝热性能好，密闭空气间层在建筑中得到应用，蒙古牧民在搭建帐篷或蒙古包时留有空气间层，提高可移动建筑的保温性。现代围护结构的墙体、窗玻璃和屋顶经常采用密闭空气间层的复合构造。双层玻璃能够利用密闭间层增加窗户热阻，严寒地区可采用三层或四层玻璃。如果将窗帘四周贴合墙面，并从窗梁顶端一直垂挂至地板也可形成密闭空气间层。夜间关闭窗帘减少对流能有效降低窗的热损失。

密闭性是保证空气间层热阻的必要条件，空气间层的空气与外部空气连通形成对流换热，将破坏空气间层的绝热性。

空气间层的热阻取决于间层厚度，也取决于表面围护材料的性能。空气间层的热传递主要以辐射和对流为主(辐射占 60%～70%，导热仅占 10%左右)，因此，间层表面使用高反射材料(如铝箔)可大大减少传热量。另外，辐射和对流换热都随温度的升高而升高，因此，在低温环境中空气间层的热阻要大于高温环境，即冬季时热阻要大于夏季，有利于冬季保温。

对于垂直空气间层而言，热阻随间层厚度增加而升高，厚度达到 4cm～6cm 以上时，热阻基本趋于稳定。对于水平空气间层，密闭空气存在垂直方向的对流换热，会促进或抑制空气间层的换热。例如，在屋顶设置水平空气间层，夏季白天热量从室外透过屋顶和空气间层向室内传递，传热方向与对流换热方向相反，会抑制空气间层的换热，热阻会增加，而在夏季夜间，热量由室内向室外传递，传热方向与对流方向一致，会促进空气间层的换热，热阻会减少(图 4-6)。

除了在墙体构造设置密闭空气间层之外，还有含空气间层的空心砌体制品，其孔洞中存在着不流动的空气层，对辐射传热起到限制作用，包括黏土多孔砖、黏土空心砖、混凝土小型空心砌块、工业废渣小型空心砌块、粉煤灰加气混凝土砌块等，使用广泛(图 4-7)。

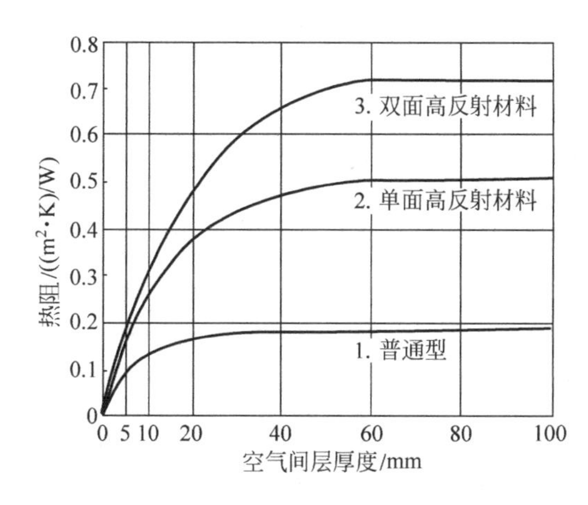

图 4-6 垂直空气间层的热阻

几种不同表面的垂直空气间层热阻，其中曲线 1 为未加反射材料，曲线 2 为在一个表面加反射材料，曲线 3 为在间层两表面都加反射材料。由于辐射和对流换热量都随环境温度的不同而有较大变化，在低温环境中辐射换热量比高温环境少，热阻较大。空气间层需控制在一定的厚度范围内以获得较好的绝热效果。如 10mm 厚的空气间层其热阻为 0.138(m^2·K)/W，20mm 厚的空气间层其热阻为 0.163(m^2·K)/W，40mm 厚的空气间层其热阻为 0.181(m^2·K)/W，大于 40mm 厚的空气间层其热阻就不再随厚度的增加而增加了，其热阻仍为 0.181(m^2·K)/W。

图 4-7　建筑材料和构造

空气间层厚度增加时,热阻也随之非线性增加,如 20mm 厚空气间层的热阻仅比 10mm 厚空气间层的热阻增加 18.1%,40mm 厚空气间层的热阻比 20mm 厚空气间层的热阻仅增加11.2%，因此，大孔洞的空心制品墙材并不比小孔洞空心制品墙材的绝热性能好。但是，若把空心制品的大孔洞改为两个小孔洞，让热流连续穿过两个空气间层，尽管空心砌块的大小相等，但双孔砌块的热阻却大大提高。因此，空心制品的孔型应该使同一束热流连续通过数个热阻相对较大的空气间层，合理地选择空气间层的厚度，充分利用空气间层特殊的热工性能，有效地提高空心制品的绝热效果。

4.3.3 反射绝热材料与构造/Reflective Insulation Materials and Construction

反射绝热材料利用金属表面对热辐射的高反射性与低发射性减少热传递。由于铝箔对长波辐射具有高反射率(0.95)和低发射率(0.05)，因此，在空气间层中配合使用铝箔，保温性能将大大提高。将铝箔贴在建筑用沥青油纸上制成反射箔叠层材(reflective foil laminate)。建筑用反射箔叠层材有两种，一种是用铝箔做成单层卷材用作屋顶衬垫和墙布，另一种是用格网将多层铝箔隔开做成多层铝箔绝热层，安装后可得到附加的空气间层，增大热阻。四周与墙面贴合的窗帘内侧镀反射性金属膜，也可形成反射性的空气间层并提高热阻。双层玻璃的外侧玻璃的内表面也可处理成半反射性，获得反射性空气间层的优点。

5 建筑围护结构热工设计原理
Building Envelope Thermal Performance and Design

围护结构包括墙体、门窗、屋顶和楼地面等部分，其作用是保温、隔热、防潮和通风。

5.1 保温设计原理/Control of Building Envelope Heat Loss in Winter

建筑保温设计既要保证良好的室内热舒适，又要节省采暖能源和建造费用。建筑保温设计的不利状况是冬季阴天，此时，室外为稳定低温，昼夜温度波动较小，室内由供暖设备供热，保持一定的空气温度，因此，热量持续由室内流向室外，围护结构传热可以粗略地按稳态导热计算（图 5-1）。

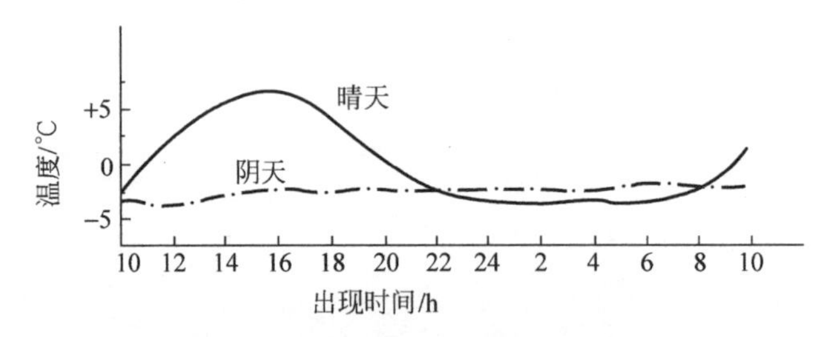

图 5-1 冬季室外温度波动示意图

5.1.1 传热过程和传热量/Heat Transfer Process and Heat Flow

围护结构传热包括表面感热、构件传热和表面散热 3 个基本过程，每个过程的主要传热方式如表 5-1 所示。

（1）表面感热

围护结构的内表面主要通过对流和辐射从室内得到热量，内表面单位面积上在单位时间从室内得到的热量，即到达围护结构内表面的热流密度可用下式计算：

$$q_i = \alpha_i(t_i - \theta_i)$$

式中：q_i——内表面的热流密度，W/m^2；

t_i，θ_i——分别为室内空气及围护结构内表面温度，℃；

α_i——内表面换热系数，$W/(m^2 \cdot K)$。

表 5-1 围护结构传热基本过程及主要传热方式

简 图	过程名称	主要传热方式
	表面感热过程	对流、辐射
	构件传热过程	导热
	表面散热过程	对流、辐射

内表面换热系数的定义为：当内表面与室内空气之间的温差为1K(1℃)时，单位时间内通过单位表面积的传热量。内表面换热系数应为内表面辐射换热系数(α_{ri})与内表面对流换热系数(α_{ci})之和，即

$$\alpha_i = \alpha_{ri} + \alpha_{ci}$$

在建筑热工计算中，围护结构内表面换热系数可根据其表面状况直接查表5-2求得。

表 5-2 内表面换热系数 α_i 及内表面换热阻 R_i 值

适用季节	表 面 特 征	$\alpha_i/(W/(m^2 \cdot K))$	$R_i/((m^2 \cdot K)/W)$
冬季和夏季	墙面、地面、表面平整或有肋状突出物的顶棚，当 $h/s<0.3$ 时	8.7	0.11
	有肋状突出物的顶棚，当 $h/s>0.3$ 时	7.6	0.13

注：表中 h 为肋高，s 为肋间净距。

表 5-3 外表面换热系数(α_e)和外表面换热阻(R_e)

适用季节	表 面 特 征	$\alpha_e/(W/(m^2 \cdot K))$	$R_e/((m^2 \cdot K)/W)$
冬季	外墙、屋顶、与室外空气直接接触的表面	23.0	0.04
	与室外空气相通的不采暖地下室上面的楼板	17.0	0.06
	闷顶、外墙上有窗的不采暖地下室上面的楼板	12.0	0.08
	外墙上无窗的不采暖地下室上面的楼板	6.0	0.17
夏季	外墙和屋顶	19.0	0.05

内表面换热系数的倒数称为内表面换热阻(R_i)。即 $R_i=1/\alpha_i$ 或 $\alpha_i=1/R_i$。这样，公式又可写成

$$q_i = \frac{1}{R_i}(t_i - \theta_i)$$

内表面换热阻的单位为$(m^2 \cdot K)/W$，其值也可在表5-2中查到。

(2) 构件传热

按照稳态导热计算式，平壁围护结构内各材料层(图5-2)在单位时间、单位面积上的传热量为

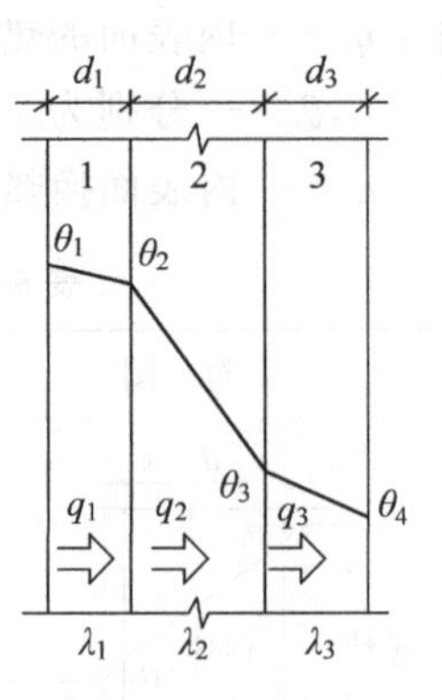

图5-2　稳态导热传热过程

$$q_1 = \frac{\lambda_1}{d_1}(\theta_1 - \theta_2), \quad q_2 = \frac{\lambda_2}{d_2}(\theta_2 - \theta_3)$$

$$q_3 = \frac{\lambda_3}{d_3}(\theta_3 - \theta_4), \quad q_n = \frac{\lambda_n}{d_n}(\theta_n - \theta_{n+1})$$

式中：q_1、q_2、q_3——单位时间、单位面积、通过各材料层的传热量，即材料层的热流密度，W/m^2；

θ_1、θ_2、θ_3、θ_4——各材料层表面温度，℃；

λ_1、λ_2、λ_3——各材料层的导热系数，$W/(m \cdot K)$；

d_1、d_2、d_3——各材料层厚度，m。

其中λ_1/d_1、λ_2/d_2、λ_3/d_3分别代表围护结构各材料层的传热能力，又称为该材料层的“热导”，以符号G表示，它代表这一构件层在其两侧表面温差1℃(1K)时，单位时间单位面积的传热量。热导的倒数称为“构件热阻”，以符号R表示。

即
$$R = \frac{1}{G} = \frac{d}{\lambda} \quad (m^2 \cdot K)/W$$

构件热阻(R)表示围护结构中各材料层对热流的阻挡能力，热阻越大则通过的热流密度(q)越小。

多层构造的围护结构，例如有内、外抹灰的砖墙，或具有多层构造的屋顶，则构件热阻为各层材料热阻之和，即

$$\sum R = R_1 + R_2 + \cdots + R_n = \frac{d_1}{\lambda_1} + \frac{d_2}{\lambda_2} + \cdots + \frac{d_n}{\lambda_n}$$

式中：$R_1, R_2, \cdots, R_n$——各材料层热阻，$(m^2 \cdot K)/W$。

(3) 表面散热

表面散热和表面感热在传热机理上相同，都是表面与周围环境和空气之间通过辐射和对流进行热交换。它们的计算式也相近似，即

$$q_e = \alpha_e(\theta_e - t_e)$$

式中：q_e——外表面的热流密度，即单位时间、单位面积向室外散发的热量，W/m^2；

α_e——外表面换热系数，$W/(m^2 \cdot K)$；

θ_e，t_e——外表面及室外空气的温度，℃。

外表面换热系数(α_e)的倒数称为外表面换热阻，即$R_e = \frac{1}{\alpha_e}$或$\alpha_e = \frac{1}{R_e}$。

上式可写为

$$q_e = \frac{1}{R_e}(\theta_e - t_e)$$

一般围护结构的外表面换热系数(α_e)和外表面换热阻(R_e)均可查表 5-3 求得。

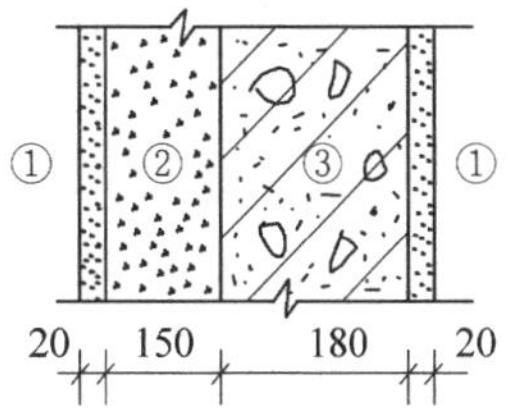

[**例 5-1**] 求图示外墙的传热阻(R_o)和传热系数，及当其面积为 5m^2，室内外温度分别为 18℃及−12℃时，在单位时间内的传热量。

例 5-1 图

①—抹面层；②—加气混凝土 500kg/m^3；③—钢筋混凝土

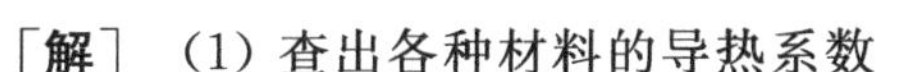

[**解**] (1) 查出各种材料的导热系数

钢筋混凝土 $\lambda=1.74$W/(m·K)

加气混凝土($\rho=500$kg/m^3) $\lambda=0.19$W/(m·K)

抹面层(石灰、水泥复合砂浆) $\lambda=0.87$W/(m·K)

(2) 求各层热阻

抹面层 $R_1=0.04/0.87=0.046$(m^2·K)/W

加气混凝土 $R_2=0.15/0.19=0.79$(m^2·K)/W

钢筋混凝土 $R_3=0.18/1.74=0.103$(m^2·K)/W

内表面感热阻 $R_i=0.11$(m^2·K)/W (查表 5-2 得)

外表面散热阻 $R_e=0.04$(m^2·K)/W (查表 5-3 得)

(3) 墙体传热阻 R_o

$R_o=0.11+0.046+0.79+0.103+0.04=1.089$(m^2·K)/W

(4) 传热系数 K

$K=1/R_o=1/1.089=0.918$W/(m^2·K)

(5) 计算单位时间传热量

$Q=0.918\times(18+12)\times5=137.74$W

5.1.2 传热系数和传热阻/Heat Transfer Coefficient and Resistivity

1. 一般构造的传热系数及传热阻计算

在稳态导热条件下，室内外温度均不随时间而变，围护结构内各层的温度也不会随时间而变，单位时间通过围护结构的热流就必然是一个恒量，不但不随时间而变，而且在热流传递过程中也不会在哪一层增加或减少，因为任何热流的改变都会导致温度的变化而不成为稳态导热。因此，在围护结构的 3 个传热过程中，其单位时间、单位面积的传热量均相等，即

$$q_i = q_n = q_e = q$$

或写成

$$q = \frac{1}{R_i}(t_i - \theta_i) = \frac{1}{\sum R}(\theta - \theta_{ei}) = \frac{1}{R_e}(\theta_e - t_e)$$

利用等比定律：等式的分子、分母分别相加仍相等，得

$$q=\frac{(t_i-\theta_i)+(\theta_i-\theta_e)+(\theta_e-t_e)}{R_i+\sum R+R_e}$$

令 $R_o=R_i+\sum R+R_e$ 及 $K=\frac{1}{R_o}$ 代入上式可写成

$$q=\frac{1}{R_o}(t_i-t_e)$$

或

$$q=K(t_i-t_e)$$

式中 K 称为围护结构的传热系数，其物理意义是当围护结构两侧温度差1℃(1K)时，在单位时间内通过平壁单位面积的传热量($W/(m^2\cdot K)$)。显然，在同样室内外温差条件下，K值越小，则在单位时间内通过围护结构的传热量越少。所以传热系数 K 可以评价围护结构在稳态导热条件下的保温性能。

物理量 R_o 为围护结构的传热阻，是传热系数 K 的倒数，表示热量从围护结构的一侧空间传至另一侧空间所受到的总阻力。传热阻 R_o 越大，则通过围护结构的热量越少。所以，传热阻同样是说明围护结构保温性能的重要指标，在建筑设计中也经常使用这一指标。

围护结构传热阻 R_o 的计算式为

$$R_o=R_i+\sum R+R_e=R_i+\frac{d_1}{\lambda_1}+\frac{d_2}{\lambda_2}+\cdots+\frac{d_n}{\lambda_n}+R_e$$

对面积为 F 的围护结构在单位时间内的传热量，可用公式表示为

$$Q=\frac{1}{R_o}(t_i-t_e)F$$

式中：F——围护结构面积，m^2；

Q——围护结构单位时间内的传热量，W。

2. 组合构造的热阻

围护结构通常由多种材料组合而成，如空心墙板或带肋填充墙，由于构件各部分的热阻不同，局部存在着二维传热，即构件之间的传热，这种效应通常不大，一般计算时可以忽略，围护结构平面热阻可按平行热流方向，沿组合构造层中不同的界面分隔成若干部分近似计算。

3. 封闭空气间层的热阻

空气间层中的热传递不同于以导热为主的固体材料，辐射、对流、导热三种方式共存，总传热量中，辐射传热占60%～70%，导热只占10%。空气间层热阻主要取决于间层两个表面间的辐射和对流换热能力，即表面材料的辐射系数、间层形状、厚度、设置方向(水平或垂直向)以及环境温度。在工程计算中，空气间层的热阻可直接查表5-4得出。

表 5-4 空气间层热阻 $R/((m^2 \cdot K)/W)$

位置及热流状况	冬季状况							夏季状况						
	间层厚度 d/cm							间层厚度 d/cm						
	0.5	1	2	3	4	5	6以上	0.5	1	2	3	4	5	6以上
一般空气间层														
热流向下(水平、倾斜)	0.10	0.14	0.17	0.18	0.19	0.20	0.20	0.09	0.12	0.15	0.13	0.16	0.16	0.16
热流向上(水平、倾斜)	0.10	0.14	0.15	0.16	0.17	0.17	0.17	0.09	0.11	0.13	0.13	0.13	0.13	0.13
垂直空气间层	0.10	0.14	0.16	0.17	0.18	0.18	0.18	0.09	0.12	0.14	0.14	0.15	0.15	0.15
单面铝箔空气间层														
热流向下(水平、倾斜)	0.16	0.28	0.43	0.51	0.57	0.60	0.64	0.15	0.25	0.37	0.44	0.48	0.52	0.54
热流向上(水平、倾斜)	0.16	0.26	0.35	0.40	0.42	0.42	0.43	0.14	0.20	0.29	0.29	0.30	0.30	0.28
垂直空气间层	0.16	0.26	0.39	0.44	0.47	0.49	0.50	0.15	0.22	0.31	0.34	0.36	0.37	0.37
双面铝箔空气间层														
热流向下(水平、倾斜)	0.18	0.36	0.56	0.71	0.84	0.94	1.01	0.16	0.30	0.49	0.63	0.73	0.81	0.86
热流向上(水平、倾斜)	0.17	0.29	0.45	0.52	0.55	0.56	0.57	0.15	0.25	0.34	0.37	0.38	0.38	0.35
垂直空气间层	0.16	0.31	0.49	0.59	0.63	0.69	0.71	0.15	0.27	0.39	0.46	0.49	0.50	0.50

4. 窗的传热阻

窗围护结构保温的薄弱部位，单层窗的框边和玻璃本身的热阻都很小，通过单

表 5-5 窗户的传热系数

窗框材料	窗户类型	空气层厚度/mm	窗框窗洞面积比/%	传热系数 K/(W/(m²·K))	传热阻 R_0/((m²·K)/W)
钢、铝	单层窗	—	20～30	6.4	0.156
	单框双玻窗	12	20～30	3.9	0.256
		16	20～30	3.7	0.270
		20～30	20～30	3.6	0.278
	双层窗	100～140	20～30	3.0	0.333
	单层＋单框双玻窗	100～140	20～30	2.5	0.400
木、塑料	单层窗	—	30～40	4.7	0.213
	单框双玻窗	12	30～40	2.7	0.370
		16	30～40	2.6	0.385
		20～30	30～40	2.5	0.400
	双层窗	100～140	30～40	2.3	0.435
	单层＋单框双玻窗	100～140	30～40	2.0	0.500

注：① 本表中的窗户包括一般窗户、天窗和阳台门上部带玻璃部分。
② 阳台门下部门板部分的传热系数，当下部不作保温处理时，应按表中值采用；当作保温处理时，应按计算确定。
③ 本表中未包括的新型窗户，其传热系数应按测定值采用。

层窗的传热量是同等面积外墙的3～5倍。在窗的传热阻中,内、外表面换热阻的影响相对较大。各种常用窗户的传热阻由专门的实验得出,可直接从《民用建筑热工设计规范》(GB 50176—1993)中查得。

5.1.3 内表面及内部温度/Surface Temperature and Temperature Profile

1. 一般构造部分的内表面及内部温度

围护结构构造确定后,可根据室内外的温度条件计算出其内表面和内部各层的温度,如果要判断围护结构内表面及内部在冬季是否产生冷凝,需要对围护结构进行内部温度计算。

以图5-3所示3层平壁结构为例,内表面及内部温度计算式可由稳态导热基本方程导出。

根据各层传热量相等的原则,即 $q_i=q$,得

$$\frac{1}{R_i}(t_i-\theta_i)=\frac{1}{R_o}(t_i-t_e)$$

移位,得出壁体内表面温度:

$$\theta_i=t_i-\frac{R_i}{R_o}(t_i-t_e)$$

同样,根据 $q_1=q_2=q_3=q_i=q$

还可得出各材料层间的温度:

$$\theta_2=t_i-\frac{(R_i+R_1)}{R_o}(t_i-t_e)$$

$$\theta_3=t_i-\frac{(R_i+R_1+R_2)}{R_o}(t_i-t_e)$$

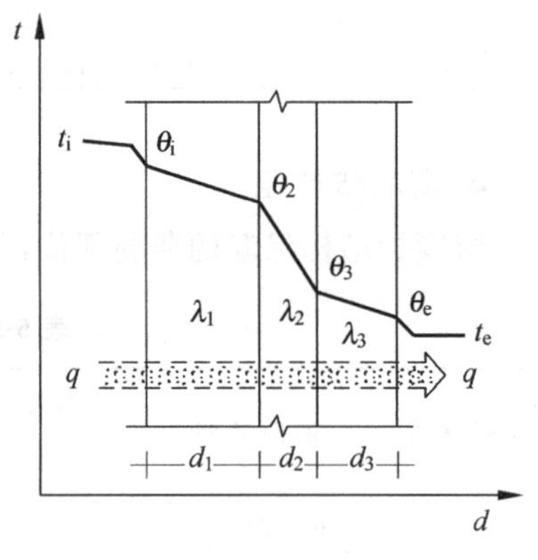

图5-3 多层平壁围护结构表面及内部的温度分布

由此可推出,对于多层平壁内任一层的内表面温度 θ_n,可写成

$$\theta_n=t_i-\frac{\left(R_i+\sum_{1}^{n-1}R\right)}{R_o}(t_i-t_e)$$

式中 $\sum R$ 是从第1层到第 $n-1$ 层的热阻之和,层次编号是顺着热流方向。

在稳态导热条件下,每一种材料层内的温度分布成一条斜线,在多层平壁中则成一条连续的折线。材料层内温度降落程度与各层材料热阻成正比,热阻越大,该层内的温度降落也越大,即材料导热系数越小,温度分布线的斜率越大。

2. 热桥部位的局部内表面温度

围护结构中常有保温性能远低于主体部分的嵌入构件,如外墙中的钢筋混凝土圈梁,其传热量比主体部分大得多,内表面温度也比主体部分低,称为“热桥”。

例如，铝合金窗采用中空玻璃时，玻璃热阻比窗框热阻大得多，铝合金窗框成为热桥。热桥部位的内表面温度既受热桥处的热阻和构造方式的影响，也受主体部分热阻的影响。在工程中可按《民用建筑热工设计规范》(GB 50176—1993)给出的计算式计算冷桥处内表面温度。一般贯通式热桥对内表面温度影响最大，在建筑中应避免采用，或加设高效保温材料。

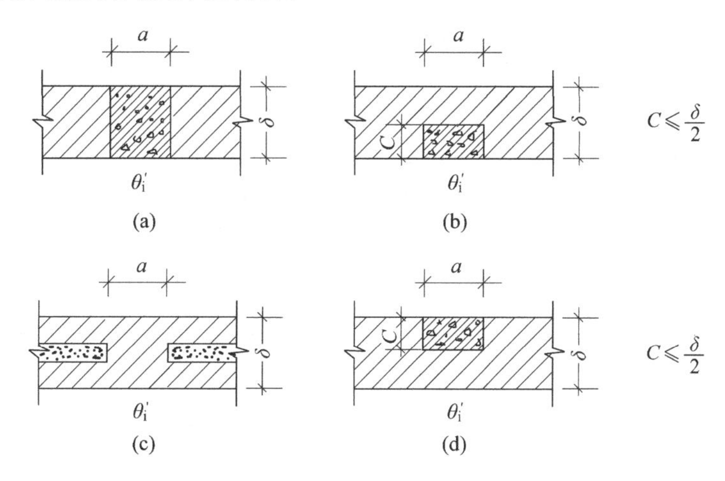

图 5-4 贯通式热桥和非贯通式热桥

3. 外墙角内表面温度

由于墙角部分的室内空气流动速度慢、感热阻大，同时墙角的散热面大于吸热面，墙角部分的内表面温度低于主体部分的内表面温度。一般可低 4℃～5℃。

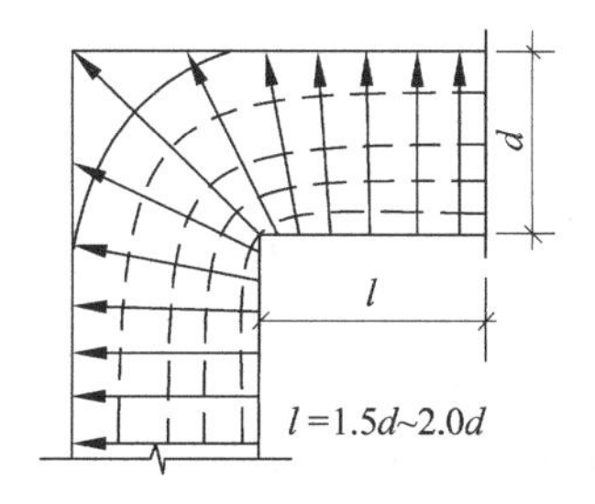

图 5-5 外墙角等温线变化及热流方向

图示外墙角散热情况，其中，虚线表示角部等温线，实线是热流线，箭头表示热流方向。在主体部分因属一维传热，等温线是一系列与结构表面平行的直线。

5.2 隔热设计原理/Control of Building Envelope Heat Gain in Summer

夏热冬冷地区和夏热冬暖地区，建筑围护结构的隔热设计是重点。一些冬季保温好的房间，夏季非常热，是什么原因？这是因为夏季热作用是非稳态导热，需要考虑日出和日落太阳辐射的周期性变化。在非稳态导热状态下，不是单纯的围护结构热传递问题，还需要考虑围护结构自身的热稳定性。

表 5-6 太阳辐射吸收系数 ρ_s 值

外表面材料	表面状况	色 泽	ρ_s 值
红瓦屋面	旧	红褐色	0.70
灰瓦屋面	旧	浅灰色	0.52
石棉水泥瓦屋面		浅灰色	0.75
油毡屋面	旧,不光滑	黑色	0.85
水泥屋面及墙面		青灰色	0.70
红砖墙面		红褐色	0.75
硅酸盐砖墙面	不光滑	灰白色	0.50
石灰粉刷墙面	新,光滑	白色	0.48
水刷石墙面	旧,粗糙	灰白色	0.70
浅色饰面砖及浅色涂料		浅黄、浅绿色	0.50
草坪		绿色	0.80

注：摘自《民用建筑热工设计规范》(GB 50176—1993)。

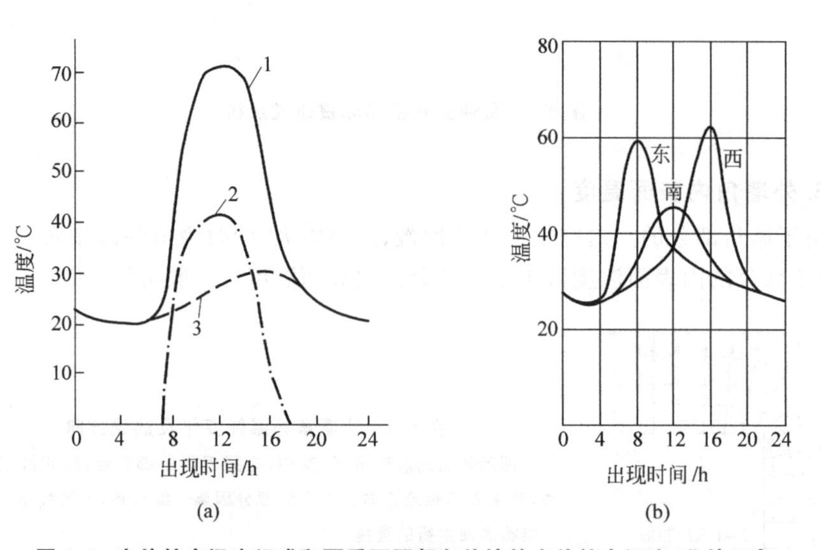

图 5-6 室外综合温度组成和夏季不同朝向外墙的室外综合温度(北纬 30°)

(a) 1—室外综合温度，2—太阳辐射等效温度，3—室外空气温度；

(b) 夏季不同朝向外墙的室外综合温度和出现时间。

5.2.1 隔热过程和室外综合温度/Heat Gain and Solair Temperature

夏季室外热作用变化,是以一天为一个周期的波动热作用,白天,太阳辐射强度大,围护结构外表面的温度大大高于室外空气温度,热量从围护结构外表面向室内传递。夜间,围护结构的外表面温度迅速降低,甚至低于室外空气温度,热量从室内向室外传递。夏季热作用按周期性非稳态导热来计算,围护结构的防热性能的评价标准是其抵抗波动热作用的能力。

由于人的活动，一般夏季白天的室内空气温度高于室外空气温度。在太阳辐射的作用下，围护结构外表面温度将可能大大高于室外空气温度，隔热需要应对这个外表面温度，称为室外综合温度。

室外综合温度＝室外气温＋(太阳辐射对围护结构的热作用产生的)当量温度

$$t_{sa} = t_e + \frac{\rho_s I}{\alpha_e} \tag{a}$$

式中：t_{sa}——室外综合温度，℃

t_e——室外空气温度，℃

ρ_s——围护结构外表面对太阳辐射吸收系数，其值可查《民用建筑热工设计规范》(GB 50176—1993)；

I——太阳辐射照度，W/m^2；

α_e——外表面换热系数，$W/(m^2 \cdot K)$，其值可查表5-3。

$$t_{eq} = \frac{\rho_s I}{\alpha_e}$$

式中$\frac{\rho_s I}{\alpha_e}$称为太阳辐射的“当量温度”，或称为“等效温度”，以t_{eq}表示，即

$$t_{eq} = \frac{\rho_s I}{\alpha_e}$$

图5-6为综合温度的组成，是根据实测的室外空气温度和屋顶外表面的太阳辐射照度按式(a)逐时计算得出的。

随围护结构的朝向及外表面对太阳辐射的吸收率不同，室外综合温度有较大的变化。不同朝向表面接受的太阳辐射照度差异很大，同样构造的外墙，东西朝向墙比南向墙的综合温度最高值大很多。

室外综合温度以一天为周期波动，隔热计算还需要确定综合温度的最大值、昼夜平均值和昼夜温度波动振幅。

5.2.2 衰减倍数和延迟时间/Thermal Amplitude Decrement and Time Lag

围护结构的隔热能力取决于其对周期性热作用的衰减倍数和延迟时间，以及由此而得出的具体气象状况下的内表面最高温度和最高温度出现的时间。

(1) 综合温度平均值($\bar{t}_{sa}$)按下式计算：

$$\bar{t}_{sa} = \bar{t}_e + \frac{\rho_s \bar{I}}{\alpha_e}$$

式中：$\bar{t}_e$——室外日平均气温，℃；

$\bar{I}$——日平均太阳辐射照度，W/m^2，我国主要城市夏季的日平均辐射照度值，按《民用建筑热工设计规范》(GB 50176—1993)采用。

(2) 综合温度最大值按下式计算：

$$t_{sa\,max}=\bar{t}_{sa}+A_{tsa}$$

式中：$t_{sa\,max}$——综合温度最大值,℃；

$\bar{t}_{sa}$——综合温度平均值,℃；

A_{tsa}——综合温度波动振幅,即综合温度最大值与平均值之差,℃。

其中,综合温度的波动振幅受室外空气温度振幅和太阳辐射等效温度振幅的共同影响,其表达式为

$$A_{tsa}=(A_{te}+A_{teq})\beta$$

式中：A_{te}——室外气温振幅,℃；

A_{teq}——太阳辐射等效温度振幅℃,其表达式为

$$A_{teq}=\frac{(I_{max}-\bar{I})\rho_s}{\alpha_e}$$

式中：I_{max},$\bar{I}$——分别为太阳辐射照度最大值及平均值,按《民用建筑热工设计规范》(GB 50176—1993)采用；

β——时差修正系数,因为室外气温最大值 $t_{e\,max}$ 和太阳辐射等效温度最大值 $t_{eq\,max}$ 出现的时间不一致,因此两者振幅不能取简单的代数和,应乘一个修正系数 β。

(3) 综合温度最大值出现时间 $\tau_{tsa\,max}$ 可近似地按振幅大小及时间差,由下式计算：

$$\tau_{tsa\,max}=\tau_{te\,max}+\frac{A_{teq}}{A_{te}+A_{teq}}\times\Delta\tau$$

式中：$\tau_{tsa\,max}$——综合温度最大值的出现时间,h；

$\tau_{te\,max}$——室外空气温度最大值的出现时间,h；

$\Delta\tau$——等效温度最大值的出现时间与室外空气温度出现最大值的时间差,h。

1. 围护结构的衰减倍数

在室外综合温度波作用下,温度沿着围护结构厚度方向逐渐衰减,振幅越来越小,室外综合温度振幅 A_{tsa} 与围护结构内表面的温度振幅 $A_{\theta i}$ 的比值,称为该围护结构的衰减倍数 ν_0,即

$$\nu_0=\frac{A_{tsa}}{A_{\theta i}}$$

式中：ν_0——围护结构的衰减倍数,无量纲；

A_{tsa}——综合温度波动振幅,℃；

$A_{\theta i}$——内表面温度波动振幅,℃。

显然,在同样的综合温度作用下,衰减倍数越大的围护结构其内表面的温度波动振幅就越小,内表面的最高温度也越低,即隔热性能越好。衰减倍数可根据围护结构构造和各层材料特性计算,衰减倍数与材料的导热系数、比热、密度和热作用频率

有关。热作用频率越高，对围护结构的影响越小，也就是，围护结构的衰减倍数与热惰性总和有关。

2. 围护结构的延迟时间

延迟时间指温度波通过围护结构的相位延迟，即内表面的最高温度出现时间与室外综合温度最大值的出现时间之差，以小时(h)表示。

5.2.3 内表面最高温度/Maximum Indoor Surface Temperature

围护结构的内表面最高温度既受室外综合温度及围护结构衰减倍数的影响，又受室内温度及其波动的影响，内表面最高温度可计算求得。

根据《民用建筑热工设计规范》(GB 50176—1993)要求，在房间自然通风的情况下，建筑物的屋顶和东、西外墙的内表面最高温度，应低于当地室外夏季计算温度的最高值(℃)，即

$$\theta_{\mathrm{imax}} \leqslant t_{\mathrm{emax}}$$

式中：t_{emax}——夏季室外计算温度最高值，可在《民用建筑热工设计规范》(GB 50176—1993)中查出。

围护结构衰减倍数值可根据围护结构采用的构造和各层材料特性计算(图 5-7)：

$$\nu_0 = 0.9\mathrm{e}^{\frac{\sum D}{\sqrt{2}}} \cdot \frac{S_1+\alpha_{\mathrm{i}}}{S_1+Y_1} \cdot \frac{S_2+Y_1}{S_2+Y_2} \cdot \cdots \cdot \frac{S_n+Y_{n-1}}{S_n+Y_n} \cdot \frac{Y_n+\alpha_{\mathrm{e}}}{\alpha_{\mathrm{e}}}$$

式中：e——自然对数的底，e≈2.71828；

$\sum D$——围护结构的总热惰性指标，等于各材料层热惰性指标之和；

$S_1, S_2, \cdots, S_n$——各层材料的材料蓄热系数，W/(m^2·K)；

$Y_1, Y_2, \cdots, Y_n$——各层材料的外表面蓄热系数，W/(m^2·K)。

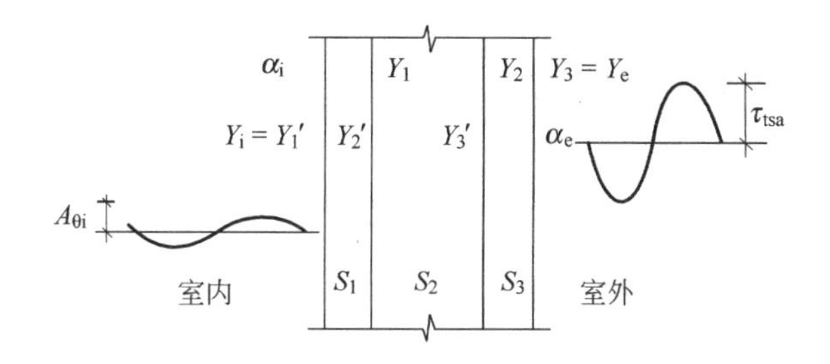

图 5-7 围护结构衰减倍数计算方法

下面介绍围护结构对温度波的延迟时间计算方法。

对于一般实体结构的延迟时间(ξ_0)可以按照下式计算(图 5-8)：

$$\xi_0 = \frac{1}{15}\left(40.5\sum D - \arctan\frac{\alpha_{\mathrm{i}}}{\alpha_{\mathrm{i}}+\sqrt{2}Y_{\mathrm{i}}} + \arctan\frac{Y_{\mathrm{e}}}{Y_{\mathrm{e}}+\sqrt{2}\alpha_{\mathrm{e}}}\right)$$

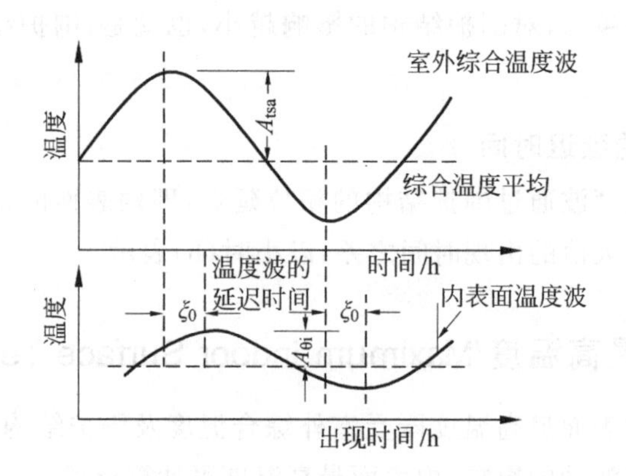

图 5-8 围护结构对温度波的衰减和延迟

式中：ξ_0——围护结构的延迟时间，h；

Y_e——围护结构外表面蓄热系数；

Y_i——围护结构内表面蓄热系数；

1/15——单位换算值，以1小时为15°，将度换算为小时；

40.5——单位换算值，即将弧度换算成度数。

围护结构内表面最高温度按下式计算：

$$\theta_{i\max}=\bar{\theta}_i+\left(\frac{A_{tsa}}{\nu_0}+\frac{A_{ti}}{\nu_i}\right)\beta$$

其中，内表面平均温度可按照下式计算：

$$\bar{\theta}_i=\bar{t}_i+\frac{R_i}{R_0}(\bar{t}_{sa}-\bar{t}_i)$$

式中：$\theta_{i\max}$——内表面最高温度，℃；

$\bar{t}_i$——室内计算温度平均值，℃，一般无空调的民用建筑取 $\bar{t}_i=\bar{t}_e+1.5$℃；

$\bar{t}_e$——室外计算温度平均值，℃，按《民用建筑热工设计规范》(GB 50176—1993)采用；

$\bar{t}_{sa}$——室外综合温度平均值，℃；

A_{tsa}——室外综合温度振幅，℃；

A_{ti}——室内计算温度振幅，℃，按照室外计算温度振幅减1.5℃，即 $A_{ti}=A_{te}-1.5$℃；

ν_0——围护结构衰减倍数；

ν_i——室内空气温度波动影响到围护结构内表面温度波动的衰减倍数，按下式计算：

$$\nu_i=\frac{A_{ti}}{A_{\theta i}}=0.95\,\frac{\alpha_i+Y_i}{\alpha_i};$$

式中：Y_i——内表面蓄热系数，W/(m^2·K)；

α_i——内表面换热系数，W/(m^2·K)。

在以上计算中，对一般无空调的房间，室内空气温度最大值的出现时间(h)，通常取16时，室外空气温度最大值的出现时间(h)，通常取15时，太阳辐射照度最大值出现时间(h)，通常取水平及南向，12时；东向，8时；西向，16时。

5.3 防潮设计原理/Control of Building Envelope Condensations in Winter

空气中的水蒸气可以保持适宜的相对湿度，相对湿度过大或过小不仅给人带来不舒适，而且还会影响围护结构的性能。建筑防潮设计除了确保室内热舒适，更重要的是应对围护结构中的热湿现象，避免围护结构本身受损和保温材料受潮。在夏热潮湿地区，雨水充沛，全年湿度大，通常通过屋顶形式排除雨水，通过底层架空和通风除湿，减少湿度过高带来的不舒适。在冬冷地区，由于保温的需要，房间一般需要密闭，室内产生的水蒸气不易散失，当集聚过多或围护结构内部温度过低时，可能出现水蒸气凝结。在围护结构热工设计中，如果没有对热传递过程中伴随着的水蒸气渗透过程进行控制，建筑施工结束后，围护结构中的热湿运动过程可能产生不利影响，出现内表面结露和内部冷凝问题，严重时导致外表面材料层脱落、保温层受潮失效、内外表面潮解粉化、室内霉潮等缺陷。因此，围护结构防潮设计必须防止出现内表面结露和内部冷凝。

5.3.1 围护结构热湿现象/Condensations in Building Envelope

在严寒与寒冷地区，建筑内的洗浴、厨房、厕所用水增加了室内湿度，同时，由于建筑保温性和气密性好，室内空气相对湿度提高，围护结构热湿现象明显。寒冷地区围护结构热湿现象包括内表面结露和内部冷凝。

内表面结露。冬季，围护结构内表面的温度经常低于室内空气温度，当内表面温度低于室内空气露点温度时，空气中的水蒸气就会在内表面凝结。建筑室内通风组织不合理，室内相对湿度过高，易在“热桥”部位产生结露。

蒸汽渗透和内部冷凝。当室内外空气中湿度不同，围护结构的两侧存在着水蒸气分压力差时，水蒸气分子就会从分压力高的一侧通过围护结构向分压力低的一侧渗透扩散，称为蒸汽渗透，是水蒸气分子的转移过程。在严寒与寒冷地区，冬季保温房间的外围护结构中，水蒸气由高温、高压的室内一侧向室外一侧迁移，如果在围护结构内部蒸汽渗透路径上存在冷凝界面，而且界面处饱和蒸汽压小于水蒸气分压力，就可能出现内部冷凝。

5.3.2 内表面结露及防止/Control of Indoor Surface Condensation

判断围护结构内表面是否结露的依据是看其温度是否低于露点温度。

［**例 5-2**］ 某外墙构造如例5-2图所示，请判断它在室内温度18℃、相对湿度60%、室外温度-12℃时，内表面是否可能结露？

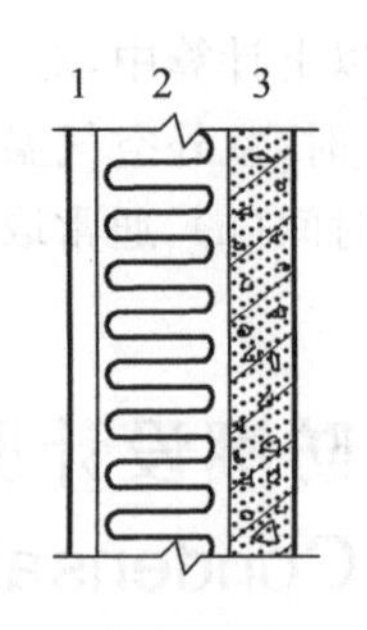

例 5-2 图

1—石膏板 10mm；2—矿棉 70mm；3—陶粒混凝土 35mm

［**解**］ (1) 计算内表面温度θ

传热阻

$$R_o=0.11+\frac{0.01}{0.33}+\frac{0.07}{0.064}+\frac{0.035}{0.84}+0.04$$

$$=1.31((m^2\cdot K)/W)$$

内表面温度

$$\theta_i=18-\frac{0.11}{1.31}(18+12)=15.48(℃)$$

(2) 计算室内空气的露点温度t_d

查表得18℃时的饱和蒸汽分压力$E=2062.5$Pa，

按公式$e=E\cdot\phi$，得室内实际水蒸气分压力e_i

$$e_i=2062.5\times0.6=1237.5\text{Pa}$$

以1237.5Pa查《建筑设计资料集》(第二版)得室内露点温度t_d为10.1℃。

(3) 比较θ_i与t_d为10.1℃，显然$\theta_i>t_d$，因此可以判断这种围护结构的内表面不会结露。

防止围护结构内表面结露是建筑热工设计的基本要求，控制措施可归纳为：

(1) 使围护结构具有足够的保温能力，传热阻值至少应在有关规范规定的最小传热阻以上，并注意防止热桥。

(2) 如室内空气相对湿度过大，可通过通风来控制，但以降低房间气密性来调节室内相对湿度会加大房间的热损失，是不可取的。

(3) 围护结构内表面采用具有一定吸湿性的材料，使一天中温度较低的时间段产生的少量凝结水可以被内表面吸收，在室内温度高而相对湿度低时又返回室内空气中。

(4) 对室内湿度大、内表面不可避免有结露的房间，如公共浴室、纺织及印染车间等，采用光滑不易吸水的材料作内表面，同时加设导水设施，将凝结水导出。

5.3.3 内部蒸汽渗透/Vapour Penetration

建筑围护结构的热湿运动十分复杂，一般简化为按稳态条件下单纯的水蒸气渗透考虑。稳态下纯蒸汽渗透过程的计算与稳态导热的计算方法相似，即在稳态条件下、单位时间内通过单位面积围护结构的蒸汽渗透量与室内外水蒸气分压力差成正比，与渗透过程中受到的阻力成反比。

围护结构的蒸汽渗透阻(H_o)是指当围护结构两侧水蒸气分压力差为1Pa时，通过$1m^2$面积渗透1g水分所需要的时间(h)。

对由多层材料作成的围护结构，其蒸汽渗透阻是各层材料的蒸汽渗透阻之和，即

$$H_o = H_1 + H_2 + \cdots + H_n = \frac{d_1}{\mu_1} + \frac{d_2}{\mu_2} + \cdots + \frac{d_n}{\mu_n}$$

式中：d_n——围护结构内一种材料层的厚度，m；

μ——材料的蒸汽渗透系数，g/(m·h·Pa)。

材料的蒸汽渗透系数(μ)表明材料的透过蒸汽能力，其定义为：1m 厚物体，两侧水蒸气分压力差为 1Pa，单位时间(1h)内通过 $1m^2$ 面积渗透的水蒸气量(g/(m·h·Pa))。材料的渗透系数值与材料的密实程度有关，材料的孔隙率越大，蒸汽渗透系数就越大。常用材料的蒸汽渗透系数值可查《民用建筑热工设计规范》。

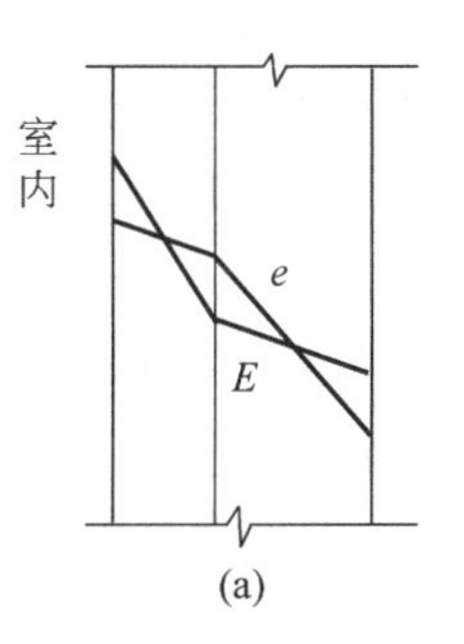

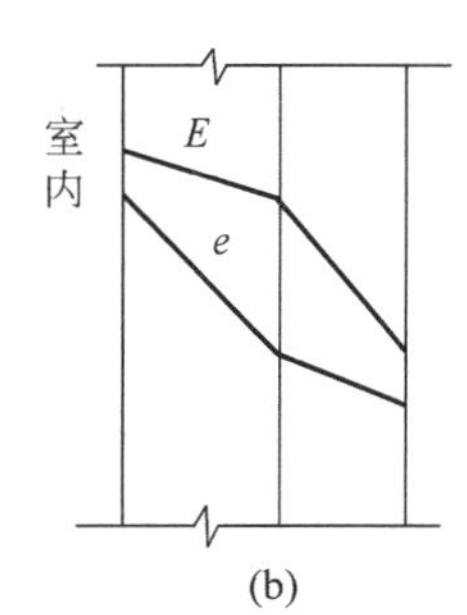

图 5-9 围护结构内部冷凝情况判别

(a) 有内部冷凝；(b) 无内部冷凝

计算围护结构蒸汽渗透阻，一般不考虑围护结构内、外表面附近空气边界层的蒸汽渗透阻，它与结构材料本身的蒸汽渗透阻相比影响很小，可以忽略不计。这样，围护结构内、外表面的水蒸气分压力可近似认为分别与室内、外空气的水蒸气分压力相等，即分别为 e_i 和 e_e。

围护结构内任一层界面上的水蒸气分压力计算可参照稳态导热计算中内部温度的计算方法，各层蒸汽分压力的计算式为

$$e_n = e_i - \frac{\sum_{j=1}^{n-1} H_j}{H_o}(e_i - e_e)$$

式中：$\sum_{i}^{n-1} H_j$ 从室内一侧算起，由第 1 层至第 $n-1$ 层的蒸汽渗透阻之和。

在稳态条件下、单位时间内通过单位面积围护结构的蒸汽渗透量计算公式如下：

$$\omega = \frac{1}{H_o}(e_i - e_e)$$

式中：ω——单位时间内通过单位面积围护结构的水蒸气渗透量，又称蒸汽渗透强度，g/(m^2·h)；

H_o——围护结构的水蒸气渗透阻，(m^2·h·Pa)/g；

e_i——室内空气的水蒸气分压力，Pa；

e_e——室外空气的水蒸气分压力，Pa。

5.3.4 内部冷凝的判别/Control of Interstitial Condensation

当水蒸气通过围护结构的过程中遇到蒸汽渗透阻大的材料层,水蒸气不易通过,就会出现冷凝现象。判别围护结构内部是否会出现冷凝,可按下列步骤进行:

(1) 根据室内外空气的温度和相对湿度,确定水蒸气分压力 e_i 和 e_e,然后计算围护结构各层的实际水蒸气分压力,并作出实际水蒸气分压(e)的分布线。

(2) 根据室内外空气温度 t_i 和 t_e,确定围护结构各层的温度,查表得出相应的饱和水蒸气分压力 E,并画出曲线。

(3) 根据 e 线和 E 线相交与否来判定围护结构内部是否会出冷凝现象,如图 5-9 所示,若 e 线与 E 线不相交,说明内部不会产生冷凝,若相交,则内部有冷凝。

内部冷凝现象一般出现在复合构造的围护结构。若材料层的布置方式是沿蒸气渗透方向先设置蒸汽渗透阻小的材料层,其后才是蒸汽渗透阻大的材料层,则水蒸气将在两材料层相交的界面处遇到较大阻力,从而发生冷凝现象。通常把这个最易出现冷凝,而且凝结最严重的界面叫作围护结构的"冷凝界面"。冷凝界面一般出现在保温材料与其外侧密实材料交界处(图 5-10)。

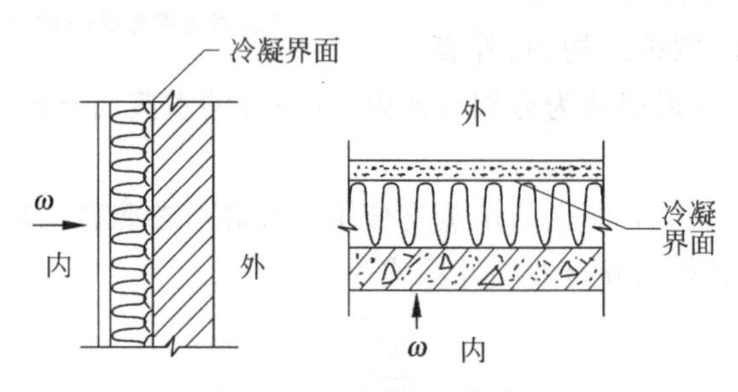

图 5-10 冷凝界面位置

如围护结构内的蒸汽凝结量过大,超过规定的限值,则不仅材料保温性能下降,而且过多的水分在非采暖期内往往不能充分蒸发,以致逐年累积,就会对围护结构产生很大的破坏作用,这种情况在设计中必须防止,为此,要求在冷凝界面内侧的围护结构层有一定的蒸汽渗透阻。蒸汽滞留在围护结构中,如果围护结构材料层的安排未能按蒸汽渗透系数递增方式排列,就增加了产生冷凝的机会,容易在外表面附近产生冷凝水,由于毛细现象的存在,冷凝水向内表面方向转移,使各材料层中形成大片含水区,因此,即使保温设计与施工合乎要求,也会出现内墙面潮湿。严格来说,这种内表面液态水不是一般意义的"结露",而是渗透水导致的。

内部冷凝对围护结构不利,相对湿度大于 65% 的房间,如果不能在室内蒸汽进入一侧设置有效的隔汽材料层,由室内向室外渗透的水蒸气有可能凝结为液态水,破坏围护结构内部构造和外饰面。如果建筑外墙采用质地致密的釉面砖,其蒸汽渗透系数较小,蒸汽渗透阻很大,当室内水蒸气渗透到外表面时,就会在这些釉面砖底层部位凝结，如果凝结量较大，并且外界气温很低时，就会在釉面砖底层形成大面积冰冻凝结面。白天，釉面砖吸收太阳辐射能后升温，导致底层凝结冰层融化，夜晚，融化的水重又冻结成冰，如此冻融交替频繁发生之后，就会出现釉面砖从墙面脱落。

围护结构内部的热湿转移过程比较复杂，另外，在围护结构施工中如有多余水分进入保温材料，也会造成内部冷凝，需通过构造措施来防止内部冷凝，具体包括：

(1) 合理布置保温层。当围护结构由多层材料构成时，一般应将蒸汽渗透系数小的密实材料放在水蒸气分压力大的一侧，即冬季温度高的室内一侧，而将蒸汽渗透系数大的材料放在蒸汽分压力相对较小一侧，即冬季低温的室外一侧，使渗透进围护结构的蒸汽能保持“进出平衡”或“进难出易”，以利于蒸汽排除，防止在内部积累。在外保温构造中，慎用质地致密蒸汽渗透系数小的外墙面材料，提高建筑围护结构的“透气性”。

(2) 内部设排汽间层或排汽沟道。对于外侧有密实保护层或防水层的围护结构，保温层与密实层之间设可排汽的空气间层，以有效排除蒸汽，防止内部凝结，避免对结构及内侧构造层造成损害(图 5-11)。

(3) 在蒸汽流入一侧设隔蒸汽层。当室内相对湿度过高时应在围护结构保温层进汽一侧设置有效的隔气层，以减少蒸汽渗透强度。隔蒸汽层可用沥青、油毡或铝箔等做成，但必须做得十分严密，并且在做隔汽层之前严格控制构件内的材料尤其是保温材料的含湿量，还要尽量避免湿作业和雨天施工，才能起到较好的效果。由于这种方法在防止冬季室内蒸汽渗入的同时，也阻止了其他季节里构件内的水蒸气排向室内，一般只用于室内湿度大的房间。

(4) 外墙内设密闭空气间层。对采用内保温作法的外墙，在保温层与外侧结构层之间设密闭的空气间层，由于空气间层两侧存在蒸汽分压力差，使蒸汽由处于高温一侧的保温层表面引向低温一侧的结构层表面，凝结的水分附着于结构层上而不能进入保温层内，从而使保温层干燥。这种作法对凝结量不大的外墙具有很好的实际防潮效果，如凝结量过大，超过了结构层的吸湿能力时，无法起到防潮作用(图 5-12)。

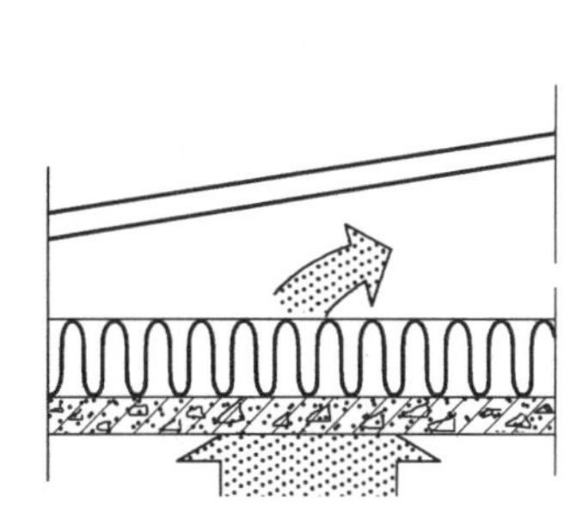

图 5-11 设通风间层的围护结构

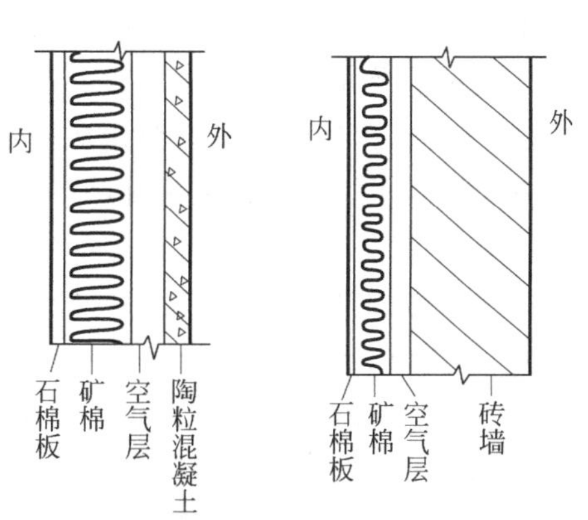

图 5-12 有密闭空气间层的内保温外墙

5.4 通风设计原理/Performance and Design of Building Ventilation

建筑室内通风是影响人的健康和舒适的重要因素,通过新鲜空气及气流的生理作用直接影响人,并通过对室内气温、湿度及内表面温度的影响而间接地对人体产生作用。季风性气候使我国大部分地区夏季潮湿,通风降温除湿发挥重要作用。即使是同一地区,不同季节对于通风的要求也不尽相同。通过合理的规划、建筑和细部设计来促进自然通风,根据需要控制室内通风的气流流量、流速和流场,是建筑通风设计的目的。

5.4.1 建筑通风的功能/Functions of Building Ventilation

通风具有三种不同的功能,即健康通风、热舒适通风和降温通风。健康通风是用室外的新鲜空气更新室内空气,保持室内空气质量符合人体卫生要求,这是在任何气候条件下都应该予以保证的;热舒适通风是利用通风增加人体散热和防止皮肤出汗引起的不舒适,改善热舒适条件;降温通风是当室外气温低于室内气温时,把室外较低温度的空气引入室内给室内空气和表面降温。三种功能的相对重要性取决于不同季节与不同地区的气候条件。

健康通风。健康通风的功能是保证室内空气质量(IAQ),为室内活动提供必需的氧气量,防止二氧化碳和不良气味的积聚,保证挥发性有机物(VOC)、一氧化碳浓度低于危害健康的水平。空气质量取决于多种因素,自然形态下的氧气和二氧化碳含量波动很小,室内氧气需求量取决于室内人员数量及新陈代谢水平,相应排出的二氧化碳量也与此成正比。封闭室内空间二氧化碳含量增加将引起人的不适。气味并不影响健康,但是影响人的舒适与愉快,通风可以排除室内可感觉到的气味,不同气味的消散方式不同,在一定程度上影响通风率。一氧化碳是不完全燃烧的产物,过量吸入会使人窒息,必须及时通风排除。室内装修和家具材料及胶粘剂散发的甲醛等挥发性有机物会造成室内空气污染,危害人的健康。受到普遍关注,一方面需要采用无害建筑材料,另一方面要依靠通风来排除。健康通风与通风量有关,一般情况下,门窗空气渗透能够满足一定的室内新风量,气密性好的建筑和水蒸气产量大的房间,需要提供特殊的健康通风。

热舒适通风。热舒适通风与气候相关,目的是维持室内适宜的温度和湿度,以及有利于热舒适的气流组织,关注人活动空间的气流方向、速度等,与风场分布有关,与通风量无关。热舒适通风取决于气流速度和形式,而非换气量或换气次数,流过室内的空气流量与气流速度之间并无直接数量关系。气流量和气流速度之间的关系取决于室内空间的几何形状和开口的位置。在人的不同状况和室内物理条件下，对热舒适风速的要求存在差异。人体处于休息状态，相对湿度较低时，穿着薄服装时，需要较低的气流速度，而在相对湿度大，人体新陈代谢率增高，服装较厚时，为了防止皮肤潮湿及排汗散热效率降低，需要较高的气流速度。当气流速度达到一定水平，生理和感觉上的要求取得一致时，即可明确地定出最佳的气流速度。利用热平衡方程式可计算出在不同的气温、湿度、服装及新陈代谢率的条件下，为满足舒适所需的气流速度。空气温度在35℃以下时，随着气温增加，人体与环境之间温差减小，此时，为了取得相同的散热效果所需的舒适气流速度也随之增加。空气温度在35℃以上时，增加气流速度就会提高对流增热，其最终的热效应取决于湿度、新陈代谢率及服装条件。热舒适通风需求取决于建筑使用特点和气候条件，所需气流速度取决于空气温度、湿度及人活动强度和服装，不同功能的房间对室内气流型及气流速度分布的要求也有所不同。

降温通风。在室内和室外通风时，室外空气以原有温度进入室内空间并在流动过程中与室内空气相混合，与室内各表面进行热交换。室内通风可以是持续的，也可以是间歇的，通风的增热或降温效果取决于通风前室内外温差。当室内气温高于室外时，通风可以降低室内温度，反之效果也相反。一般情况下，夜间室温常高于室外，夜间通风常能起到降温效果。至于白天通风的作用是增热还是降温，取决于室内外气温高低。建筑降温通风与通风量有关。

建筑通风要求不仅与气候有关，而且还与季节有关。在干冷地区，不加控制的通风会带走室内热量，降低室内空气温度，同时，由于室外空气绝对湿度低，进入室内温度升高后将导致相对湿度降低，给人造成不舒适感。在湿冷地区，需要控制通风以避免室温过低，同时避免围护结构凝结。在湿热地区，建筑通风的气流速度需要保证散热和汗液蒸发，保证人的热舒适，而在干热地区，需要控制白天通风，保证室内空气质量，在夜间室外气温下降以后，充分利用夜间通风给围护结构的内表面降温和蓄冷。

5.4.2 自然通风机理/Mechanisms of Natural Ventilation

气流穿过建筑的驱动力是两边存在的压力差，压力差源于室内外空气的温度梯度引起的热压和外部风的作用引起的风压。

热压通风(buoyancy driven ventilation)。热压通风即通常所说的烟囱效应，其原理为密度小的热空气上升，从建筑上部风口排出，室外密度大的冷空气从建筑底部被吸入。当室内气温低于室外时，位置互换，气流方向也互换。显然，室内外空气温度差越大，则热压作用越强，在室内外温差相同和进气、排气口面积相同的情况下，如果上下开口之间的高差越大，在单位时间内交换的空气量也越多(图5-13)。

风压通风(wind driven ventilation)。当风吹向建筑时，空气的直线运动受到阻碍而围绕着建筑向上方及两侧偏转，迎风侧的气压就高于大气压力，形成正压

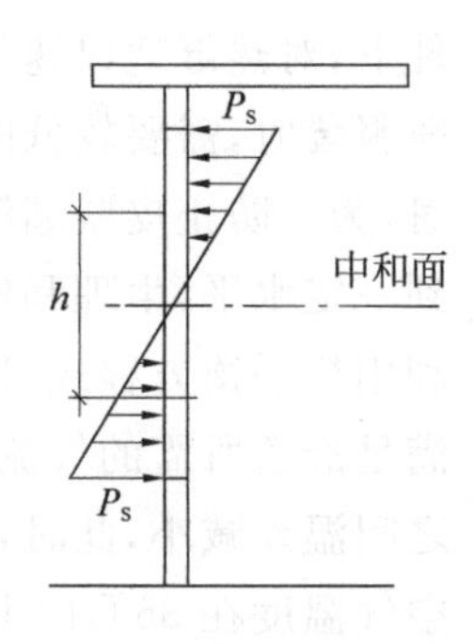

图 5-13　热压通风的形成

当室内外的平均气温不一致时,空气密度存在差异,室内与室外的垂直压力梯度也相应地有所不同。当在建筑的某一高度处只设单个开口时,尽管两边存在温度差,也不会促成气流穿过开口,因为流出的空气没有进口的补充,不会持续流动。此时,若在此开口下方再开一个口,则室外的空气就从此下方开口进入,室内空气从上方开口排出,形成热压通风。

区,而背风侧的气压则降低,形成负压区,使整个建筑产生了压力差。如果建筑围护结构上任意两点上存在压力差,那么在两点开口间就存在空气流动的驱动力。风压的压力差与建筑形式、建筑与风的夹角以及周围建筑布局等因素相关(图 5-14)。当风垂直吹向建筑正面时,迎风面中心处正压最大,在屋角及屋脊处负压最大(图 5-15,图 5-16)。因此,当建筑垂直于主导风向时,其风压通风效果最为显著,通常"穿堂风"就是风压通风的典型实例。

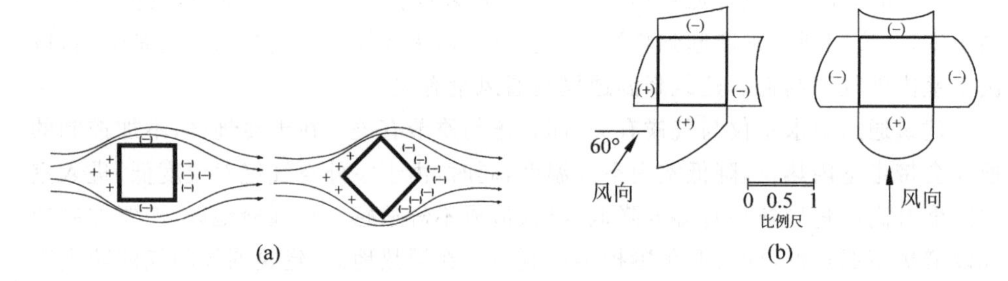

图 5-14　建筑平面周围的风压分布

图 5-14(a)左图,风垂直地吹向矩形建筑时,迎风面墙处于正压区内,侧墙及后墙均在负压区内。右图,如风向偏斜,则两个迎风面为正压区,另两个背风面为负压区。

图 5-14(b),建筑物迎风面上,压力分布不均匀,由中心向外逐渐减弱。当风向垂直墙面时,墙面压力变化很小;风向偏斜时,迎风墙角点至背风角点的风压急剧下降。风入射角约为 45°时,在下风角点处的风压几乎完全消失,如夹角较小,则该处可出现负压。在负压区,压力的变化要小于正压区。当风向垂直时,侧墙的负压在靠近上风处最大,在后墙上,负压由周边向中心逐渐减小。当风向偏斜时,两个背风面及屋面上的负压均朝风向渐减。

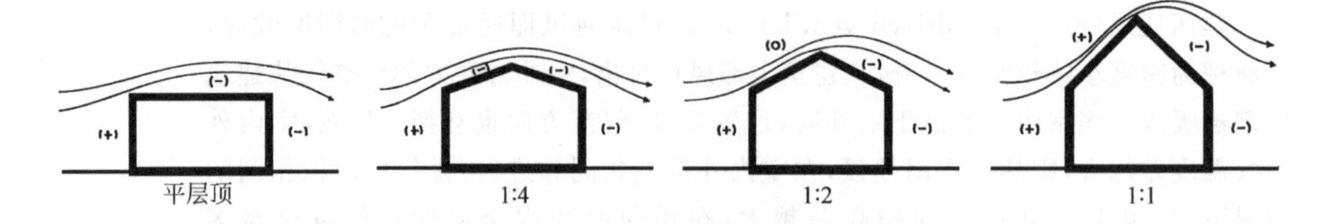

图 5-15　建筑剖面周围的风压分布

在任何情况下,平屋面均在负压区内,与风向无关,其压力变化相对较小。坡屋面压力分布,当屋面坡度小时,迎风及背风的两斜面均为负压区。当屋面坡度很大时,则迎风的坡面是正压区,背风的坡面为负压区。

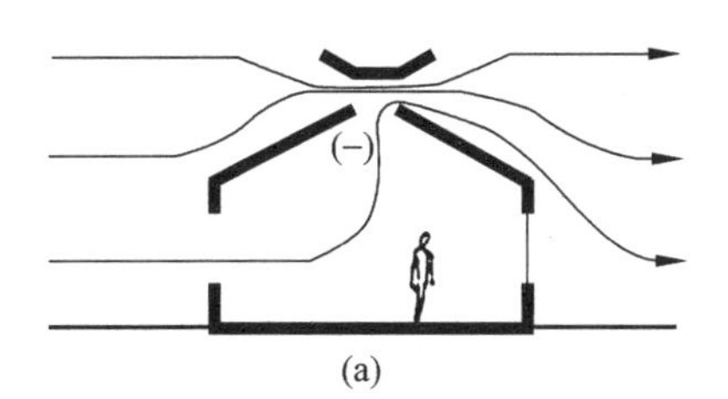

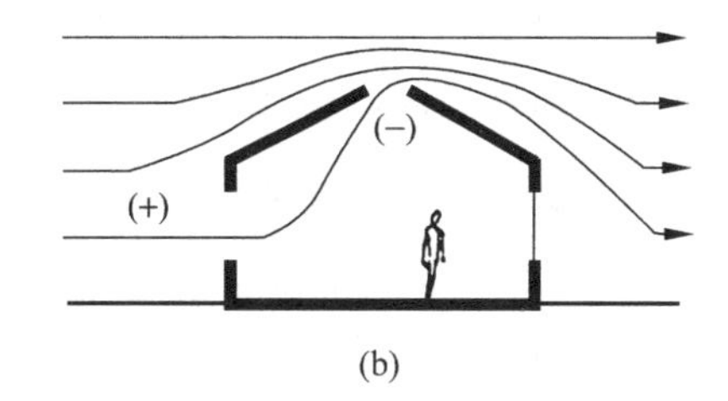

图 5-16 文丘里效应和文丘里管

根据文丘里效应，空气流速越快，压强越小，风吹过坡屋顶时产生的压力差导致室内空气从坡屋顶屋脊开口排出，形成通风。

热压和风压的综合作用(mixed mode ventilation)。建筑内的实际气流是在热压与风压综合作用下形成的，开口两边的压力梯度是上述两种压力各自形成的压力差的代数和，这两种力可以在同一方向起作用，也可在相反方向起作用，取决于风向及室内外的温度状况。

由于热压取决于室内外温度差与气流通道的高度(即开口间的垂直距离)之乘积，只有其中的一个因素足够大时，才具有实际意义。居住建筑中，气流通道的有效高度很小，需要足够的室内外温差才能使热压通风具有实际用途，一般地，这种较大的温差值只是在冬季和在寒冷地区才能出现，在夏季，除非设置烟囱等高差较大的拔风设施，普通房间依靠热压不足以提供具有实际用途的自然通风。

热压和风压促成的气流，除了数量上的差别外还有质量上的差别。热压通风是单凭压力差促使空气流动，在进风口处的气流速度通常很低，因此，如在一房间内全部外墙上下不同高度布置两排窗户，且单靠热力促使空气流动，假设室内气温较高，此时空气即通过较低的开口进入并沿着内墙面上升而由上部的开口流出，对于室内的整个空气团仅能促成很小的运动。风压通风则不然，它促成的气流可穿过整个房间，气流流场在很大程度上由进入室内的空气团的惯性力所决定，因此可以通过进风口的细部设计加以调整，此时气流在室内形成紊流，对室内自然通风更有意义。

5.4.3 建筑自然通风设计/Building Natural Ventilation Design

风对建筑热环境的影响体现在两方面，首先，风速的大小会影响建筑围护结构的热交换；其次，风的渗透或通风会带走或带来热量，使建筑室内空气温度发生改变。建筑与周围环境的热交换速率在很大程度上取决于建筑周围的风环境，风速越大，热交换也就越强烈，因此，如果要减小建筑与外界的热交换，达到保温隔热的目的，就应该选择避风场所，并控制体形系数。反之，如果想加速建筑与外界的热交换，特别是利用通风来加快建筑散热降温，就应设法提高建筑周围的风速，这是建筑通风设计的基本原则。

自然通风对建筑设计的影响，体现在规划、建筑和细部各个层面。

城市规划和建筑设计中组织建筑通风，特别是自然通风，应当从当地气候条件出发,在湿热地区,规划应形成有利于通风的条件,在寒冷地区,规划应致力于防风,在干热风沙地区,应着眼于防风和对风的控制。

1. 建筑群布局与通风/Layout of Buildings

在城市市区,通风的主要影响因素有建筑群的高度与间距、街道走向、空旷场地分布与规模等。周边建筑对建筑通风有较大影响。风在建筑背后产生涡流区,涡流区在地面的投影称为风影。风影内,风力弱,风向不稳定,不能形成有效的风压通风。风影长度受风向投射角和建筑物高度的影响,建筑垂直迎风时,风影最长,以一定角度迎风时,风影明显变小,但是投射角大会降低室内平均风速,需要综合考虑。迎风排列的建筑物都会造成背风面建筑周围的风速下降,因此,建筑密集地区的风速一般都低于空旷区。为了避免出现风影,可以调整建筑群布局,例如将行列式布局改为错列式布局(图 5-17,图 5-18)。

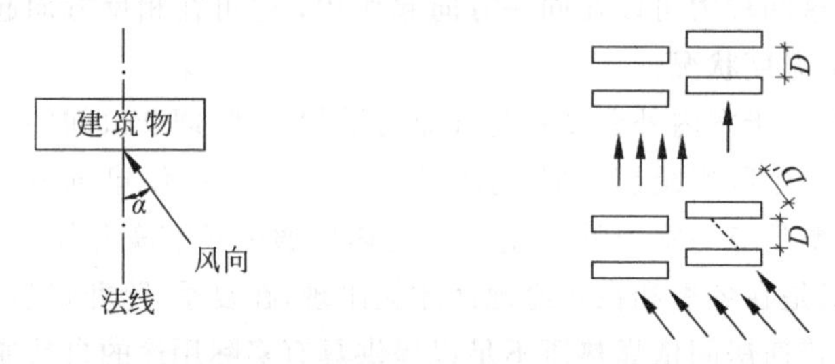

风向投射角与风影长度(建筑高度为 H)

风向投射角 α/(°)	室内风速降低值/%	风影长度	备 注
0	0	$3.75H$	本表的建筑模型为平屋顶,其高:宽:长为1:2:8
30	13	$3H$	
45	30	$1.5H$	
60	50	$1.5H$	

图 5-17 风投射角与风影长度

当城市中建筑高度趋于一致时,在建筑物上空的自由气流与建筑群中的气流之间存在着分离现象,即速度不一样。自由气流速度与建筑群中受到阻碍的气流

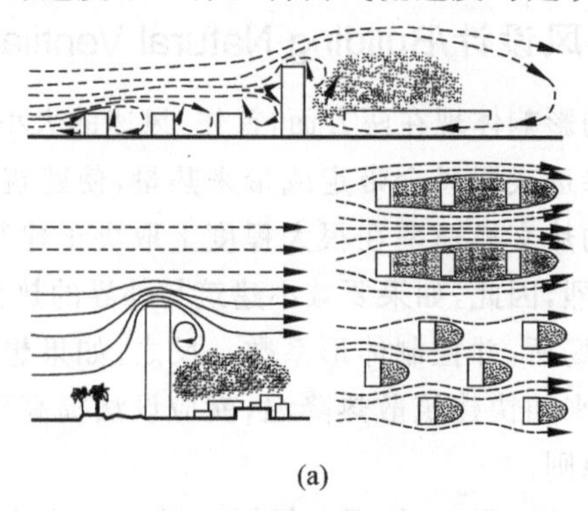

(a)

图 5-18 风影及风影长度

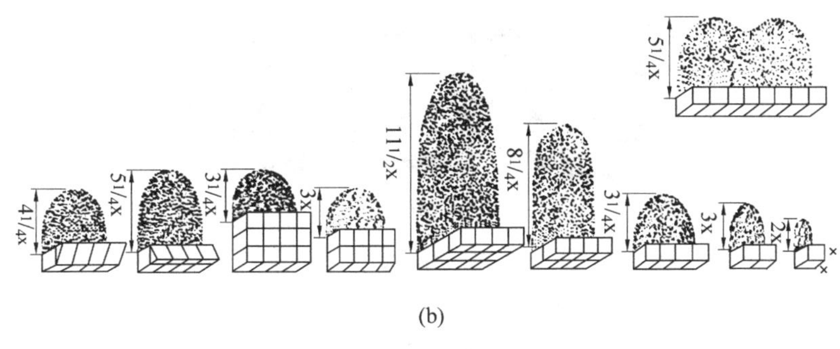

(b)

图 5-18(续)

速度之间的定量关系取决于建筑物的平面尺寸、高度与间距。一般来说，如建筑密度大且建筑较高，则地面上的风速与建筑上空的自由风速相比会有所降低。

高度超出邻近建筑的高层建筑将显著改变近地处的气流速度和气流流场，有时造成周围气流速度提高，有时又使周围速度降低，取决于高层建筑的水平面积和与风向的相对位置。高层建筑使气流向上偏转越过建筑群并在后面形成"风影"，同时，当高层建筑的水平面积与周围低层建筑相比并不过大时，则在其周围形成紊流及压力差，可改善低层建筑的通风条件。风速随高度增加而加大，高处的风受阻，在迎风面建筑下部形成涡流，对周围低层建筑的风向有较大影响，形成垂直旋风，使风在烟囱倒灌。在建筑侧面和顶部形成风的高速区，底层架空形成高速风通道。高出大部分低层建筑群的高层建筑所承受的风速要比地面的风速高得多，有利于通风形成。风沿着街道和空旷地流动可以改善城市市区的通风条件，建筑上空的气流在较低的建筑群中引起一股再生气流，而沿着街道和空旷地这种效应会得到加强。

2. 建筑体形与穿堂风/Building Shape and Cross Ventilation

为了获得良好的建筑自然通风风速、风量和风场，在建筑设计中需要考虑建筑形体组合及室内空间的划分。

建筑形体的不同组合，如一字形、山形及口形、锯齿形、台阶形、品字形，在组织自然通风方面都有各自不同的特点(图 5-19)。

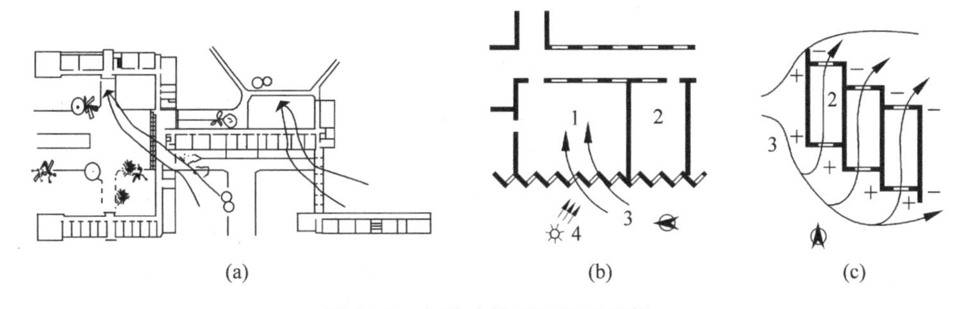

(a)　(b)　(c)

图 5-19　各种建筑平面通风示例

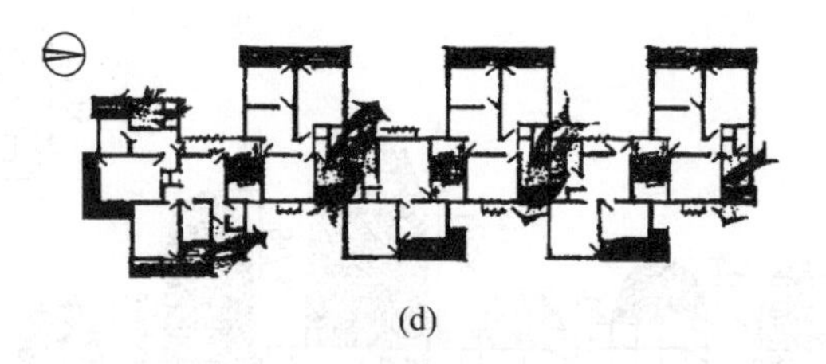

(d)

图 5-19(续)

(a) 曲折平面通风示例；(b) 锯齿形组合平面通风示例；(c) 台阶式组合平面通风示例；
(d) 品字形平面通风示例

(1) 一字形及一字形组合

一字形建筑有利于自然通风，主要使用房间一般布置在夏季迎风面(南向)，背风面则布置辅助用房。外廊式建筑的房间沿走廊单向布置，有利于形成穿堂风，各房间的朝向、通风都较好，结构简单，但建筑进深浅，不利于节约用地。内廊式建筑进深较大，节约用地，但只有一侧房间朝向好，不易组织室内穿堂风和散热。门窗相对设置可使通风路线短而直，减少气流迂回路程和阻力，保证风速。内廊式建筑如走廊较长，可在中间适当位置开设通风口，或利用楼梯间做出风口，可以形成穿堂风，改善通风效果。一字形组合朝向好，南向房间多，东、西向房间较少，使用普遍，但连接转折处通风不好，最好设置为敞廊或增加开窗。

(2) “山”形和“口”形

“山”形建筑敞口应朝向夏季主导风向，夹角在45°以内，若反向布置，迎风面的墙面宜尽量开敞。伸出翼不宜长，以减少东、西向房间数量。“口”形建筑沿基地周边布置，形成内院或天井，用地紧凑，基地内能形成较完整的空间，但这种布局不利于风的导入，东、西向房间较多。特别是封闭内院不利于通风。一般天井式住宅天井面积不大，白天日照少，外墙受太阳辐射热少，四周阴凉，天井的温度较室外为低，在无风或风压甚小的情况下，通过天井与室内的热压差，天井中冷空气向室内流动，产生热压通风，有利于改善室内热环境。当室外风压较大时，天井因处于负压区，又可作为出风口抽风，起水平和垂直通风的作用，对散热也有一定效果。另外，如果在迎风面底层部分架空，让风进入天井，对于后面房间的通风有利。如果以天井为中心构成通透的平面格局，通风效果更好。

(3) 锯齿形、台阶形和品字形

当建筑东、西朝向而主导风基本上是南向时，建筑平面组合或房间开窗往往采取锯齿形布置，东、西向外墙不开窗，起遮阳作用，凸出部分外墙开窗朝南，朝向主导风向。当建筑南、北朝向而主导风接近东、西向时，把房子分段错开，采用台阶式平面组合，使原来朝向不好的房间变成朝东南及南向。

建筑的平、剖面形式设计的组织自然通风的关键，如果建筑内部包括一系列互相连通的房间，则从入口进入的气流可能要经过数次方向改变才能通过出口，这些偏转对气流会产生较大的阻力。另一方面，在总面积较大的建筑中，依靠主气流进行通风能使风速分布较为均匀。在需要依次通过的一系列房间中，需要保证各房间之间的联系畅通，上风侧的房间以稍大些为好(图 5-20，图 5-21)。

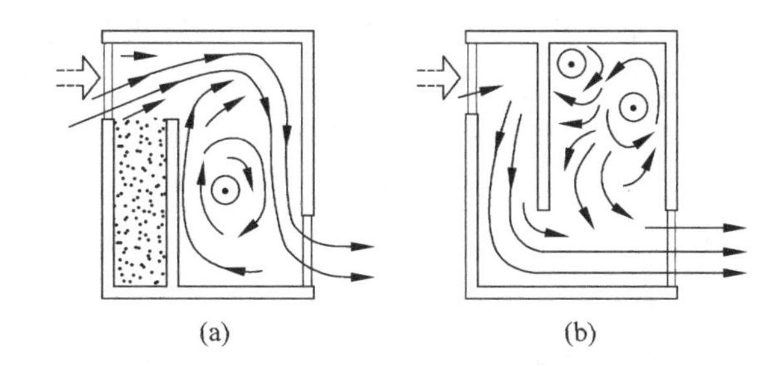

图 5-20 建筑平面对室内流场的影响

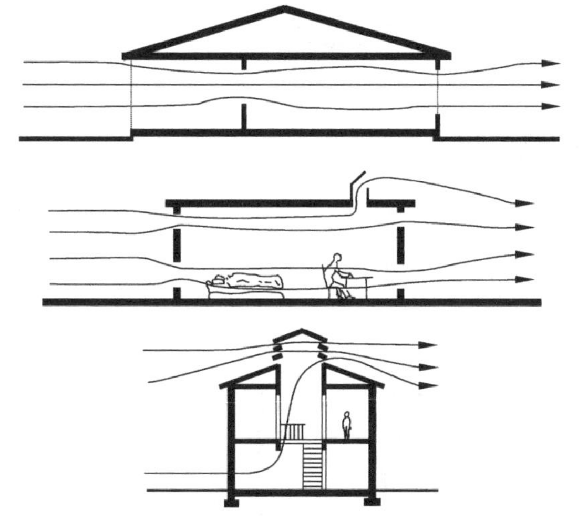

图 5-21 建筑剖面设计与气流流场

上图，纱窗对风的阻力可通过加大进风口或门廊来解决。

中图，进风口高度要接近人的活动区域，高处的开口有利于散热和夜间通风。

下图，楼梯和坡屋顶设计有利于综合利用风压、热压和文丘里效应，促进风的垂直运动。

"穿堂风"是指利用开口把空间与室外的正压区及负压区联系起来，当房间无穿堂风时，室内的平均气流速度相当低，有穿堂风时，尽管开口的总面积并未增大，平均气流速度及最大气流速度都会大大增加。因此，要取得良好的通风效果，必须组织穿堂风，为房间设置进风口和出风口。一般来说，房间进风口的位置(高低、正中偏旁等)及进风口的形式(敞开式、中旋式、百叶式等)决定气流方向，而排风口与进风口面积的比值决定气流速度的大小。

一般情况下，建筑单侧开窗无法形成穿堂风，风垂直窗所在外墙时，窗内外的压力梯度很小，对室内通风不利。当风向偏斜于外墙时，气流沿墙纵长方向流动，产生微小的压力梯度，促使空气由高压部分流向低压部分，如在房间的同一墙面的上风部分及下风部分分设两个窗户，利用压力梯度可改善单侧墙开窗形成的通风条件。

3. 建筑构件与房间通风/Building Components and Room Ventilation

一些建筑构件如导风板(wind scoop)、遮阳板及窗户设置方式——朝向、尺寸、位置和开启方式等，都对建筑室内气流分布产生影响。

(1) 窗户朝向

窗户朝向及开窗位置直接影响室内气流流场(图 5-22)。气流流场取决于建筑表面的压力分布及空气流动时的惯性作用,若窗户都只设在房间的迎风墙或背风墙上,室内外的平均压力是平衡的,即使在沿着开口的宽度或高度方向存在压力差,也难以形成有效的通风。当建筑迎风墙和背风墙上均设有窗户时,就会形成一股气流从高压区穿过建筑而流向低压区。气流通过房间的路径主要取决于气流从进风口进入室内时的初始方向。一般地,当整个房间范围内均要求良好的通风条件时,风向偏斜于进风窗口可取得较好的效果。若在房间相邻墙面开窗,通风效果取决于窗户的相对位置(图5-23,图5-24)。

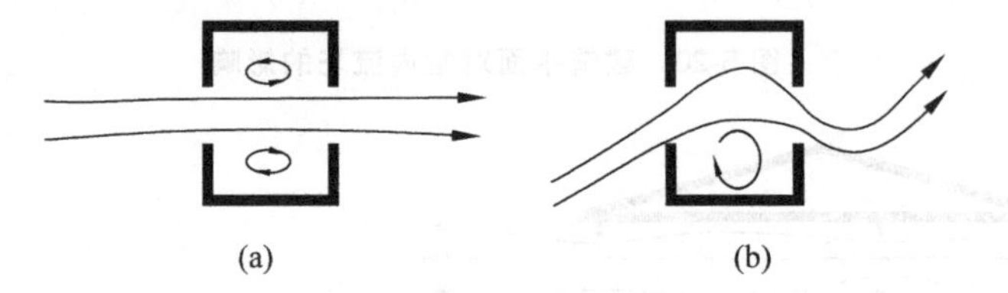

图5-22 窗户朝向与室内气流流场

气流通过房间的路径主要取决于气流从进风口进入室内时的初始方向,当两个窗户位于相对墙面,进风窗正对风向,则主要气流就由进风口笔直流向出风口,除在出风口两个墙角处引起局部紊流以外,对室内其他地点影响很小,沿着两侧墙,特别是在进风口一边的两个墙角处的气流很微弱。同样情况下,如果风向对窗户偏斜45°,则可在室内引起大量空气的紊流,而沿着房间四周作环行运动,从而增加了沿侧墙及墙角处的气流量。

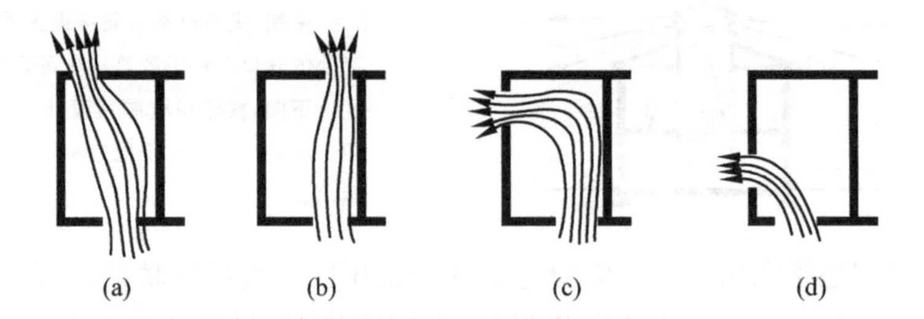

图5-23 房间开窗位置对室内气流流场的影响

在房间相对墙面开窗和在相邻墙面开窗有不同的室内气流流场和通风效果。

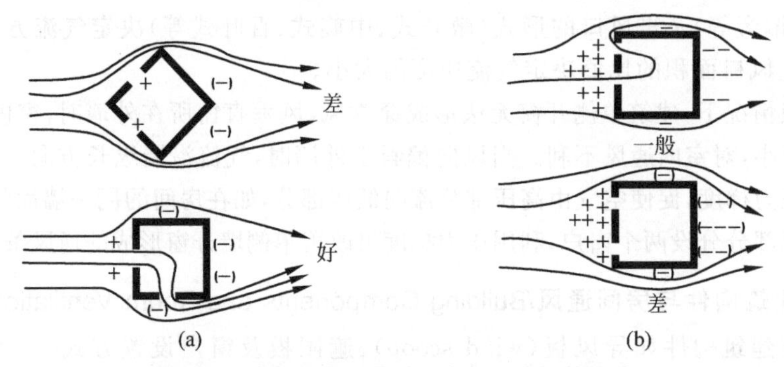

图5-24 房间开窗位置对室内气流流场的影响

图(a),在相邻墙面开窗的通风效果取决于风向,风向垂直于进风口的通风条件比风向偏斜的情况为好。图(b),在只有迎风面开窗的情况下,非对称的开窗方式通风效果优于对称开窗方式。

(2) 窗户尺寸

窗户尺寸影响气流速度和气流流场,选择进风口和出风口尺寸可控制室内气流速度和气流流场。窗户尺寸对气流的影响主要取决于房间是否有穿堂风(图 5-25)。如果房间只有一面墙上有窗户,无法形成穿堂风,此时窗户尺寸对室内气流速度的影响甚微。风向斜着吹向窗户时,增大窗户尺寸对通风有一定影响,在沿着墙的宽度方向上存在气压的变化,使空气由窗户的一部分进入,而由另一部分排出。在风垂直吹向窗户的情况下,由于沿墙的压力差较小,扩大窗户尺寸对于提高通风效果有限。如果房间有穿堂风,扩大窗户尺寸对于室内气流速度的影响很大,但进风口与出风口尺寸必须同时扩大,仅增大二者之一不会对室内气流产生较大的影响。即使进风窗和出风窗的尺寸同时增大,室内气流速度的增加量也并非与窗户尺寸及室外风速的增减率成正比。进风口和出风口面积不等时,室内平均气流速度主要取决于较小开口的尺寸,至于进风口与出风口何者较小,差别不大。另一方面,两者的相对大小对室内最大气流速度有显著影响,在多数情况下,最大气流速度是随着出风口与进风口尺寸的比值而增加的,室内最大气流速度通常接近进风口。

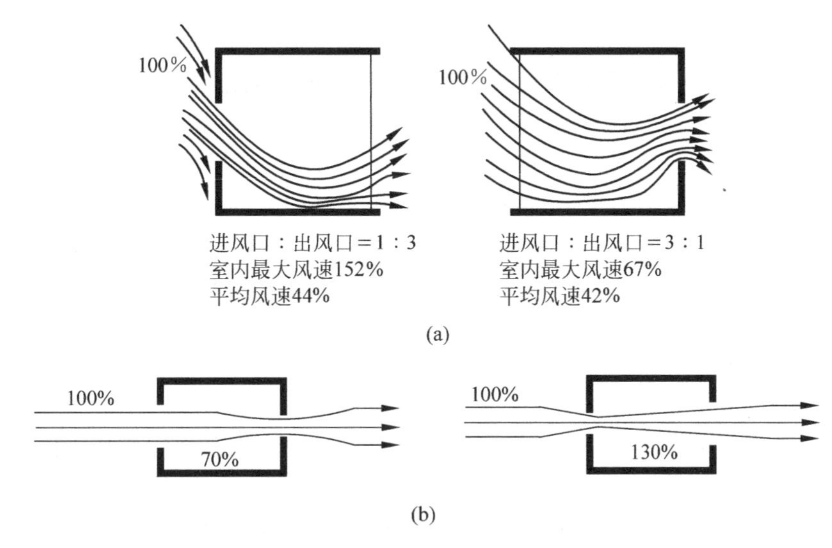

图 5-25 进出风口面积比与室内流场

图(a),进风口和出风口的面积比对于流场分布有很大影响,在出风口大于进风口的条件下,流场不均匀,局部风速高,在进风口大于出风口的条件下,流场较均匀,平均风速相差不大。至于气流速度分布形式的选择,则取决于房间的功能。

图(b),通过减小出风口尺寸以提高气流速度。

(3) 窗户位置

室外风向在水平面内的变化很大,而在垂直面的变化则较小。这是因为在建筑高度以上的自然风在多数情况下接近水平的方向,同时,对特定的建筑形式及环境组合,靠近建筑的气流在竖向的变化几乎是恒定的,因此,对于各种不同的开口布置,室内气流速度的竖向分布情况比水平分布变化小得多。所以,通过调整开口设计及高度就能对气流的竖向分布进行适当的控制(图5-26)。

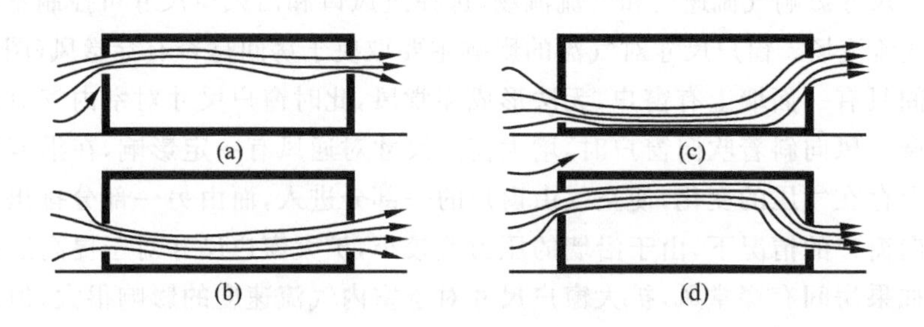

图5-26 窗户的竖向位置与室内气流场

采用低进风口—高出风口(图(c))和低进风口—低出风口(图(b)),气流作用对人体能产生散热通风的作用;采用高进风口—高出风口(图(a))和高进风口—低出风口(图(d)),人体高度不能产生期望的风速。

调整窗户竖向位置的主要目的是给人的活动区域带来舒适的气流,并且有利于排出室内的热量。气流通过室内空间的流线主要取决于气流进入的方向,所以,进风口的垂直位置及设计要求比出风口严格,出风窗的高度对于室内气流流场及气流速度的影响很小。在进风区窗台以下的范围内存在着气流速度陡然降低的现象,所以改变窗台高度即可显著地改变某一高度处的气流速度,虽然对整个室内的平均速度影响不大。气流在2m以下才能作用于人体产生舒适感,如果起居室的窗台高度在人坐着的高度以上,则室内大部分使用区的通风效果不好。在某种情况下希望气流速度在某一指定的高度以下有一突然的降低,如在办公室及教室中,舒适所需的气流往往会吹起桌上的纸片而干扰工作,这时可以通过引导气流,以便在头部高度(坐着时约为120cm)处能得到较高的气流速度,而在桌面高度(约为70cm)处使速度产生陡降。

(4) 窗户开启

窗户的位置及其开启方法对于室内的通风有很大影响。

对于水平推拉窗,气流顺着风向进入室内后,将继续沿着其初始的方向水平前进。这种窗户的最大通气面积为整个玻璃面积的二分之一。如用立旋窗,即可调整气流量及气流的水平方向,如用外开的标准平开窗,则可通过采取不同的开启方式,如两扇都打开、仅打开逆风的一扇或顺风的一扇,起调节气流的作用。

对于上悬窗,只要窗扇没有开到完全水平的位置,则不论开口与窗扇的角度如何,气流总是被引导向上的,所以这种窗户宜设于需通风的高度位置以下。如用百叶窗,则根据百叶片的倾斜角度可以引导气流方向。

改变窗扇的开启角度主要对整个房间的气流流场及气流速度的分布有影响,而对于平均速度的影响则很有限。从窗口将气流引导向下,则可显著地增大主气流流道上的速度,但对室内其他地方由主气流所引起的紊流则影响很小。

(5) 导风构件

办公楼、教室等只有单侧外墙的建筑,单侧开窗无法形成穿堂风。需通过调整开口的细部设计,沿外墙创造人工的正压区和负压区,以改善通风条件。单侧外墙正中有一个窗的房间，室内的平均气流速度很低，当在墙两端分设两个窗，室内平均气流速度大幅增加。对单侧外墙有两个窗户的房间，在两个窗户相邻的两侧各设置一块挑出的垂直导风板，即可在前一窗户（对风而言）的前面形成正压区，而在后一窗户的前面形成负压区，由第一扇窗户进入室内的气流可由第二扇窗户流出，此时室内气流速度可与穿堂风相比拟。有主导风向且朝向选择可使风向偏斜于墙面的话，室内通风可大幅改善，风和墙的夹角可在20°～70°的范围内选定。与夏季主导风向成一定角度设置导风板，组织正、负压区，改变气流方向，引风入室，是解决房间既要防晒又要朝向主导风向之间矛盾的方法之一（图5-27～图5-29）。除了

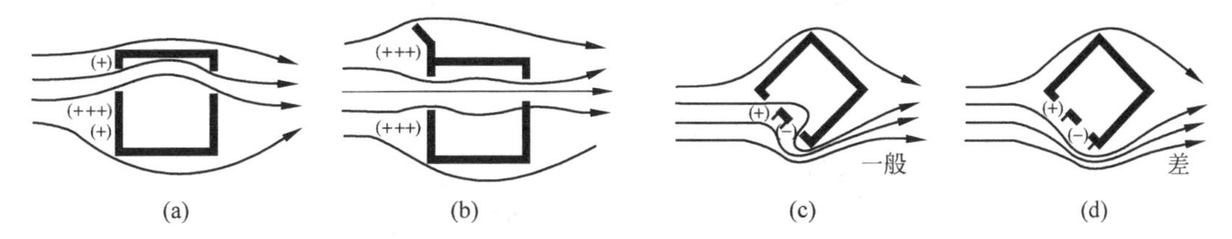

图5-27 垂直导风板对气流流场的影响

图(a)、(b)，由于窗户一侧的正压较大，导致气流偏转，使得房间大部分区域通风不良，此时可以采用垂直导风板来加以纠正；图(c)，合理使用导风板有利于改善同一墙面上开两扇窗户时的通风状况；图(d)，垂直导风板使用不当无助于改善通风状况。

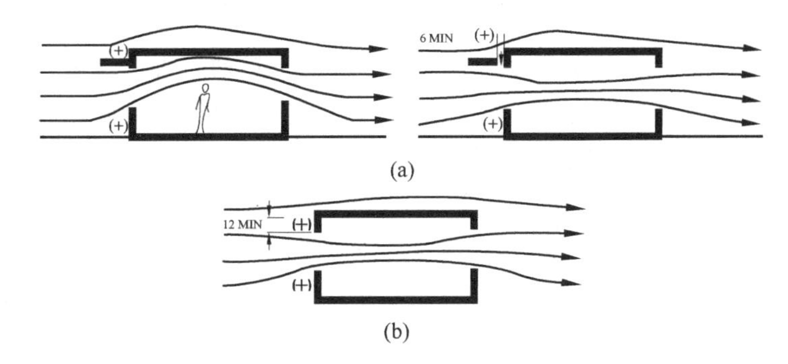

图5-28 水平导风板对气流流场的影响

实体水平导风板引导气流向上，对房间下面部分通风不利，在实体导风板和建筑之间增加空隙，或者让水平导风板高出窗户上沿一定距离，可使气流直接吹过房间。

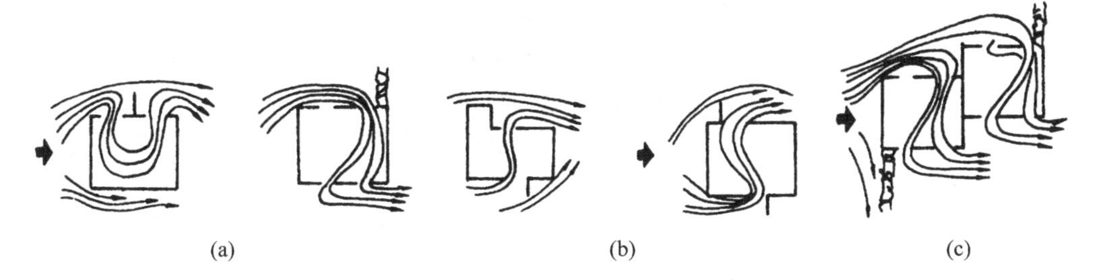

图5-29 利用矮墙和绿篱以及建筑形体组合来组织通风

(a) 利用挡风板组织正负压；(b) 利用建筑和附加导流板；(c) 利用绿化

专门的导风板之外,窗扇也可以用于导风,当风从左边墙面吹来时,关起左窗扇,打开右窗扇来导风,风从右边墙面吹来时,方法相反。建筑平面凹凸、矮墙绿篱等也可作为导风构件。

5.4.4 建筑防风与冷风渗透/Wind Shelter and Infiltration

建筑防风是影响人类选择栖息地的重要因素,向阳和避风是聚落选址的基本要求。外部风环境对围护结构散热速度有直接影响,冷风渗透也会带走室内热量,使人因蒸发散热而感觉更加寒冷,对于寒冷多风地区,建筑防风的重要性甚至超过了围护结构本身(图 5-30)。

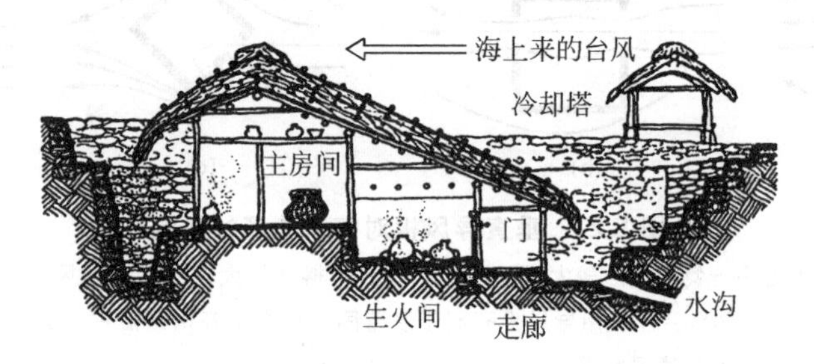

图 5-30 传统建筑采用半地下来防台风

在乡土建筑当中,最适应强风环境的是蒙古包和因纽特人的雪屋,两者在不同的气候条件下却有着相似的防风方法:选择避风环境,尽量减少散热面积,最大限度提高围护结构气密性,增加围护结构的热阻,这是建筑防风的四项基本措施。

(1) 创造避风环境。在无法改变外部风环境的情况下,可通过人工手段来营造较为理想的局部风环境。例如,在建筑周围种植防风林以有效防风。

(2) 城市风环境优化设计。在城市中,单体建筑的长度、高度、屋顶形状都会影响风的分布,并可能出现隧道效应,使局部风速增至 2 倍以上,产生强烈涡流。计算机可对冬季不同风向作用下的建筑群内部风环境作模拟分析,对可能出现的隧道效应和强涡流区通过调整设计来加以消除。优化设计应综合考虑建筑防风与建筑通风,并结合规划、功能、经济因素进行整体设计。

(3) 提高围护结构气密性。减少冷风渗透是一项最基本的建筑节能措施。在经常出现大风降温天气的北方地区,冬季室内换气次数大大超出健康通风基本要求,加重了采暖负荷,对人体热舒适性产生负面影响。改善门、窗密闭性是关键,钢窗、木门窗气密性较差,逐渐被塑钢门窗或带断热桥的铝合金门窗替代。同时,减少冷风渗透离不开合理的建筑设计。

(4) 高层建筑防风。风的垂直分布特性使高层建筑易于实现自然通风,无论风压还是热压都比中、低层建筑大得多。但对于高层建筑来说,建筑与风之间的主要问题是高层建筑内部(如中庭、内天井)及周围的风速是否过大或造成紊流,新建高层建筑是否对于周围特别是步行区的风环境有影响等,因此,建筑防风便成为高层建筑的核心问题。

有时候，冬季建筑防风和夏季建筑通风会成为一对矛盾，例如，防风林有利于防止冬季的冷风，但往往会阻隔夏季凉爽的微风，这种情况下，应综合考虑冬季防风和夏季通风两项因素(图 5-31)。总体来说，寒冷地区应以冬季防风为主，炎热地区应以夏季通风为主，而对于夏热冬冷地区需综合比较采暖与空调能耗来进行规划设计。受季风性影响，我国大部分地区冬季和夏季的主导风向相反，有利于协调冬夏防风与通风的矛盾。

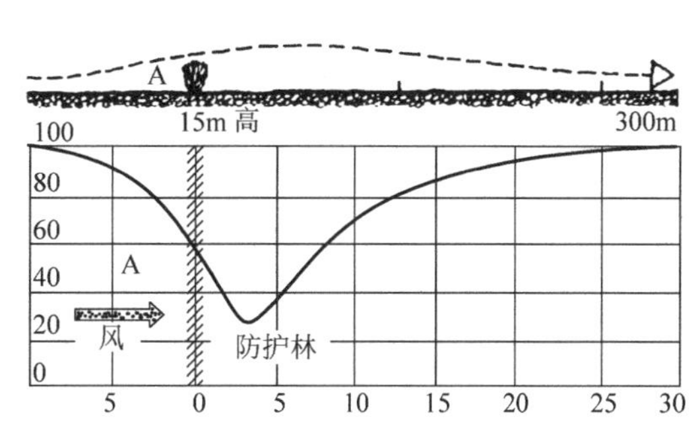

图 5-31 防风林周边区风速变化图

适合乡村及城市郊区布局相对疏松的建筑群落。一般位于防风林背风区最理想，最低风速出现在 3～4 倍于防风林高度的区域。防风林的穿透性越弱，该距离越短，但风速降幅越大。

与日照、温度、降水等气候要素相比，风的变化频率更快，其规律性更加难以把握，由于建筑朝向、形式等条件的不同，建筑周围风环境大相径庭，周边建筑、植被甚至会彻底改变风速、风向，建筑的女儿墙、挑檐、屋顶坡度等也会在很大程度上影响建筑围护结构表面的气流，因此，建筑通风及相关问题必须具体问题具体分析，并且通过如风洞试验、计算机模拟等来加以验证。当今，对建筑风环境模拟分析已经成为优化建筑设计的重要手段。

第 3 部分

建筑·形式·细部——基于设计的考虑

Building·Shape·Detail—Thinking of Design

在可持续发展的背景下，建筑师不断利用技术进步拓展创作空间，展现设计的艺术美与技术美。建筑节能工作中，建筑师处于重要的地位，发挥协调、整合和技术集成的作用，一方面掌握建筑围护结构保温、隔热、通风、防潮设计的基本原理，另一方面和暖通空调工程师密切协作，将技术应用与建筑设计结合，落实到建筑、形式和细部设计，充分发挥新技术、新材料和新构造的性能，以最高效的方式保证建筑的舒适与健康。

6 建筑与建筑热环境设计
Building and Thermal Environment Design

6.1 关注热环境的建筑设计/Architectural Expression of Thermal Environment Technology

6.1.1 建筑师与工程师/Architect and Engineer

建筑是艺术与技术、物质与精神的统一。建筑师从建筑风格和艺术出发，工程师从建筑的性能与技术出发，他们的工作相互对应，相互关联。建筑师关注的建筑造型和空间，工程师关注的体形系数和朝向；建筑师关注的建筑表皮，而工程师关注围护结构；建筑师关注建筑材料的视觉艺术表现，工程师关注材料的保温、隔热热工性能、热阻和蓄热系数等物理参数；建筑师关注建筑平面、剖面设计与空间特征与表现，工程师关注不同平面、剖面所对应的自然通风和采光特性；建筑师关注立面、门窗构件的细部表现，工程师关注的则是这种构件在通风、采光和遮阳方面所发挥的功能，因此，建筑师和工程师的工作以同一建筑为载体，关注建筑的一体两面，体现艺术与技术的统一（图 6-1）。建筑师在建筑设计中，注重热环境控制技术的建筑化表现。

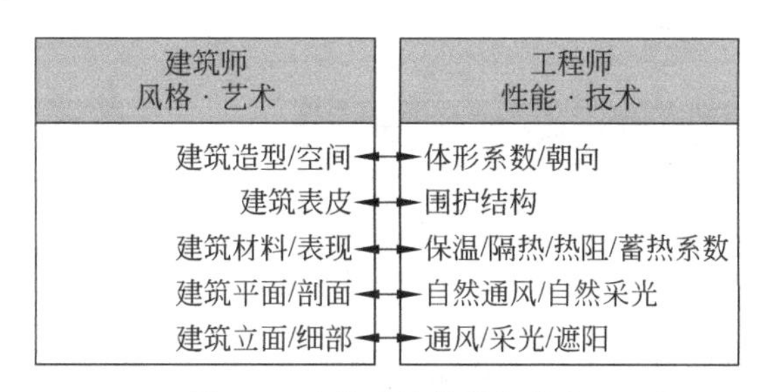

图 6-1 建筑中的艺术与技术

建筑兼具物质与精神内涵，着重体现在围护结构上，这也是建筑和建筑热环境设计的重点。从形式上看，围护结构如果没有封闭，就不能给人类提供安全感和私密性，如果没有开敞，就不适合正常人居住而只能令人窒息，于是，围护结构的封闭与开敞成为建筑学上一个看似容易解决难的重要问题，与建筑节能和技术性能息息相关，在物理上和心理上形成室内与室外的界限，既在精神方面反映地域文化和自然条件的影响，又在物质上实现舒适、健康和高效。

6.1.2 建筑节能与建筑风格/Energy Efficiency and Architecture Style

在可持续发展的背景下,节能是所有建筑的共同目标,节能建筑并非一种特殊的建筑类型或风格,也不是一个流派,而是需要贯彻和渗透到所有的普通建筑中。建筑节能与建筑风格无关,相互独立,与建筑艺术表现不矛盾,也不是建筑师发挥想象力和创造力的制约。可再生能源采集利用、自然通风、采光和遮阳等被动式技术应用于建筑之中,为建筑节能提供技术支撑,也给建筑带来造型和视觉上的变化,展现新的特征,一些热环境控制设备也致力于建筑化表现,但是,节能建筑设计不存在固定的模式,也不存在某种招牌式标签,建筑节能技术,无论是主动式方式还是被动式方式,技术是多样化的,是可以有选择性地适用于所有的普通建筑的,也为建筑师进一步拓展建筑设计灵感提供启迪(图 6-2,图 6-3)。

图 6-2 梁思成提交联合国总部大厦设计方案

1947 年,梁思成在提交联合国总部大厦设计方案第 24 号方案中,阐述道:“建筑东西向延伸,可以使建筑最大限度地利用阳光,我认为这不仅可以使里面的环境舒适,还能提高工作效率,而且还可以节省安装空调等其他设备,省下不少建筑费。”

图 6-3 建筑节能与建筑风格

阿尔索普事务所(Alsop Architects)设计的派克汉姆图书馆(Peckham Library),彩色表皮,呈倒“L”形,头重脚轻,细柱支撑,馆内有大蘑菇形的圆形夹层空间作为儿童游戏间或会议室。突破常规的外形和室内空间颠覆了一般人对图书馆的认识,建筑风格独特,创意新颖并不妨碍这座建筑在节能方面的优异表现。

6.1.3 从场地规划到细部设计/From Siteplan to Detail Design

建筑师的工作内容涵盖规划、建筑到细部等从宏观到微观的各个层面。

建筑群规划不合理，建筑形式和平面剖面布局不当，外围护结构保温隔热性能差，门窗气密性不良，是造成冬季室温较低、夏季室内过热、室内热环境恶化和建筑采暖空调耗能过大的主要原因，而这在一定程度上可以通过合理规划、建筑和细部设计来加以改善。在规划层面，利用微气候建筑设计方法，从建筑选址、群体和单体的布局、朝向、体形、间距及日照等方面入手，充分利用自然气候条件中有利的因素，合理利用主导风和建筑空间环境中的绿化、水体等因素。

在建筑层面，从控制建筑体形、平面和剖面入手，在水平方向处理好建筑各部分的组合关系，选择适当开间和进深，合理设置出入口位置和朝向，在垂直方向的剖面设计中确定适宜的层高和各楼层空间之间的流通关系，使之有利于内部的保温、散热、通风和采光，采用天井和中庭促进自然通风，选择架空形式或者贴地构造改善散热或保温状况。选择适当的屋顶形式保证夏季隔热和冬季保温。建筑体形对建筑节能影响较大，减少围护结构外表面传热面积可以有效地减少传热量，外墙的传热面积取决于房屋的层高和周边长度，因此在满足房屋使用净空高度的要求下，不应随意增加层高。屋顶造型既要有利于丰富建筑造型，又要满足保温隔热遮阳要求，并满足太阳能收集、蓄存和分配的需要。

在建筑细部设计层面，围护结构中的各种构件——窗、墙、屋檐——组合在一起发挥采光、遮阳、蓄热和通风等作用，同时也满足建筑的美观要求。建筑细部本身是为了满足特定的功能而存在的，形式并不是建筑细部设计追求的唯一目标。在这里，建筑细部设计已经与提高能源和资源的利用效率紧紧联系在一起，而且，围护结构被作为一种环境的过滤器来设计，像一种“过滤装置”而非“密闭的表皮”，具有可调节的“开口”和可操作的“可变部件”。

6.1.4 主动式与被动式技术的表现/Expression of Active and Passive Technology

在建筑节能设计中，集成综合采用各种主动式和被动式热环境控制技术，前者如建筑中的各种主动式设备、管线和调节器，需要占据一定的位置和空间，后者如各种利用自然采光、自然通风、被动式太阳房和自然冷却措施，这些不同的技术措施通过与建筑设计的结合，与建筑融为一体，或者得到建筑化的表现，成为建筑美学的重要组成部分，体现建筑师在热环境控制技术表现中的重要角色和地位(图 6-4～图 6-7)。

图 6-4 柯布西耶的格架遮阳

北非的旅行激励了柯布西耶对于光和遮阳构件的特别关注。

图6-5 金贝尔美术馆

路易斯·康将空间分为"服务的"和"被服务的",把不同用途的空间性质进行解析、组合,体现秩序,突破了学院派建筑设计从轴线、空间序列和透视效果入手的陈规,对建筑师的创作灵感是一种激励和启迪。康在设计中成功地运用了光线的变化,是建筑设计中光影运用的开拓者,同时通过热环境控制设备的处理,无论是被动式还是主动式的设备,对各种大大小小的管道进行建筑化表现。

图6-6 蓬皮杜国家艺术和文化中心

伦佐·皮亚诺的设计大胆创新,勇于突破。广泛地体现各种技术、材料。用现代表现手法实现人、建筑和环境完美的和谐,设计采用和表现最新技术,采用模数制、大开间、灵活分割,并且暴露结构与管道,将其作为建筑设计的内容加以表现。

图6-7 劳埃德大厦

理查德·罗杰斯的劳埃德大厦主体呈长方形,办公空间没有固定的隔断,可以灵活使用,中间部分为中庭,四周是大玻璃墙,外观暴露管道,进行了建筑化表现和设计。

6.1.5 技术集成与整体应用/Integrated Design of Architecture and Technology

在建筑节能设计中,建筑师的角色和地位非常重要。实践表明,技术集成应用是提高建筑节能水准的有效途径，涉及各种专业技术与建筑设计的整体性集成，并且与建筑造型等完美结合，需要建筑师整体协调，提高建筑方案的完成度，将节能构思付诸实施，贯穿整个设计过程，特别是在早期的建筑方案阶段，对于建筑选址、布局、朝向、建筑体形的决策，往往对建筑节能有决定性影响，而后期阶段，诸如建筑的外表面材料选择，可能会对建筑的造价有影响，但是对建筑节能的整体性能的影响趋于减弱，在基本决策之后，所形成的节能策略在建筑深化设计中的贯彻实施至关重要。

伦敦附近的贝丁顿零能社区(BedZED)综合集成了能源、水资源利用、建筑材料、绿色交通和物流等多种技术应用(图 6-8)。

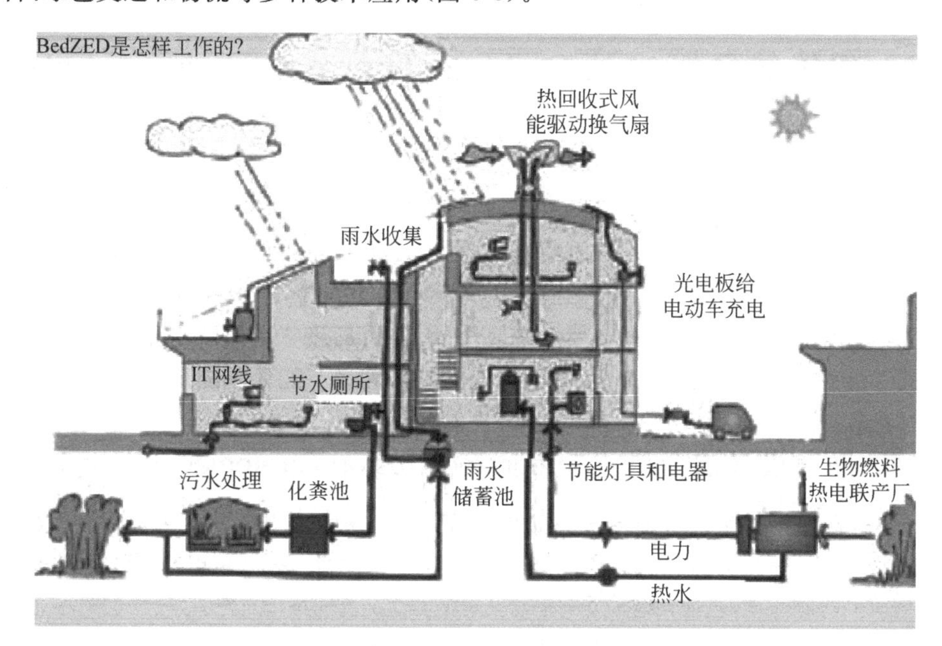

图 6-8 贝丁顿社区技术集成应用示意图

在采暖节能方面，通过各种措施减少建筑热损失及充分利用太阳热能，围护结构采用 30cm 空心墙，窗采用内充氩气中空玻璃，门窗气密性好，保证建筑绝热性能，实现了完全采用太阳能的零能采暖系统(zero-heating)，风帽(wind cowl)设计采用自然通风系统来减少通风能耗，随风向变化而转动，利用风压给建筑内部提供新风和调节温度，风帽中的热交换模块对新风进行预热，大大减少了建筑热损失。

清洁能源利用系统。采用太阳能、生物能，实现自给自足，无须依赖不可再生的石油等碳基能源，社区的生活用电和热水供应由一台 130kW 的高效燃木锅炉来提供。燃料来自周边地区的木材废料和邻近的速生林，CHP 热电联产工厂，将附近树木修剪获得的木屑在全封闭的系统中碳化，发出热并产生电能，燃烧过程不产生二氧化碳。

水资源利用。采用多种节水器具，设置独立的污水处理系统和雨水收集系统。

生活废水被送到生物污水处理系统净化处理,作为中水和雨水一起再利用。

建筑材料。大量采用当地建材、回收或再生建筑材料、环境影响小的绿色建材,大幅度减少建筑材料制造过程、施工过程和使用过程的能源消耗和碳排放。

在生活方式上,引入家庭办公的概念,共享出行用的太阳能电动汽车,小区的物流实现配送,减少交通运输用能和碳排放。交通工具的能源由太阳能电力来满足。

上述技术得以在社区中集成应用并整体协调运行,节能生活方式得以在社区中引入,都取决于建筑师在规划、设计、运营和管理中所发挥的重要作用。

6.2 建筑热环境设计/Building Thermal Environment Design

从技术角度,建筑热环境与建筑节能设计是一项综合性的工作,需要依据不同气候区和季节的特点,落实到建筑朝向、体形和围护结构热工设计上,从防寒、防热等方面采取综合措施加以解决。在我国,严寒和寒冷地区围护结构热工设计需要考虑冬季保温,夏热冬暖地区需要考虑夏季隔热,而夏热冬冷地区需要同时考虑夏季隔热和冬季保温,选择经济、合理的构造措施来满足节能要求的热工指标。

6.2.1 防寒设计综合措施/Integrated Design Strategies in Winter

建筑防寒设计主要针对冬季采暖的严寒和寒冷地区,从规划入手,应用气候条件形成有利的建筑外部环境,在此基础上通过围护结构的防寒设计,实现室内热舒适。

在严寒和寒冷地区,如果没有采暖系统,冬季室内无法保证基本的热舒适和生存要求,所以采暖系统是必要条件。如果不顾及能耗,总可以通过采暖系统来保证室内热舒适,但是,不同的建筑和围护结构条件下,采暖能源需求却相差悬殊,因此,在某种意义上,现代建筑的防寒设计就是节能设计,而不仅仅是热舒适问题。

建筑物耗热量指标(index of heat loss of building)是表征建筑物总体保温性能的综合指标之一,也是评价建筑节能效益的重要依据。实际耗热量指标是指在采暖期室外平均温度条件下,为保持室内计算温度,在单位建筑面积上单位时间内消耗的需由室内采暖设备供给的热量,单位 W/m^2。对于夏热冬冷地区来说,建筑物耗热量指标是一个动态值,与采暖地区计算方法不同,具体计算方法参见有关规范。它综合反映了整个建筑物的热损失情况,包括围护结构总的传热损失以及通过空气渗透损失的热量。

根据有关标准,建筑物耗热量指标定义为

$$q_{H} = q_{H\cdot T} + q_{INF} - qr_{H}$$

式中：q_H——建筑物耗热量指标，W/m²；

$q_{H\cdot T}$——单位建筑面积单位时间内通过围护结构的传热耗热量，W/m²；

q_{INF}——单位建筑面积单位时间内通过空气渗透的耗热量，W/m²；

qr_H——单位建筑面积在单位时间内的建筑内部得热（包括炊事、照明、家电和人体散热）。

《严寒和寒冷地区居住建筑节能设计标准》(JGJ 26—2010)，规定室内基准温度为18℃，根据各地区的“采暖期度日数”规定该地区建筑的围护结构传热系数限值和单位建筑面积耗热量指标。

［**例 6-1**］ 试计算一每层建筑面积为 500m² 的 6 层单元式居住建筑，总高为 16.8m，各面围护结构的传热能力相同，当采用不同平面形式时，由于体形系数的差别对其每平方米面积耗热量的影响，平面形式、计算数据及平面形式与耗热量比值关系见表 6-1。

表 6-1 平面形式体形系数与耗热量比值计算值（建筑高 16.8m，底面积 500m²）

编号	平面形式	外表面积/m²	体形系数 /(F_o/V_o)	每平方米建筑面积耗热量比值 /(以正方形为 100%)%
A	圆形 r=12.62	1831.57	0.218	91.5
B	正方形 1:1 (22.36×22.36)	2002.59	0.238	100
C	长方形 2:1 (31.63×15.81)	2093.98	0.249	104.6
D	长方形 3:1 (38.73×12.01)	2235.1	0.266	111.6
E	长方形 4:1 (44.72×11.18)	2379.24	0.283	118.7
F	长方形 5:1 (50×10)	2516	0.300	125.6

从表 6-1 中可以看出，建筑的长宽比越大，则体形系数就越大，耗热量比值也越大。如以长宽比为 1:1 的正方形耗热量为 100%，则长宽比为 5:1 时，耗热量比值达 125.6%。建筑单位面积耗热与建筑层数的关系如图 6-9 所示，建筑体形与太阳辐射得热之间的关系如图 6-10 所示。

单位建筑面积、单位时间内通过围护结构的传热耗热量 $q_{H\cdot T}$是根据各部分围护结构的实际耗热量来计算的。由于墙、窗和屋顶等在冬季不仅有由室内外温差造成的失热，而且有由太阳辐射而获得的热量，抵消了部分热耗失，因此实际耗热

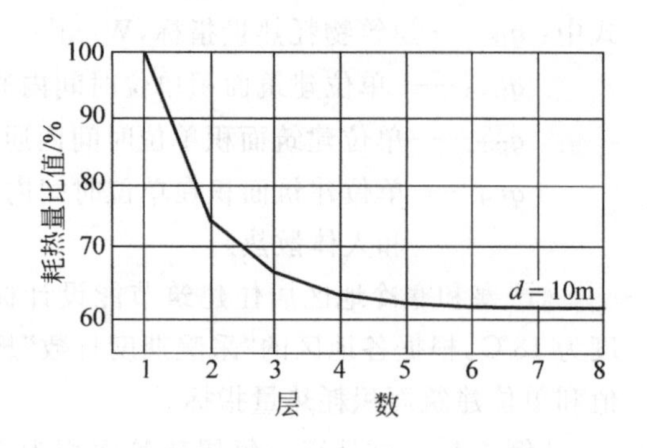

图 6-9 建筑单位面积耗热与建筑层数的关系

(总建筑面积 3000m²,建筑层高 2.8m)

当建筑总面积为 3000m²、进深为 10m、每层建筑层高为 2.8m 时,建筑层数与单位建筑面积耗热之间的关系如图所示。如果以 1 层建筑的单位建筑面积的耗热为 100%,则 2 层建筑耗热为其 75%,到 5~7 层建筑时其耗热量比值降到 65%。一般是总建筑面积越大,要求建筑层数也相应加多,对节能有利。

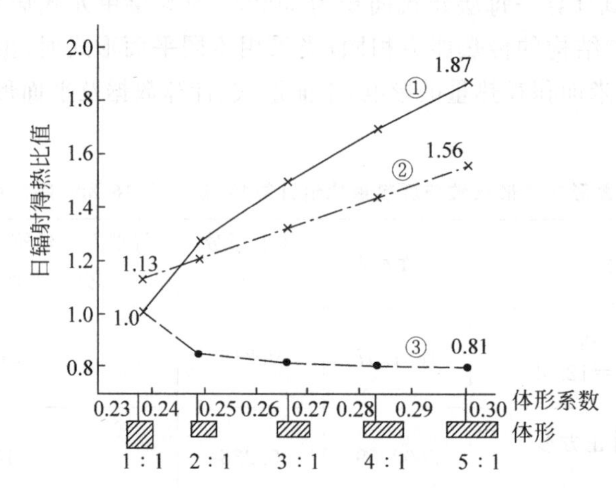

图 6-10 建筑体形与太阳辐射得热之间的关系(底面积 500m²,6 层,总高 16.8m)

不同建筑体形在 12 月份内建筑各表面太阳辐射总得热比较。

① 建筑朝南向;② 朝南偏东(西)向 45°;③ 朝东(西)向

量的计算需要将各围护结构的传热系数乘以考虑各地区太阳辐射情况并按围护结构朝向不同而分别规定的“传热系数修正系数”,得到有效传热系数 K_{eff}(图 6-11)。单位建筑面积、单位时间内通过空气渗透的耗热量(q_{INF})主要取决于室内外温差、空气渗透量和空气比热。

防寒设计主要从建筑体形与朝向控制、围护结构热工性能控制、冷风渗透控制等多方面综合入手,从保温层构造、窗墙保温匹配、热桥阻断等方面控制围护结构传热,从建筑体形、朝向、防风和防冷风渗透方面控制围护结构散热,从朝向和窗墙比控制方面保证太阳辐射得热,并将直接影响建筑设计,由建筑师整体协调,将各种影响因素整合到建筑设计当中。

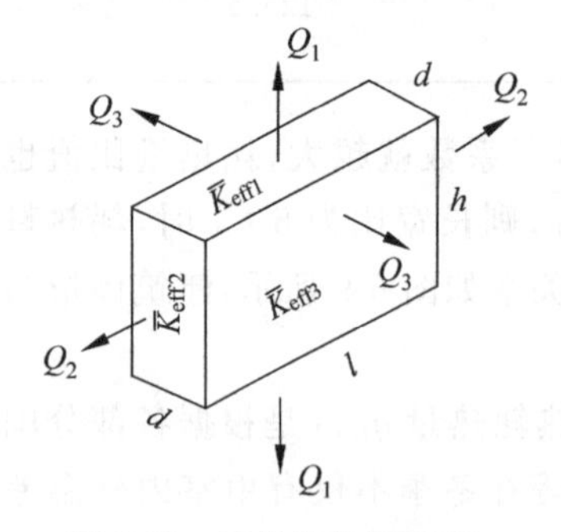

图 6-11 有效传热系数 K_{eff}

为了节约采暖能耗,需要提高建筑外围护结构的保温性能以减少热损失,由于通过各部件的传热耗热量并不均衡,因此结合当地实际情况,经济合理地选择各个部件的传热系数，使各部件保温性能相互匹配。在设计中，为了保证建筑外围护结构传热系数限值，选择各部件时往往过分强调外墙的厚度，而忽略了冷风渗透和窗保温。由于建筑耗热量指标是由围护结构传热和空气渗透两部分组成，片面增加墙体厚度实际上忽略了建筑物耗热量指标的核心内涵，事实上，随着外墙厚度的增加，节能效果在递减。因此在节能设计中，应以建筑物耗热量指标为基准，合理选择窗墙比，提高外窗外门的保温性能使之满足节能标准，使外围护结构整体保温性能均衡，按标准控制窗墙比不仅使建筑外围护结构的保温性能得以匹配，也使节能设计容易达到节能标准，减小了外墙厚度，增加了建筑有效使用面积，节约了建筑材料，实现了节能和经济性并举。

1. 建筑体形与朝向/Orientation and Shape

对于防寒设计来说，由于建筑体形和朝向与建筑围护结构散热和太阳辐射得热直接有关，因此对寒冷地区的建筑，从体形上考虑节能问题主要包括两个方面：一是尽量节省外围护结构面积，二是使建筑物能充分争取冬季太阳辐射得热。

对同样体积的建筑物，在各面外围护结构的传热情况均相同时，外围护结构的面积越小则传出去的热量越少。体形系数 S(shape coefficient of building)即一栋建筑的外表面积 F_o 与其所包的体积 V_o 之比，即

$$S = F_o/V_o$$

如建筑物的高度相同，则其平面形式为圆形时体形系数最小，其次为正方形、长方形，以及其他组合形式。随着体形系数的增加，单位体积的传热量也相应加大(图 6-12)。

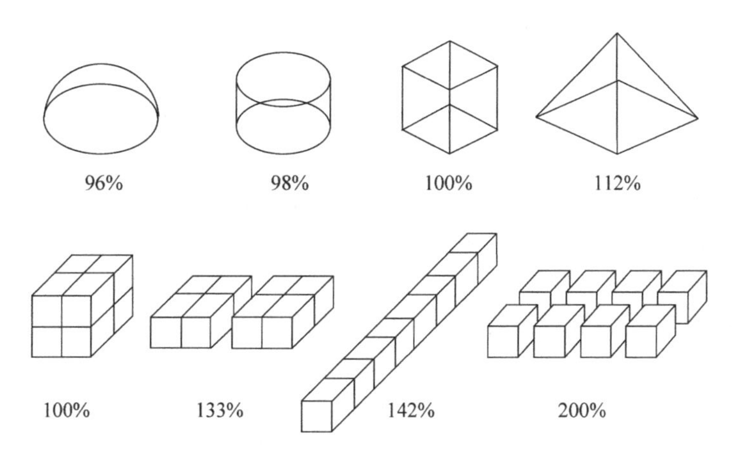

图 6-12 不同形体及形体组合建筑的体形系数

对于同样体积的建筑，最佳节能体形应该是各朝向围护结构的“平均有效传热系数 K_{eff}”与其面积的乘积都相等，或者说建筑的长、宽、高和与其对应的围护结构平均有效传热系数呈比例关系，用公式表示为

$$\frac{\overline{K}_{eff1}}{h}=\frac{\overline{K}_{eff2}}{l}=\frac{\overline{K}_{eff3}}{d}$$

或

$$d\cdot l\cdot \overline{K}_{eff1}=d\cdot h\cdot \overline{K}_{eff2}=h\cdot l\cdot \overline{K}_{eff3}$$

式中：$\overline{K}_{eff1}$——屋顶和地面的平均有效传热系数，W/(m²·K)；

$\overline{K}_{eff2}$——建筑长度方向两平行墙面及墙上窗的平均有效传热系数，W/(m²·K)；

$\overline{K}_{eff3}$——建筑进深方向两平行墙面及墙上窗的平均有效传热系数，W/(m²·K)；

h——建筑高度，m；

d——建筑进深，m；

l——建筑长度，m。

《严寒和寒冷地区居住建筑节能设计标准》(JGJ 26—2010)中规定，多层居住建筑的体形系数以0.3或0.3以下为宜，大于0.3则比较不利于节能，须按该标准的规定用增加围护结构热阻来弥补过多的热损失。

除了平面形式外，建筑层数对体形系数及单位面积耗热也有很大影响。在同样建筑面积的情况下，一般是单层建筑的体形系数及耗热量比值大于多层建筑。

各种体形的建筑的太阳辐射得热量与其朝向密切相关。对多数采暖地区建筑来说，太阳辐射是冬季主要辅助热源，而建筑的体形和朝向不同，太阳辐射得热量也各异。在北半球，冬季南向窗口获得的太阳辐射远大于其他朝向。正南向建筑其长宽比越大，太阳辐射得热越多。如以长宽比为1∶1的正方形建筑太阳辐射得热为1，则长宽比为5∶1时其太阳辐射得热可达1.87，但朝向越向东、西偏转，这种差别越小。

建筑作为一个整体，其最佳节能体形与各地区的室内外空气温度、太阳辐射、风向、风速以及围护结构面积大小及其热工特性等各方面因素有关，不能由单一因素决定。但在不同具体情况下，以上各因素的影响大小也不相同。在严寒地区，从窗户进入的太阳辐射热不足以抵消从窗户散失的热量，必须尽量减少开窗面积，并增大墙体保温；当窗户小到一定程度时，太阳辐射得热的因素就相对减小，而体形系数的影响就相对加大，这时房屋建成圆形或方形就比较有利。而在气候温和地区，有的建筑虽使用上需要保温，但并没有采暖设备，太阳辐射成为主要热源，争取日照就成为主要方面。

2. 建筑围护结构热阻/Envelope Thermal Resistivity

围护结构对室内热环境的影响主要是通过内表面温度体现的，内表面的温度太低不仅对人产生冷辐射，影响人的健康，而且在温度低于室内露点温度时，还会在内表面产生结露，并使围护结构受潮，影响室内热舒适并降低围护结构耐久性。

在稳态导热条件下，内表面温度取决于室内外温度和围护结构的传热阻，传热阻越大，内表面温度和室内温度越接近，其温度越高。

为了保证围护结构内表面温度不低于室内空气露点温度，同时考虑人体生理卫生的基本需要，并控制通过围护结构的热损失在一定范围之内，围护结构的传热阻就不能小于某个最低限度值，这个最低限度的传热阻称为最小传热阻 $R_{o\cdot min}$。最小传热阻只是满足热舒适和建筑节能需要的最低标准，实际的传热阻完全可以高于最低标准，但不得低于最低标准。最小传热阻计算参见《民用建筑热工设计规范》(GB 50176—1993)。

对传热系数和建筑耗热量指标按最小传热阻确定的外围护结构可以满足基本卫生要求并节省建造费用，但常常不可避免地会增加建筑物使用时的采暖费，浪费能源。因此，对于围护结构来说，综合考虑建造费与采暖费，可以得出所用保温材料的最经济厚度，并可算出这一围护结构的经济热阻，即建造费与采暖费之和为最低的围护结构热阻值。显然，经济热阻的计算值不仅和当地气候要素有关，还取决于建筑的使用年限、所用的建筑材料和采暖用燃料的价格以及银行利率等因素，计算比较困难，但按这个原则对几种常用保温构造进行测算，其应有的经济热阻值均远远大于按最小传热阻计算的结果。提高外围护结构的保温能力，对节约能源和减少总投资都有重要作用。

3. 建筑气密性与冷风渗透/Air-tight and Infiltration

冷风渗透是指空气通过围护结构的缝隙，如门、窗缝等处的无组织渗透。对一般建筑来说，虽然适量渗透可使室内通风换气，保证室内空气质量，但无组织渗透受缝隙情况及室内外环境中风压、热压等因素影响，常常大大超过换气需要，造成不必要的热损失。因此，在建筑设计中，不应以冷风渗透作为换气手段，而应尽量避免或减少冷风渗透。

按照健康通风的要求，我国居住建筑房间的换气次数宜为 0.7～0.8 次/h，但实际上，一般气密性差的房间如不附加措施，室内的空气渗透量常超过 0.8 次/h，在大风时空气渗透量急骤增加，换气次数很不稳定，甚至可达 5～10 次/h，远远超过正常换气需要。此时如再加上室外降温，则渗透热损失会急骤加大，对室内热舒适和节能非常不利。

冷风渗透既与建筑门窗的气密性有关，也与建筑设计有关。平面中，出入口和垂直交通井的位置直接影响室内冷风渗透量，减少冷风渗透可采取以下措施。

(1) 提高门窗气密性。正确选用建筑材料，改善门窗设计和制造工艺，使窗框和窗扇搭接严密。门窗冷风渗透量与气密性和门窗开启缝长度有关。《严寒和寒冷地区居住建筑节能设计标准》(JGJ 26—2010)对门窗缝的渗透量都作了具体的限定。《建筑外窗气密性能分级及检测方法》(GB/T 7107—2002)对建筑外窗的气密性能进行了分级。

(2) 主要入口布置。寒冷地区主要入口朝向应避开冬季主导风向,对人流大量出入的公共建筑更需注意。另外,门开启时冷风入侵所造成的热损失与楼层数成正比,即建筑层数越多(建筑越高),冷风渗透和开启引起的热损失越大。在入口设置门斗作为缓冲区,对避免冷风直接灌入室内也具有一定效果。

(3) 竖向交通井布置。楼梯、电梯及内中庭、天井等上下开放联系的空间,高度大,能显著增加由热压引起的冷风渗透。高层建筑的竖向交通井正对主入口布置将大大强化冷风渗透。加大门厅与电梯井之间的距离,电梯井避开入口门厅,中间设缓冲空间,可不同程度减小冷风渗透。

表 6-2 建筑外窗气密性能分级表

分　级	1	2	3	4	5
单位缝长分级指标值 $q_1/(m^3/(m \cdot h))$	$6.0 \geqslant q_1 > 4.0$	$4.0 \geqslant q_1 > 2.5$	$2.5 \geqslant q_1 > 1.5$	$1.5 \geqslant q_1 > 0.5$	$q_1 \leqslant 0.5$
单位面积分级指标值 $q_2/(m^3/(m^2 \cdot h))$	$18 \geqslant q_2 > 12$	$12 \geqslant q_2 > 7.5$	$7.5 \geqslant q_2 > 4.5$	$4.5 \geqslant q_2 > 1.5$	$q_2 \leqslant 1.5$

来源:《建筑外窗气密性能分级及检测方法》(GB/T 7107—2002)。

4. 保温层设置和热桥/Sequence of Insulation Materials and Thermal Bridge

复合围护结构以两种或两种以上的材料分别满足保温和承重等功能要求。随着对围护结构保温要求的增加,复合围护结构构造使用日益广泛,大体上可分外保温(保温层在室外一侧)、内保温(保温层在室内一侧)和中间保温(保温层在中间夹芯)三种方式。三种配置方式各有优缺点,从建筑热工角度看,外保温优点较多,但内保温往往施工比较方便,中间保温则有利于用松散填充材料做保温层。具体表现在以下几个方面。

(1) 内表面温度的稳定性。外保温和中间保温法,在室内一侧均为体积热容量较大的承重结构,材料蓄热系数大,从而在室内供热波动时,内表面温度相对稳定,对室温调节避免骤冷骤热很有好处,适用于经常使用的房间。但对一天中只有短时间使用的房间,用内保温可使室内温度上升快。

(2) 防止保温材料内部在冬季产生凝结水问题。外保温和中间保温法,由于在室内一侧为密实的承重材料,室内水蒸气不易透过,可防止保温材料由于蒸汽的渗透积累而受潮。采用内保温法,保温材料则有可能在冬季受潮。

(3) 对承重结构的保护。外保温可避免主要承重结构受到室外温度剧烈波动的影响,从而提高其耐久性。

(4) 旧房改造。在旧建筑节能改造时,利用外保温在施工中可不影响房间使用,同时也不占用室内面积,但施工技术要求高。

(5) 外饰面处理。外保温做法对外表面的保护层要求较高,外饰面比较难以处理。内保温和中间层保温则由于外表面是由强度大的密实材料构成，饰面层的处理比较简单。

（6）热桥问题。围护结构中的热桥不但降低了局部温度，也会使建筑物总的耗热量增加。内保温做法常会在内外墙连接以及外墙与楼板连接等处产生热桥，中间保温的外墙也由于内外两层结构需要拉接而增加热桥耗热，而外保温在减少热桥方面比较有利(图 6-13)。

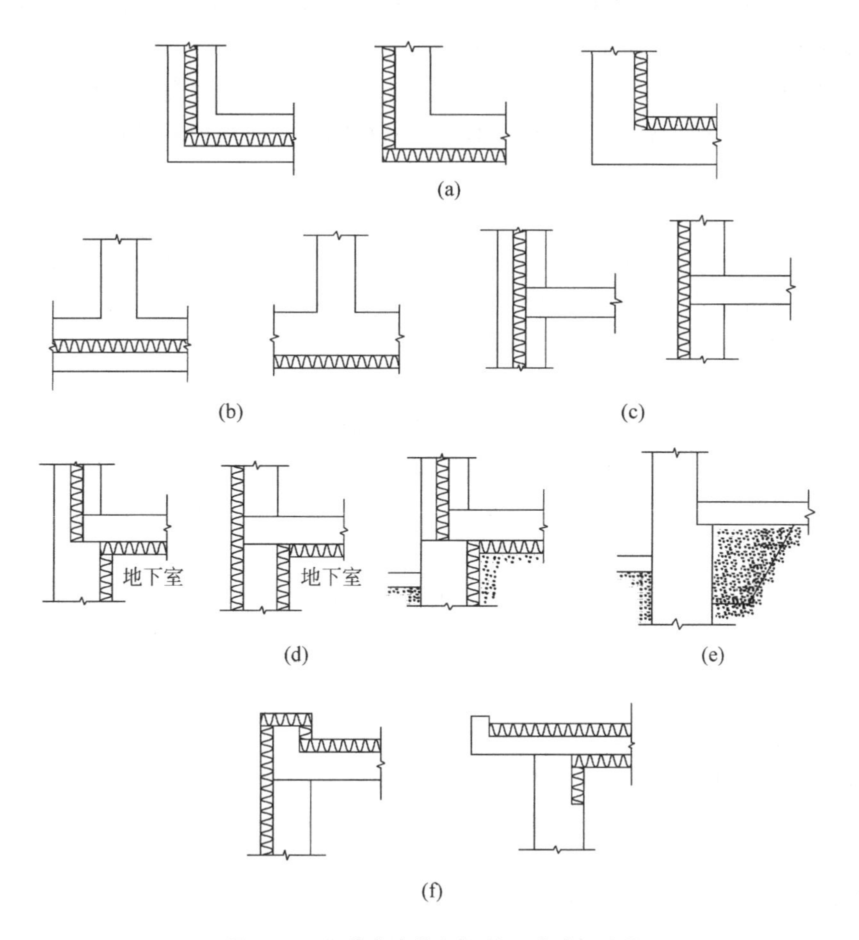

图 6-13 几种节点的保温处理方式示意图

(a) 外墙角节点；(b) 内外墙连接节点；(c) 楼板与外墙连接节点；(d) 地下室楼板与外墙连接节点；(e) 勒脚节点；(f) 檐口节点

建筑围护结构的薄弱部位是墙转角、圈梁、窗过梁、檐口以及钢筋混凝土骨架、圈梁、板材中的肋条处，热量散发快，易形成热桥，热损失比同面积主体部分要多，内表面温度比主体部分低。热桥内表面温度取决于自身热阻，也与其相对尺度、位置以及主体部分热阻有关。热桥部分不加处理，局部温度低，影响使用，增加整个建筑的热损失。为改善热桥部分的保温，需要在构造上采取措施，局部采用高效保温材料，以维持保温材料的连续性。在《民用建筑热工设计规范》(GB 50176—1993)中对檐口、窗过梁等节点的处理原则给出了建议。

6.2.2 防热设计综合措施/Integrated Design Strategies in Summer

与冬季采暖系统相比，空调系统用于解决夏天热舒适问题只有很短的历史。空调系统如果不与良好围护结构设计结合，制冷量通过围护结构散失，就会造成大量能源浪费。同时，提倡在建筑设计中适应气候特点，引入各种被动式措施(Passive Techniques)来解决，减少对空调系统的依赖，一方面节约能源，另一方面避免空调房间室内空气质量下降，影响人的健康。

建筑物耗冷量指标(Index of cool loss of building)是按照夏季室内热环境设计标准和设定的计算条件，计算出的单位面积在单位时间内消耗的需要由空调设备提供的冷量。

建筑物耗冷量指标用符号 q_c 表示，单位 W/m^2。如果用稳态方法，q_c 是一个固定值。如果采用动态方法，不同时间的建筑物耗冷量指标是变化的。为了使用上的方便，建筑物耗冷量一般是将建筑物在一年中最热月份一个月的耗冷量除以该月的小时数和建筑面积所获得的值。在实际使用中，这个指标主要用来评价建筑围护结构热工性能。

良好的防热设计有助于减少建筑物耗冷量指标，需要从整体防热和围护结构隔热入手。整体防热立足于改善建筑微气候，从朝向、开窗和遮阳等方面控制建筑外表面得热，围护结构隔热针对建筑在太阳辐射下围护结构外表面热过程和隔热机理，利用围护结构本身的材料和构造特性，通过反射隔热和吸收隔热两种途径，来减少从外表面通过围护结构传入内表面的热量，减少室外综合温度波动对围护结构内表面和室内空气温度的影响，并结合屋顶、墙体采用一些降温散热措施，例如水蒸发、通风或外逸长波辐射等方法加速热量散失，减少最终传递到室内的热量。

1. 建筑体形与朝向/Orientation and Shape

对于建筑防热来说，体形系数越小，单位体积对应的外表面积越小，外围护结构的传热损失越小，从外界通过辐射得热的面积也小。从节能角度，建筑应尽量减小体形系数，另一方面，体形系数过小又会影响建筑造型、平面布局、采光通风等因素，因此体形系数需要综合考虑。

夏季太阳辐射增加制冷负荷和能耗，由于朝向与太阳辐射强度有关，因此，合理建筑布局，控制朝向、开窗和遮阳方式也是控制得热的有效途径。一方面，减少围护结构表面吸收的太阳辐射，减少对内表面温度和室内热舒适的影响；另一方面，减少通过窗直接进入室内的太阳辐射热。围护结构隔热重点依次是屋顶、东西向墙和窗、南向墙和窗、北向墙和窗。

对于朝向、开窗和遮阳方式已经确定的建筑，围护结构外表面材料对减少得热也很重要。太阳辐射吸收率小的材料能够有效降低屋顶、墙体等外表面的室外综合温度，增大对热流波幅的衰减和延迟。一般来说，白色表面的室外综合温度低于其他颜色，浅色低于深色。在进行反射隔热设计时，需要考虑因反射太阳光辐射所造成的对环境的光、热污染。

2. 吸收隔热和反射隔热/Resistive Insulation and Reflective Insulation

围护结构隔热需要根据气候特点和建筑使用特点，合理选择和利用材料的特性发挥隔热作用。无论是重质材料还是轻质材料，合理选择和使用都能取得较好的隔热效果。

在干热性气候区，日夜温差大，吸收隔热使围护结构吸收太阳辐射的得热量在外层消耗或散失，利用重质材料本身的热惰性，减少向围护结构内表面或室内传递。重质材料热阻和热惰性较大，提高了衰减倍数和延迟时间，能有效降低内表面平均温度和最高温度。带有密闭空气间层的围护结构可利用空气间层提高隔热能力，并配合铝箔使用来反射和阻隔热流。另外，根据建筑的使用特点，通过加强屋顶和墙体的蓄热性能来获得延迟时间，将内表面最高温度出现的时间和建筑使用时间错开，如办公建筑主要在白天使用，在室外热量真正通过围护结构传入室内时，已经是夜间下班时间。

在湿热性气候区，湿度大，多采用轻质围护结构材料避免热量蓄积，同时配合通风来降温。采用轻质材料的围护结构也可以获得较好的隔热性能，这是因为外表面升温快，温度高，向空气中散热量大，传入和透过围护结构进入室内的热量少。当太阳辐射量和吸收系数的乘积和室外气温按一定规律变化时，外表面温度升得越快，升得越高，传入内表面的热流也就越小，相应隔热性能也越好。

3. 建筑散热——被动式降温/Passive Cooling

加速围护结构吸收太阳辐射热的散发，则传入室内的热量会减少。为了加速外表面散热，可根据气候特点采取相应的被动式降温措施，如通风、蒸发、外逸长波辐射等。在湿热性气候区，通风降温效果显著，围护结构内可设通风层和空气间层，利用热压或风压驱动间层空气流动，带走进入间层的太阳辐射热，降低围护结构内表面的温度，使架空地板、通风屋顶和通风墙体等白天隔热好，夜间散热快。在干热性气候区，昼夜温差大，夜间通风降温和蓄冷效果明显，合理选择外表面材料和颜色可以促进夜间外逸长波辐射散热。

利用植被的遮阳作用，以及植物的光合作用与蒸腾作用对太阳能的转化，有利于围护结构散热和降温。蓄水屋顶利用水的蓄热特性、墙面洒水利用水的蒸发作用降温，都能减少外围护结构对热量的吸收、转化或传递，减少反射隔热和吸收隔热对环境的不利影响，对调节室内外热环境具有重要作用。

4. 隔热层设置/Sequence of Insulation Materials

按照夏季围护结构外表面传热过程的隔热机理，合理选择和布置保温隔热材料，减少材料对太阳辐射的吸收，选择合理的墙体屋面构造形式，提高围护结构的隔热性能。

两种构造方式分别为外隔热材料布置和内隔热材料布置，虽然其热惰性指标

D 值相等,但对室外空气温度波的衰减、延迟是不同的,外隔热构造方式受室外综合温度波动的影响要小,室内热稳定性也比内隔热构造方式好。

由于外隔热材料层的绝热作用,对室外综合温度波进行衰减,使其后产生在重质实体材料墙体上的内部温度分布低于内隔热形式围护结构的内部温度分布,加上外表面在升温过程中隔热材料吸收的热量,外隔热构造的围护结构所蓄有的热量始终低于内隔热构造,夜间向室内的散热量也比内隔热墙体要小,对空调房间就更为有利。

7 围护结构节能设计
Manipulating Envelope and Fenestration

围护结构是建筑室内外的物理界限。原始建筑遮蔽物以遮风避雨、保温隔热、遮阳通风为目标。随着时代和技术的发展，围护结构的功能和作用越来越完善，带来更为舒适的室内热环境。今天，围护结构在建筑节能方面的作用举足轻重，性能持续改进，观念也有了革命性的变化，一方面，材料和构造技术的进步提高了围护结构的绝热和密闭性能，既提高了热舒适，又满足了节能要求；另一方面，围护结构被赋予了更多更新的内容，不仅满足传统功能要求，更成为利用可再生资源的场所，为满足对太阳能的收集、蓄存和分配要求，屋面、墙面和门窗集成了太阳能集热器，屋顶、墙体、门窗和楼地面布设间层和管道进行能源传输、蓄积、再分配和利用。新材料、新构造和新技术的应用，使围护结构功能更多元，构造更复杂，技术更先进，越来越成为建筑师不可忽视的环节。

传统围护结构的性能不断改进，同时，新型墙体、门窗、屋顶和楼地面在材料和构造方面具有独特性。

7.1 墙体/Walls

历史上，乡土建筑的墙体多采用单一材料，如砖或石材，随着技术发展，不同材料组合成的复合墙体保温性能好，应用广泛。近年来，体现高技术特色的新型墙体层出不穷，双层玻璃幕墙、喷洒降温玻璃幕墙、透明绝热墙将墙体与采光、保温、隔热结合，特隆布墙、水墙、相变储热墙等太阳能集热墙和太阳能电力墙的出现，赋予墙体新的含义，使墙体节能从单纯保温隔热转向对太阳能的主动利用，将艺术美和技术美融为一体。

7.1.1 保温外墙体/Insulated Wall

外墙体应满足相应的国家规范来保证其热阻和热惰性等热工性能，发挥绝热和蓄热作用，减少室温波动，满足室内热舒适和节能要求。

为了提高绝热性能，简单地加厚墙体的做法是低效的，将单一材料墙体转变为复合墙体，引入高效保温材料，可以减少墙体厚度、增加使用面积。外墙体材料选择更加注重节土、节能、利废、低价、轻质、力学性能好、传热系数小，并在墙体上集成保温、隔热、遮阳、通风构造,提高围护结构热工性能。

砖砌体墙是有代表性的单一材料墙体,利用材料自身良好的热工性能和力学性能,构造简单,施工方便。为了替代实心黏土砖,目前多采用黏土多孔砖、混凝土空心砌块、加气混凝土砌块、水泥炉渣轻质砌块等,轻质高强,热工性能好。

随着对保温要求的提高,复合墙体使用广泛,分为外保温、内保温和夹心保温三种保温材料设置方式,或在空心砌块、钢筋混凝土剪力墙表面贴挂保温材料,或在围护结构内、外两叶墙中夹以某种高效保温材料,通过钢筋件拉结成一体,如砌块复合墙体、混凝土夹心墙和外贴(挂)复合墙体等。砌块复合墙体将聚苯板、玻璃棉、岩棉板、矿棉板等高效保温材料附着在墙体结构层内外,形成内、外保温复合墙体。混凝土夹心墙分为现浇或预制,现浇混凝土夹心墙由结构层、保温层和保护层组成,聚苯板夹在两层混凝土的钢筋网片中间。预制混凝土夹心墙用于装配式大板建筑,梁、柱、楼板,内、外墙板等全部构件由工厂预制生产,现场装配,内外墙交接处连接节点钢筋多、构造复杂,易于形成热桥,需局部保温强化,对现场施工要求高。外贴(挂)复合墙体是一种外墙外保温体系,构造简单、保温效果好、施工方便,适用于新建建筑和旧建筑节能改造(图7-1,图7-2)。

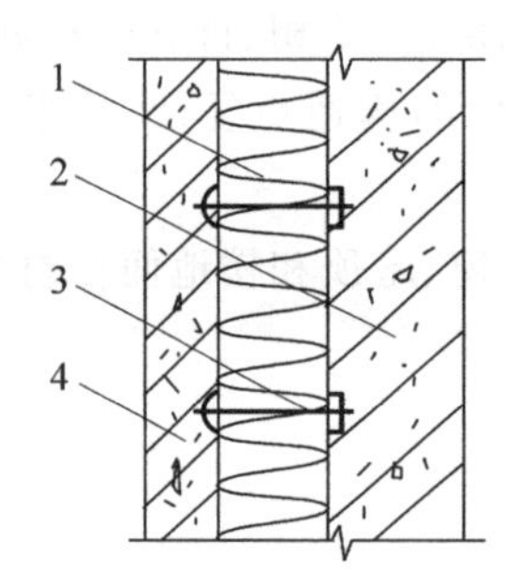

图7-1 现浇混凝土夹心墙墙体示意图

1—保温层;2—结构层;3—连接卡具;4—保护层

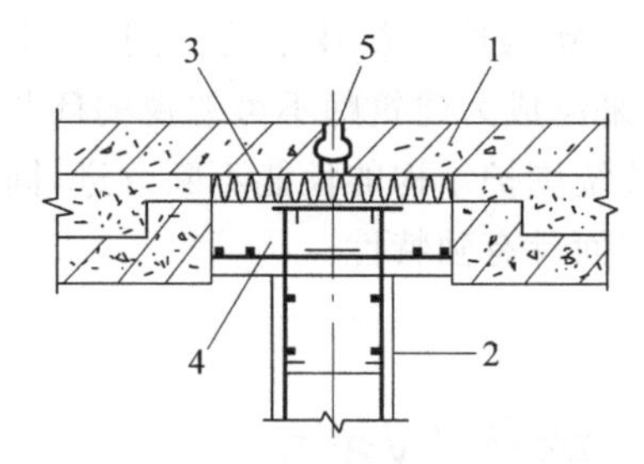

图7-2 装配式大板建筑外墙板与内横墙交接节点

1—外墙板;2—内横墙;3—聚苯板;4—二次浇注混凝土;5—防水板缝

7.1.2 玻璃幕墙/Glazing Wall

玻璃幕墙应用广泛,在严寒地区、寒冷地区和温和地区,玻璃幕墙的冬季保温是重点;在夏热地区,玻璃幕墙的夏季隔热是重点。

玻璃幕墙传热过程包括3部分:①幕墙外表面与周围空气和外界环境间的换热,包括外表面与周围空气间的对流换热,外表面吸收、反射的太阳辐射热和外表面与空间的各种长波辐射换热,玻璃镀膜层可以减少辐射换热;②幕墙内表面与室内空气和室内环境间的换热过程,包括内表面与室内空气间的对流换热、内表面与室内环境间的长波辐射换热;③幕墙玻璃和金属框格的传热过程。

玻璃幕墙的传热系数取决于气候条件、型材和玻璃。铝型材作为结构构件,传热系数大,需做断热桥处理,中间塑料层采用嵌入或挤压和填充式工艺,满足整体强度和刚度要求。

严寒地区和寒冷地区的玻璃幕墙要防止表面结露。单层玻璃幕墙传热系数大，内表面易结露或结冰，计算表明，单层玻璃(8mm)的传热系数为 6.21W/(m^2·K)，中空玻璃(8+10+6)mm 的传热系数为 3.24W/(m^2·K)，节能效果好，可以避免内表面结露。夏热冬冷和夏热冬暖地区，既要减少外表面吸热和导热传入室内，又要减少辐射热量直接进入室内，采用断热铝型材，镀膜玻璃和多层中空玻璃构造，并配合遮阳、自然通风和洒水降温等被动式措施，减少玻璃幕墙夏季温室效应带来的负面影响(图 7-3，图 7-4)。

图 7-3 莱比锡新会展中心玻璃大厅和玻璃幕墙

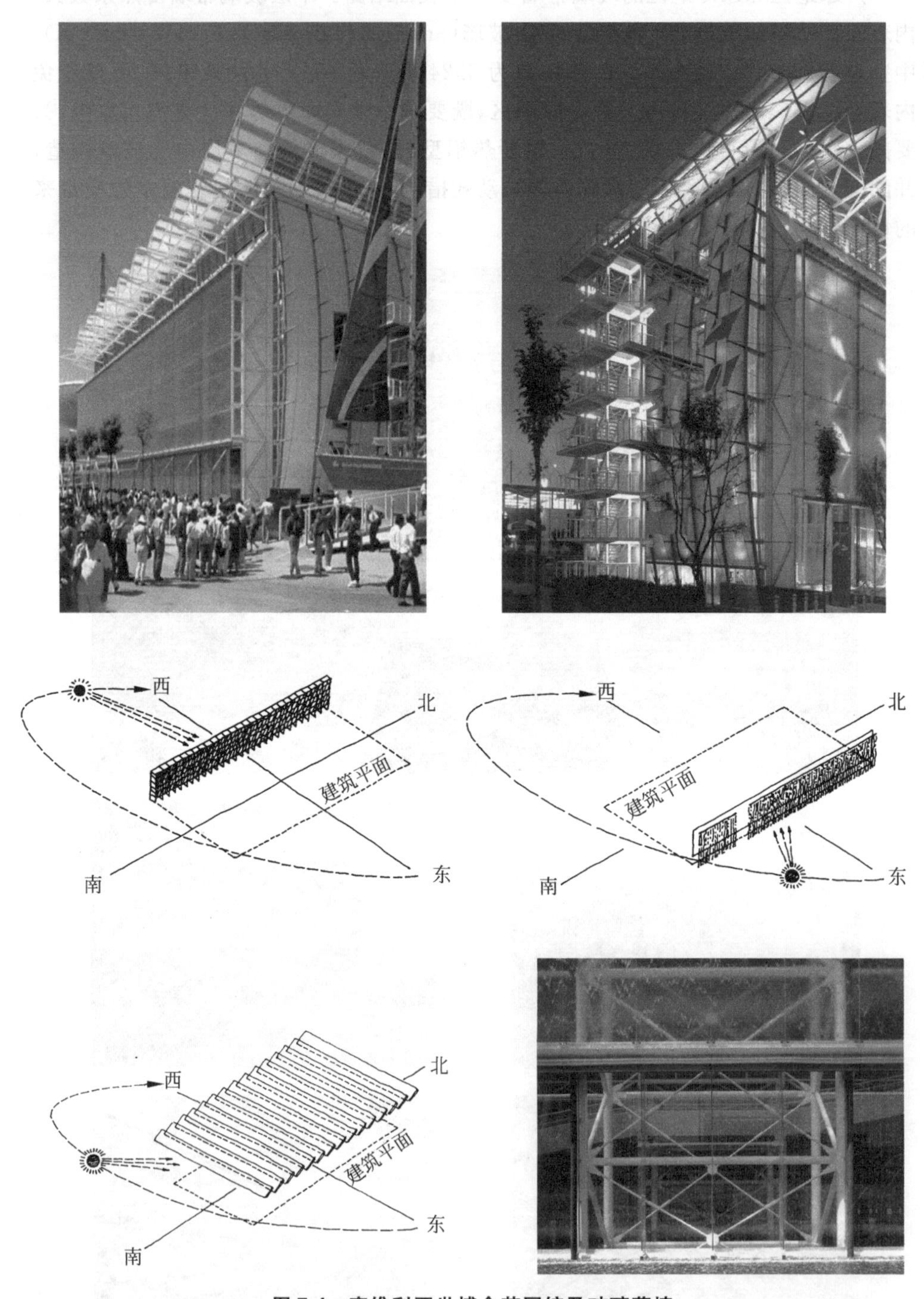

图 7-4 塞维利亚世博会英国馆及玻璃幕墙

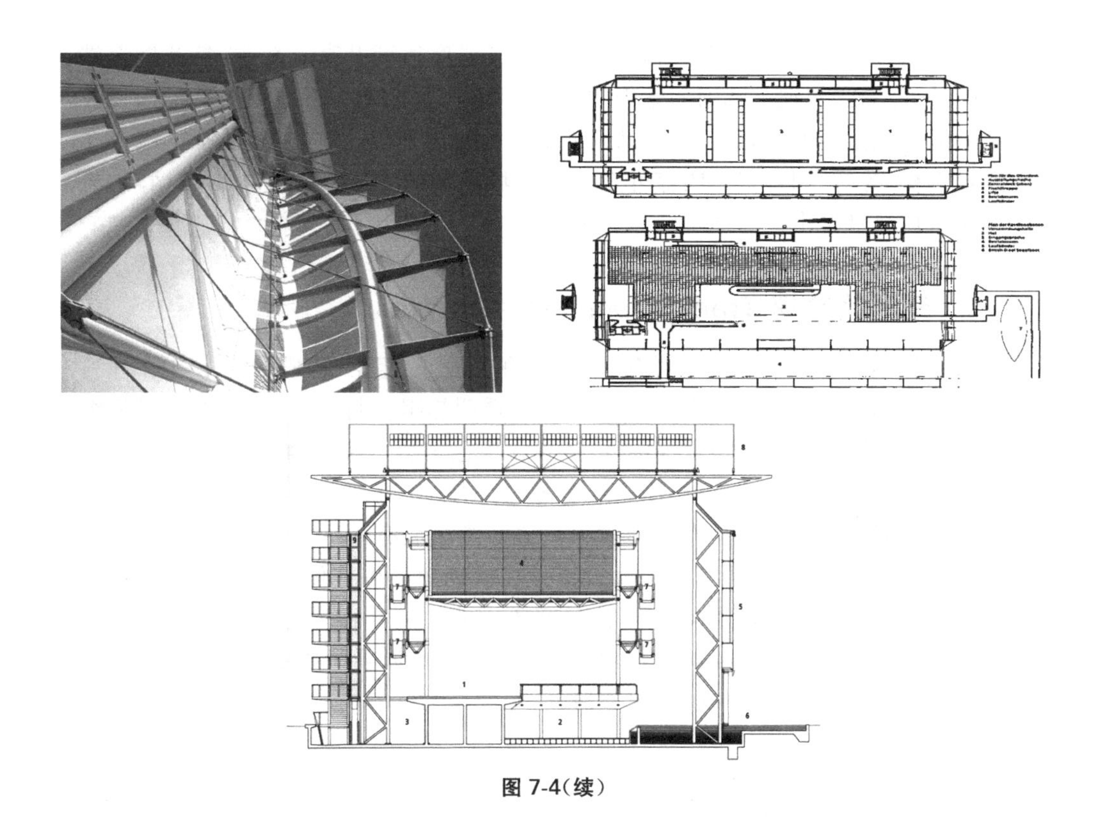

图 7-4(续)

7.1.3 特隆布墙/Trombe Wall

特隆布墙是一种太阳能集热蓄热墙体，一般在南墙外侧装设一个密闭玻璃框，框底的上下两端开设一个小孔通入房间，另在框底一侧的上端单独开一个小孔通向室外，玻璃框的内壁涂刷黑色以利吸收太阳能(图 7-5)。冬季白天，打开框底通向房间的上、下两个小孔，关闭框的一侧上端通向室外的小孔，由于受到阳光照射而使框内的空气加热，热空气从窗上端的小孔流入室内，室内冷空气从框下端的小

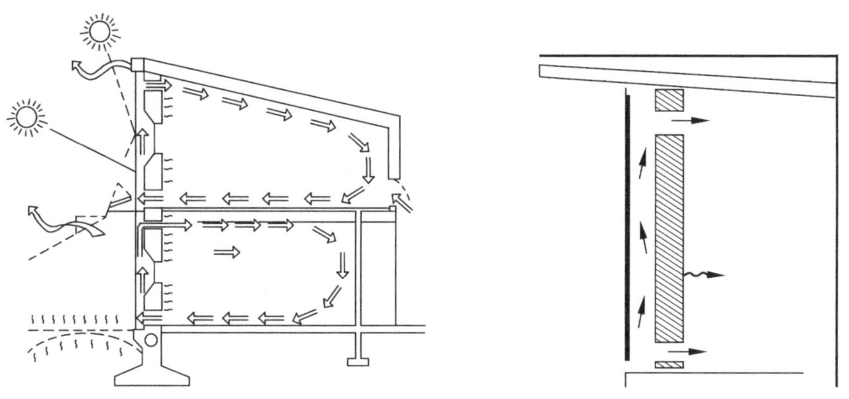

图 7-5　特隆布墙工作原理示意图

孔流入框内,形成了自然循环气流,使房间空气温度逐渐升高。夏季,打开框上端通向室外的小孔,而把上端通向室内的小孔关闭。这样,当太阳照射玻璃框而使玻璃框内的空气温度上升时,热空气从框侧的小孔排出室外,室内空气从框下端小孔流入玻璃框,此时,如有室外阴凉处空气或土壤冷却的空气进入室内形成循环,将有利于室内热量排出。

7.1.4 透明绝热墙/Transparent Insulated Wall

透明绝热墙(TIW)由透明热阻材料和集热墙组合而成,透明热阻材料(transparent insulated material,TIM)是一种透明热阻材料,由一定长度的呈毛细管状半透明或透明有机材料堆叠构成,布置在黑色集热墙体外侧,将阳光导入集热墙体表面,集热墙吸收太阳辐射热并延迟传入室内。为了保证集热效率,墙体多采用砖、石、混凝土或水等蓄热性好的材料。透明绝热墙有两个空气间层,加上透明热阻材料本身,热阻大。透明热阻材料覆盖在黑色集热墙外侧,改善了立面效果。透明绝热墙的缺点在于吸收热与用热时间不同步。夏季透明绝热墙体会大量吸热,增加冷负荷,需外设高反射材料卷帘遮阳系统,减少夏季白天得热和提高隔热性能,并增强冬季夜间保温性能(图7-6)。

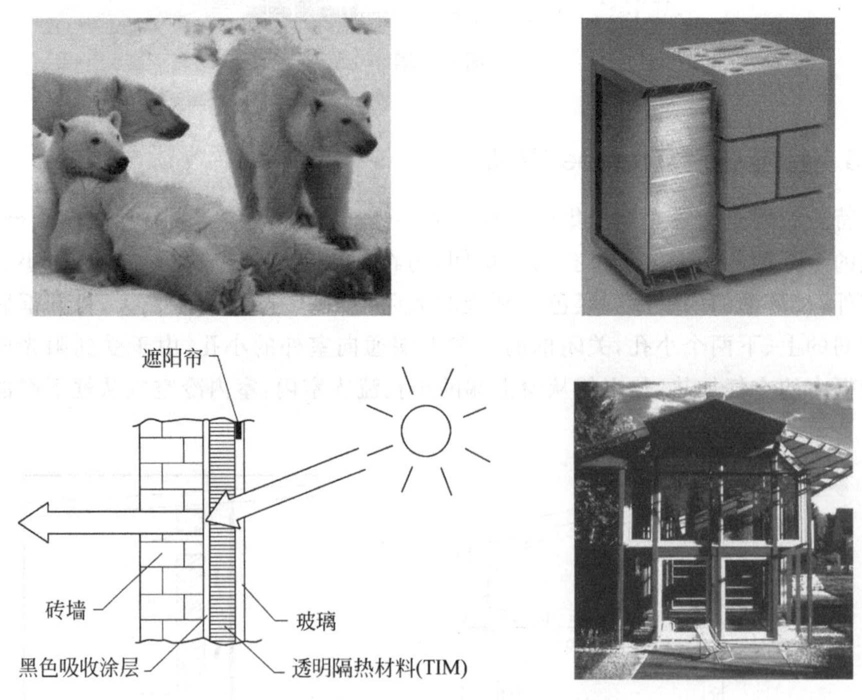

图7-6 透明绝热墙工作原理及其应用

7.1.5 双层玻璃幕墙/Double Glazing Wall

双层玻璃幕墙的绝热性能优于单层玻璃幕墙，也称“呼吸幕墙”，利用两层以上玻璃作为围护结构，玻璃之间留有一定宽度的通风间层，设可调节百叶。冬季，玻璃之间形成一个温室，提高建筑内表面温度，节约采暖能耗；夏季，利用烟囱效应或机械通风排走热空气，达到降温目的。由于高层建筑直接开窗通风容易造成紊流，不易控制，引入双层幕墙，借助通风间层开窗通风，有利于改善室内空气质量。其优点是降噪、降低冬季建筑表皮热损失、实现自然通风、保护遮阳和热量回收再利用，缺点是容易造成夏季室内过热、造价高、清洁维护费高、无法对有害气体进行净化。通风间层空腔大小、可调通风窗的位置和尺寸以及百页设置是双层玻璃幕墙设计的关键(图 7-7～图 7-11)。

图 7-7 GSW 大厦双层玻璃幕墙

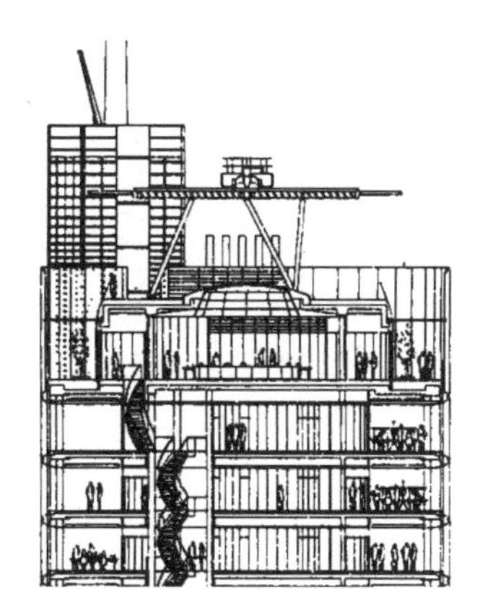

图 7-8 RWE 总部大楼双层玻璃幕墙

(a)

若周边不封闭,则仅有隔噪声功能,对热环境改造作用不明显;若周边封闭,且上下做进、出风调节板,则可形成温度缓冲层;外皮可作为可调节百页。

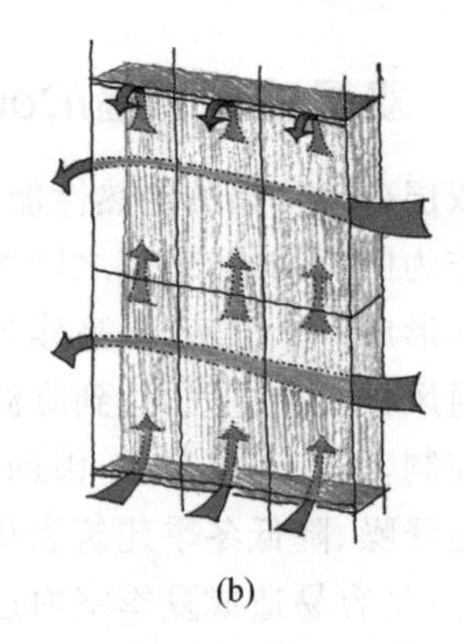

(b)

每两层做上下限定,在建筑外皮形成若干水平环,使南北向空气可以对流,达到升温或降温的目的。

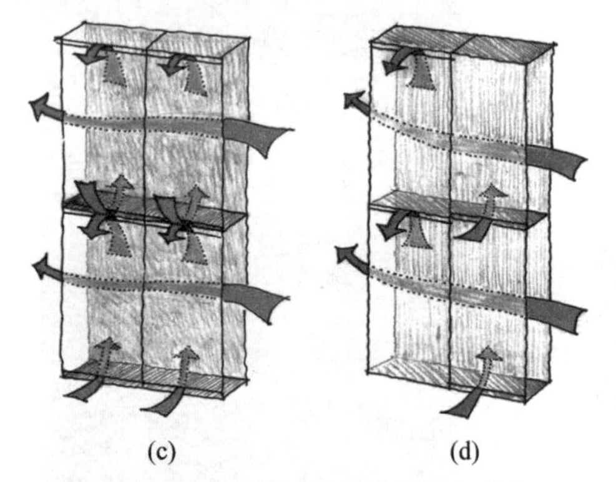

(c) (d)

每层形成外挂式走廊,上下设进出风口;进出风口可对齐或错位。

(e)

在水平方向以两块玻璃为单元,两侧分别做竖向分隔,形成箱式单元;进、排气以"箱"为单位,按对角线模式进行。这是目前最常用的双层皮玻璃幕墙模式。

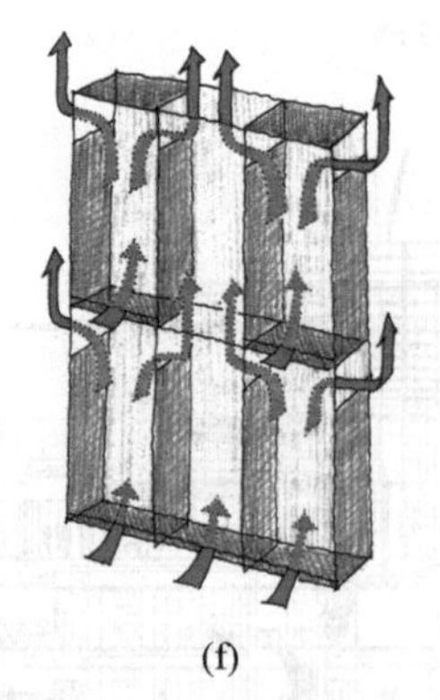

(f)

在竖向有规律地设置通风"井",利用温差效应加速空气流动,可有效避免气流短路,而且可有效进行热回收。

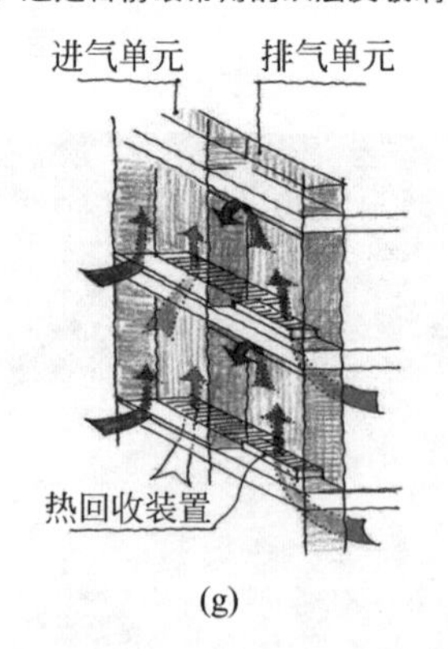

(g)

图7-9 双层玻璃幕墙的类型和工作原理

(a) 外挂式双层皮幕墙;(b) 空气环流式双层皮幕墙;(c) 走廊式双层皮幕墙;(d) 箱-箱式双层皮幕墙;(e) 井-箱式双层皮幕墙;(f) 双制式模块双层皮幕墙;(g) 带热回收装置的双层皮幕墙

图 7-10 波茨坦能源中心的双层玻璃幕墙

图 7-11 汉诺威北德清算银行的双层玻璃幕墙

7.1.6 绿化墙体/Plant Wall

绿化墙体能改善建筑周围微气候，改善景观。围护结构外表覆盖植物能够遮阳，减少外部热反射和眩光，并利用植物蒸腾作用降温和调湿，缓解城市热岛效应(图 7-12)。绿叶表面吸收的太阳辐射被作为光合作用、蒸腾作用的能量，没有引起温度升高，转变为植物生长所需能量和环境中的潜热，起到了控制或调节环境温度和湿度的作用。另有一部分太阳辐射被植物、绿叶吸收，升温后与墙面、天空辐射换热，与周围空气对流换热。夜间，叶片在墙与天空之间阻挡墙体直接向天空辐射散热，增加了散热热阻，对于墙体保温有利，但对散热不利，相当于建筑热惰性变大，对温度起到了削峰填谷的作用。落叶植物冬季有日照、夏季有遮阳。外墙表面特别是西向墙面，攀藤植物、花架、种植槽和藤蔓形成垂直绿化和通风间层，不仅防止西晒，而且建筑立面更生动丰富。

图 7-12 绿化墙体

对于调节气温和空气湿度具有良好的效果，对降低建筑墙体外表面温度、改善室内热环境、降低空调能耗有利。

7.2 门窗/Doors and Windows

门是室内外通道，窗是采光和视觉交流的构件，二者都会引入太阳辐射，带来热量。除了门窗本身的热工性能之外，由于门窗经常开启，气密性对保温隔热影响较大。今天，传统门窗的技术指标不断提高，还出现了融合新技术成果的太阳能集热窗、光电玻璃窗等新型门窗。

7.2.1 保温门窗/Insulated Doors and Windows

传统门窗是保温的薄弱环节，单层钢窗的总传热系数约为 6.40W/($m^2 \cdot K$)，远大于外墙，门窗热损失在围护结构整体热损失中占 40%，其中传热损失约占 25%，冷热风渗透约占 15%，对室内热舒适影响很大。门窗节能主要从以下几点入手。

(1) 窗墙比。在保证室内采光的前提下确定合理的窗墙比,减少窗面积。冬季窗内表面温度低,冷辐射造成人体不舒适,并且窗面积越大,不舒适区也越大(图 7-13)。《严寒和寒冷地区居住建筑节能设计标准》(JGJ 26—2010)、《夏热冬冷地区居住建筑节能设计标准》(JGJ 134—2010)和《夏热冬暖地区居住建筑节能设计标准》(JGJ 75—2012)中,除根据地区气候情况分别对窗的传热系数加以限定外,还规定了居住建筑北向、东西向和南向窗的窗墙比,北方地区的窗墙比兼顾冬季保温和太阳辐射得热,西南静风地区窗墙比还考虑了自然通风的需要。冬冷地区太阳高度角低,南窗太阳辐射入射深度大,有利于得热,窗面积可以适当加大。夏热地区窗墙比需要考虑遮阳。公共建筑减少开窗面积会影响通透性和外观,应选用热工性能好的玻璃。

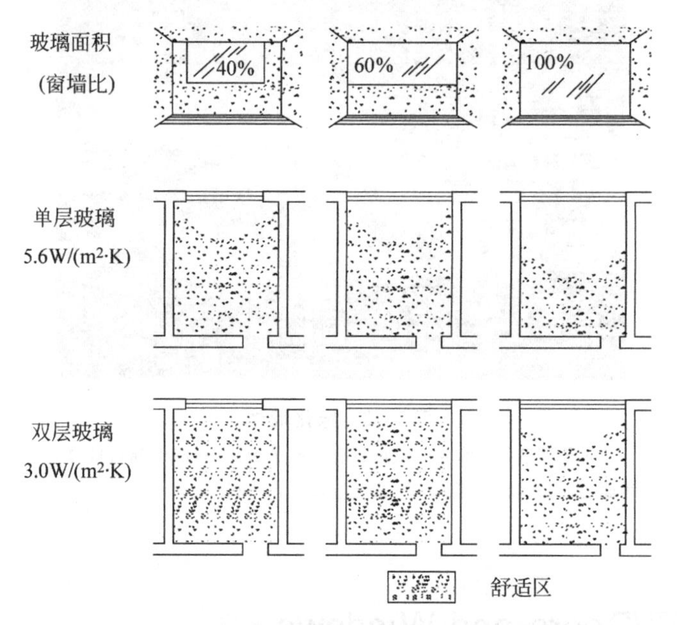

图 7-13 窗附近的舒适区与窗户层数的关系

(2) 材料和构造。将不同热工特性的玻璃组合形成多层中空玻璃,粘贴窗用薄膜减少玻璃辐射系数和传热系数,阳台门采用塑钢门窗或断热桥的组合材料窗框,金属门采用岩棉板、聚苯乙烯填充,均可提高门窗保温性能。采用单框双玻璃、单框双扇玻璃窗、多层窗或在单层窗的窗框上增设保温薄膜、增设保温窗帘或窗板都可通过增加空气间层来改善门窗热阻。保温窗帘或窗板夏天可遮阳,冬天可增加热阻,减少门窗散热,提高内表面温度。日间打开、夜间关闭,既不影响太阳辐射得热,又起到了保温作用。

(3) 气密性。由于经常开启,气密性好的门窗要求窗框变形小,窗扇和窗框之间缝隙严密,不开启部分使用密封胶,开启部分加设密封条。增加门窗密闭性,在保证空气质量的基础上减少房间换气次数,有利于节能。

表 7-1 建筑窗户的功能和技术指标要求的变化

时 间	要 求	窗户设置及指标
1970 年以前	透光、挡风、挡雨	2mm～4mm 单层玻璃 传热系数 5.17W/(m^2·K)
1970—1980 年	控制热损失	双层玻璃(6mm～12mm 空气层) 传热系数 3.0W/(m^2·K)～3.4W/(m^2·K)
1980—1990 年	节能、舒适、安全	双层窗＋惰性气体、双层窗＋透明热反射膜 传热系数 2.3W/(m^2·K)～2.8W/(m^2·K)

表 7-2 典型围护结构构件的传热系数

部件名称	结 构	传热系数/(W/(m^2·K))
外墙	实心砖(370mm)	1.57
屋顶	平板中空混凝土	1.26
外窗	单层玻璃	6.40
地面	土壤	0.30
门	钢门	6.40
	木门	2.90

表 7-3 常用玻璃的传热系数

玻璃窗类型	间隔宽度/mm	传热系数/(W/(m^2·K))
单层玻璃		6.4
普通双层玻璃	6 9 12	3.4 3.1 3.0
防晒双层中空玻璃	6 12	2.5 1.8
三层中空玻璃	2×9 2×12	2.2 2.1
热反射中空玻璃	12	1.6

7.2.2 窗用玻璃/Glazing

窗用玻璃选用吸热玻璃、热反射玻璃和致变色玻璃阻隔辐射，引入双层玻璃、中空玻璃等复合玻璃等构造提高保温性能。

吸热玻璃和热反射玻璃对玻璃的吸热和热反射性能作了强化，而致变色玻璃随所受的光、热或电的作用改变对太阳辐射的透过率。吸热玻璃含有氧化亚铁，对红外线有高度的吸收特性，制造过程掺入某种离子，用于在玻璃外表层吸收太阳辐射热，并以对流方式将热转移给外部空气，玻璃自身可能变得很热，且在夜间延留一个长波辐射源。热反射玻璃(heat reflecting glazing)利用金属膜反射辐射热，同时可见光透过率也相对较低，室内光线暗，使用中需要考虑对附近建筑的光污染和热辐射。致变色玻璃包括光致玻璃、热致玻璃和电致玻璃。光致变色材料在光线照射时发生颜色或透光性改变，照射停止后自动恢复。热致变色材料在温度变化时光学性质发生改变，利用了在透明和着色之间可逆变化的热致变色效应。电致变色效应是由外界电场的作用而发生电化学反应，导致材料光学性质发生变化，上述三种致变色玻璃对于太阳辐射控制具有实际意义。

复合玻璃将各种热工特性的玻璃组合形成复合构造，整体满足绝热和采光要求(图7-14～图7-17)。窗用玻璃一方面要求透过率高，让更多太阳辐射进入室内，另一方面要求导热系数小，减少室内热量散失。复合玻璃材料通过改变和配置各

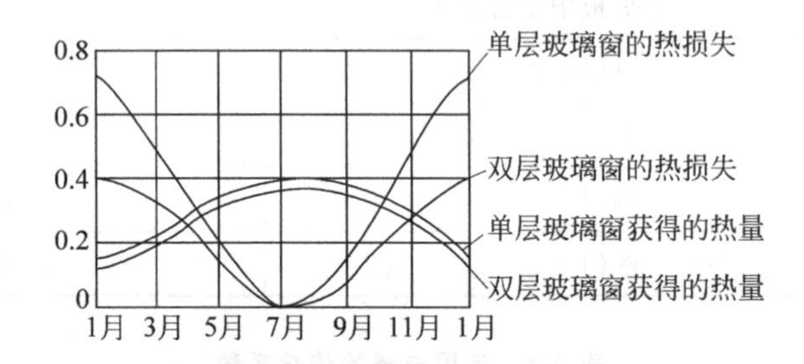

图7-14 通过单层和双层玻璃窗所获得和损失的热量比示意图

单层窗改双层窗，通过窗得热量减少10%，通过窗热损失可减少40%～50%。

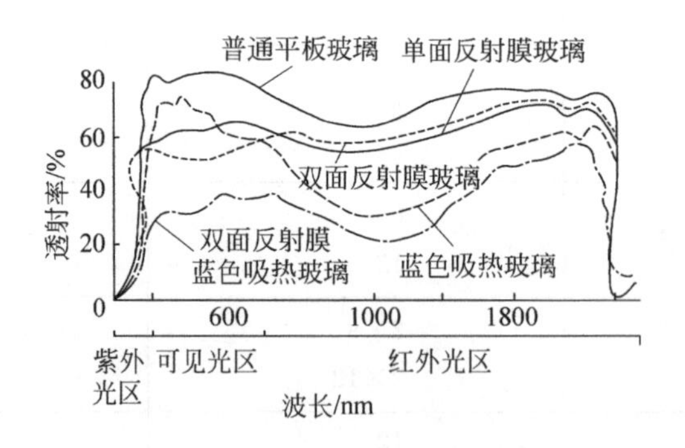

图7-15 玻璃的分光透射曲线(吸热玻璃和热反射玻璃)

太阳热辐射波长范围包括紫外区、可见光区和红外区，玻璃对太阳能的吸收、反射和透射等可用玻璃对太阳光的分光透射曲线表示。如图所示，吸热玻璃与热反射玻璃的分光透过率曲线在红外光区有一个较大的波谷，即都具有阻隔太阳辐射能的作用，但两者的隔热机制不同。热反射玻璃的作用机理是将一部分太阳辐射热反射出去；吸热玻璃的隔热机制却是吸收一部分辐射热。虽然热反射玻璃对热的直接阻隔能力较吸热玻璃差，但由于吸热玻璃在二次辐射过程中向室内放出热量较多，两者实际隔热能力基本相同。由于双面镀膜的蓝色吸热玻璃具有双重作用，即从光谱选择性吸收和表面反射两方面限制太阳辐射热的进入，因此能更有效地减轻冷负荷。

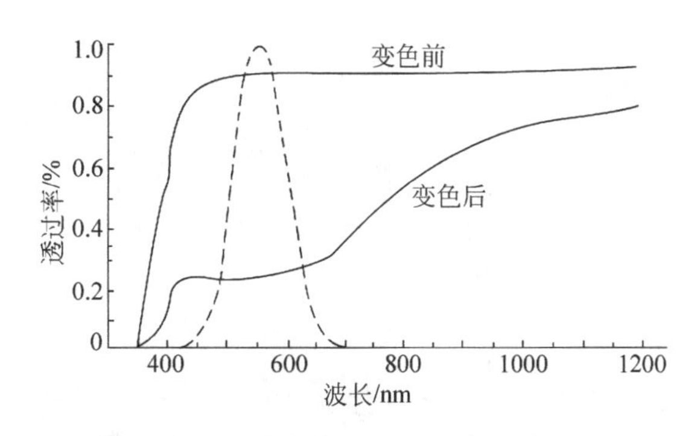

图 7-16　典型的光致变色玻璃的光谱曲线

光致变色玻璃对太阳光的调节主要集中在可见光范围，褪色态下透光率和普通玻璃几乎相同，最大透光率变化可达 50%。

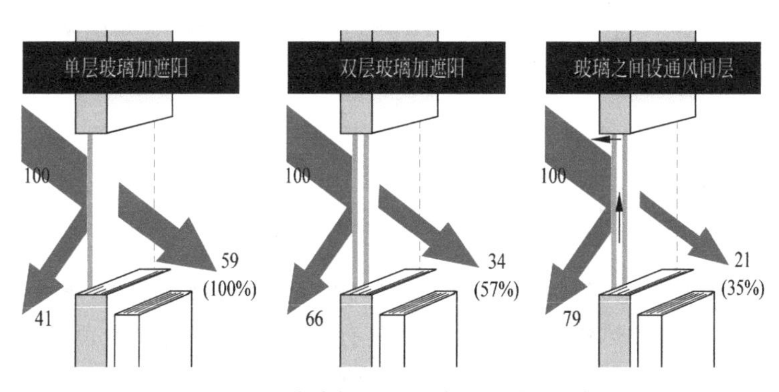

图 7-17　玻璃与双层玻璃透光性能比较

种玻璃的透过率，既保温又隔热。常见有吸热中空玻璃、热反射中空玻璃、低辐射(LowE)中空玻璃、低辐射-热反射中空玻璃等。吸热中空玻璃或热反射中空玻璃对热辐射有阻隔作用，与普通玻璃组合成中空玻璃，传热系数大大降低，既能控制太阳辐射进入，又有较好的保温性能。低辐射中空玻璃由低辐射玻璃与普通玻璃复合而成，对于太阳光有高透过率，对长波辐射热有高反射率，保温性能好，适合采暖地区使用。低辐射-热反射中空玻璃将热反射玻璃放置在外侧，低辐射玻璃放置在内侧，能很好地反射太阳的辐射热，同时传热系数低。

7.2.3　绝热窗框/Insulated Frame

绝热窗框包括塑料门窗和断热桥型铝型材，与木门窗、钢门窗和铝合金门窗相比，塑料门窗传热系数低，耐候性好，不易变形，寿命长，阻燃性好，易于清洁。为增强抗老化能力，在生产原料中添加了紫外线吸收剂。塑钢门窗在塑材空腔内衬金属加强筋，提高刚度。塑料门窗中空型窗框处搭接紧密，设弹性密封条，提高气密性和水密性(图 7-18)。

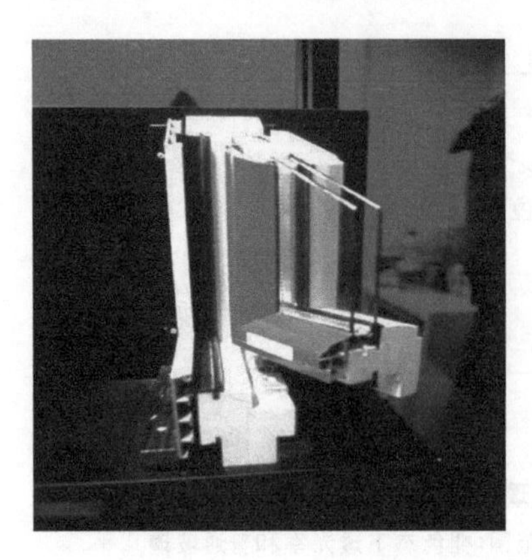

图 7-18 塑料门窗

据测试：单玻钢窗和铝合金窗的传热系数为 6.4W/(m² · K)，而单玻塑料窗的传热系数为 4.7W/(m² · K)，仅为钢窗和铝合金窗传热系数的 73%；双玻的钢窗和铝合金窗传热系数为 3.7W/(m² · K)，而双玻塑料窗的传热系数仅为 2.6W/(m² · K)，也只是钢窗和铝合金窗传热系数的 70%左右。

7.3 屋顶/Roofs

屋顶的作用是保温、隔热和防水。与传统屋面相比，种植屋面、蓄水屋面、架空屋顶在减少得热、阻隔热传递和散热方面具有优势。自控光热屋顶可应对太阳辐射变化和冬夏季状况，根据室内对光、热的需要调节太阳辐射入射量。结合屋顶接受太阳辐射较多的优势，太阳能屋顶集成安装光热和光电转换采集储存分配装置，带来屋顶形式和构造的新变化(图 7-19)。

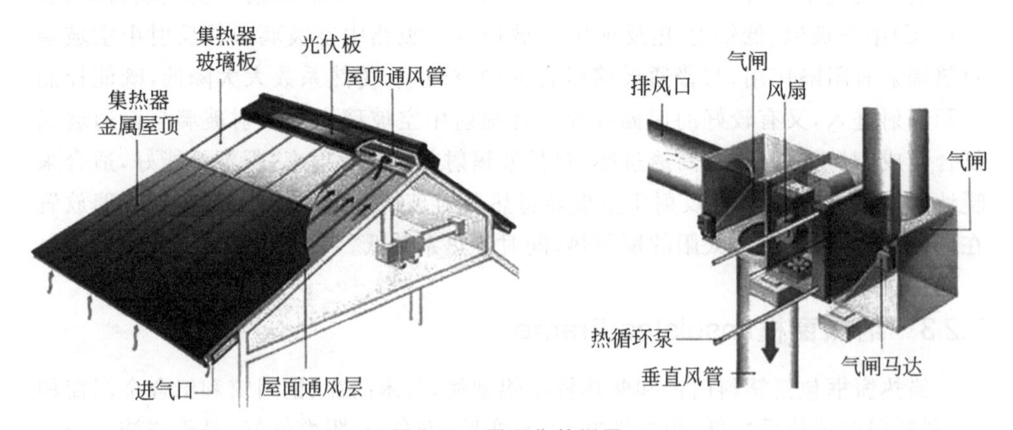

图 7-19 屋顶集热通风

7.3.1 保温屋顶/Insulated Roofs

屋顶兼顾冬季保温和夏季隔热，需要从减少得热、控制传热和加速散热三个方面入手,除形式、材料和颜色之外,设置屋顶遮阳和双层屋顶对控制太阳辐射得热作用明显。玻璃中庭和拱廊需要设置特别遮阳设施减少温室效应。为了控制传热,屋顶构造要合理设置保温层,避免热桥。在加速散热方面,采用通风屋顶,并利用夜间外逸长波辐射散热。针对屋顶保温和隔热要求,一方面,选用重量轻、力学性能好、传热系数小的材料来满足热阻要求,如加气混凝土屋面、水泥珍珠岩屋面、挤压型聚苯板或在屋面板内侧贴铝箔等;另一方面,增加屋面热惰性来保证室内热稳定性,减小热流波幅。将保温层靠近外表面设置,可减少夏季屋顶蓄热和传入室内,另外屋顶构造设计应避免保温层产生冷凝水。

7.3.2 种植屋面/Roof Plants

种植屋面利用植物光合作用、蒸腾作用调节微气候,遮挡太阳辐射,减少得热。植物物种选择和搭配是关键,能够提高存活率,免维护,减少人工灌溉、施肥。考虑覆土层厚度,优先选择易于在浅层覆土中存活、生命力强、耐旱的物种,完全依靠雨水存活。种植屋面对防水和荷载要求较高,需作特别处理,在构造上既要有利于植物生长和涵养水源,又要保证屋顶的排水功能,降低自重。种植屋面的土壤层具有热惰性,延迟时间较长,白天对热量有较好的衰减,但夜间可能成为一个散热源,不利于室内温度迅速降低(图 7-20,图 7-21)。

图 7-20 德国汉诺威 Ewige Weidew 生态社团村的种植屋面

社区包括 73 户住宅,采用种植屋面,住宅、庭院和道路被植被覆盖,发挥遮阳、保温、净化空气和调节温度的作用。

图 7-21 德国符莱堡沃邦居住区的种植屋面

7.3.3 蓄水屋面/Roof Ponds

利用水蒸发对太阳能进行转化,通过水流动带走热量,稳定屋面温度,蓄水增大了热惰性,降低了内表面最高温度。蓄水深度一般在 300mm～600mm 之间,为保持水量,需按照蒸发量定时加水或设自动补水装置,避免蓄水层干涸。在混凝土刚性防水层上蓄水,既可利用水层隔热降温,又改善了混凝土的使用条件,避免了直接暴晒和冰雪雨水引起的胀缩破坏,增加了后期强度,提高了防渗水性能。

7.3.4 通风屋顶和架空屋顶/Shaded Roof Terraces

利用通风层空气流动带走热量,既可以利用太阳辐射形成热压通风降温,减少热量向室内传递,也可以利用夏季主导风向的风导入通风层带走吸收的热量。架空屋顶形式多样,无论是虚格栅还是实屋顶,架空屋顶不仅起到遮阳和导风作用,还提供了屋顶活动空间。遮阳格片可根据太阳运行规律调整角度,控制不同季节和时间入射量,形成缓冲区,减少屋面得热(图 7-22～图 7-25)。

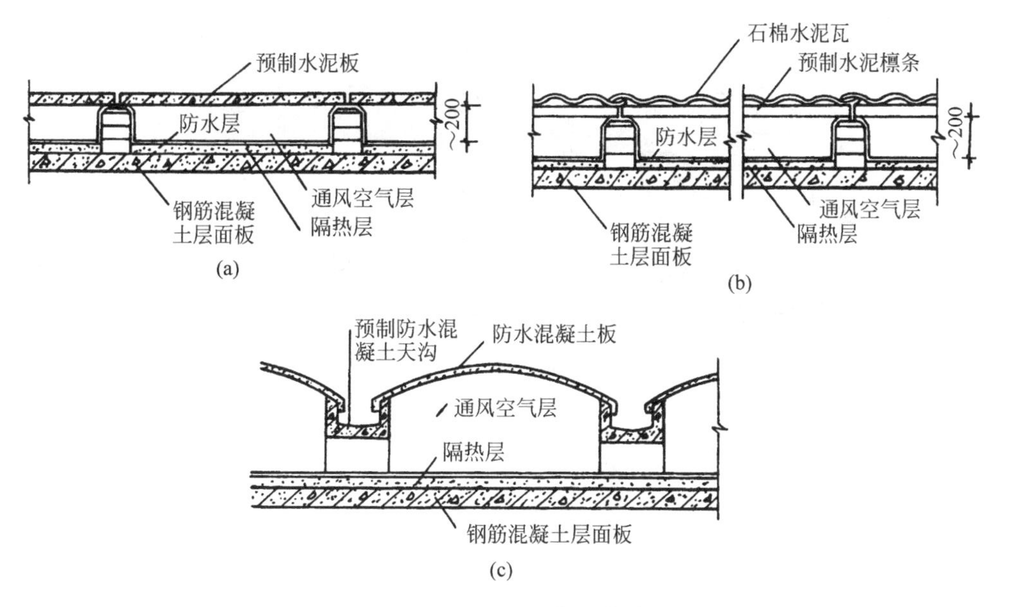

图 7-22 屋顶通风间层构造

(a) 上人屋顶；(b)、(c) 不上人屋顶。一般长度小于 10m，高度 200mm～300mm，面层不设保温材料，基层采用适当的保温材料。

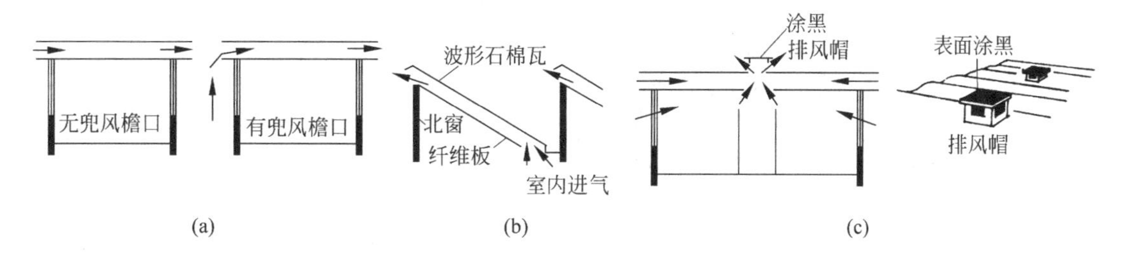

图 7-23 屋顶通风组织形式

(a) 从室外进气；(b) 从室内进气；(c) 室内、室外同时进气

风口朝向夏季主导风向，檐口形式有利于将风引入间层，一般设置风兜，或者出风口涂黑以利于形成热压。

图 7-24 昌迪加尔议会大厦和高等法院通风屋顶

曲面混凝土屋顶与主体建筑脱开，有效加速屋顶对流散热，又可防止屋顶热量向下导热。

图 7-24(续)

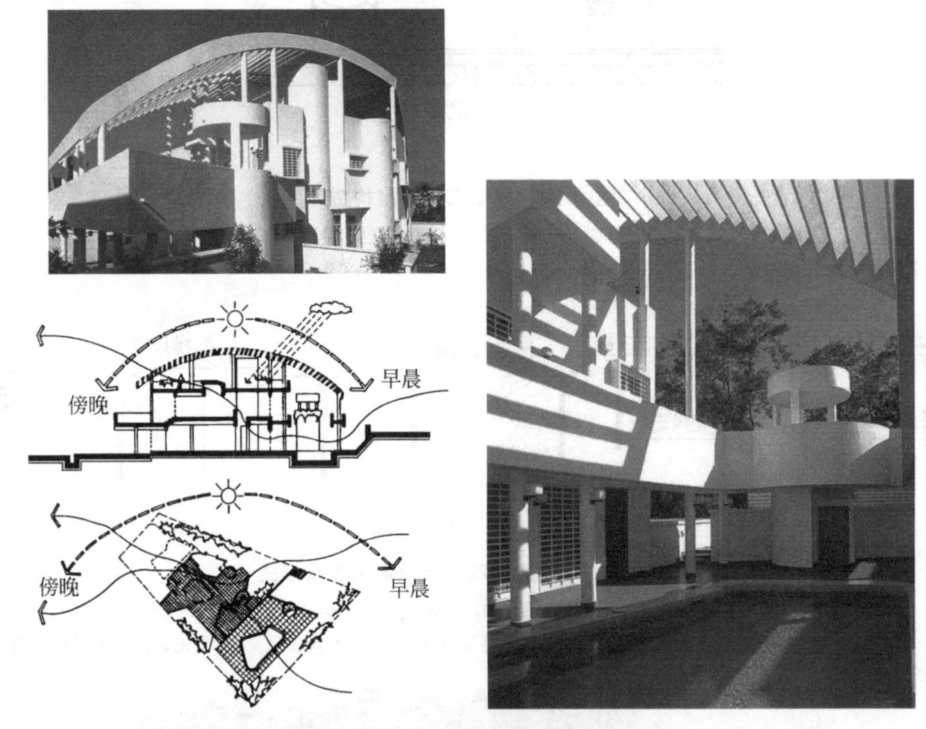

图 7-25 杨经文设计的架空屋顶

遮阳隔栅角度随着一天之中太阳高度角的变化而变化。

7.4 楼地面/Floors

楼地面与人直接接触,影响热舒适。地面舒适性取决于地面吸热指数,吸热指数值越大,地面从人脚吸取的热量越多越快。不同材料的地面即使温度相同,人站在上面的感觉也会不一样。例如,木地面与水磨石地面相比,后者要使人感到凉。

楼地面不仅起支撑作用，还有蓄热作用，调节室内温度变化。楼地面还用于铺设与热环境有关的各种管线和通道(图 7-26)。

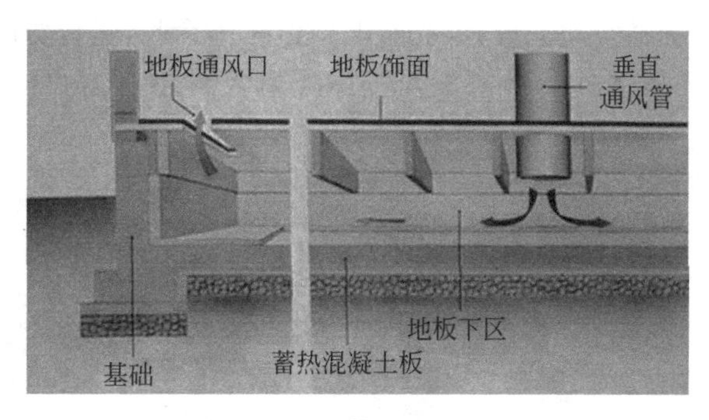

图 7-26 架空蓄热地面示意图

7.4.1 楼地面保温/Insulated Floors

《民用建筑热工设计规范》(GB 50176—1993)规定了采暖建筑地面的热工要求，接触室外空气的地板(如骑楼、过街楼的地板)和不采暖地下室上部的地板应采取保温措施。应对建筑分户采暖计量的需要，楼地面增设了保温措施及构造。由于地下土壤温度年变化比室外空气小，冬季地面散热最大的是靠近外墙地面，宽度0.5m～2m，应采取保温措施(图 7-27)。

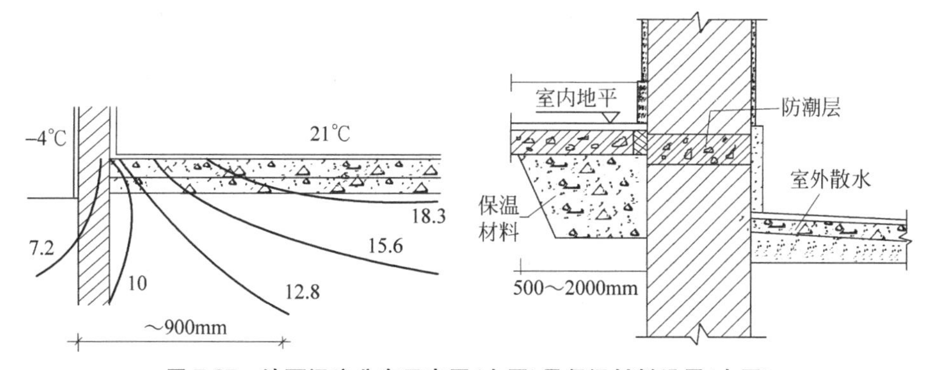

图 7-27 地面温度分布示意图(左图)及保温材料设置(右图)

严寒和寒冷地区的建筑，对直接接触土壤的周边地面一般都沿外墙做 1m 宽的暖气地沟，所以在 1m 之内可不考虑地面保温，但沿地沟以外的 1m 还需要做地面保温。当外墙周边无采暖地沟时，往往在地面靠外墙的内侧周边做保温处理，使其具有相当于外墙的热阻。

7.4.2 低温辐射采暖地板/Radiation Heating Floor

低温地板辐射采暖系统，利用低温热水(40℃～50℃)在地板下埋置的高密度聚乙烯管内循环流动，加热整个地面，具有多种优点。首先，该系统比对流采暖方式热效率高，可利用余热水并低温传送，输送过程热量损失小。其次，舒适度高，热稳定性好,地面温度均匀,梯度合理,热容量大,间歇供暖温度变化缓慢。由于室内温度由下而上逐渐递减,地面温度高于呼吸线温度,脚暖头凉。系统不占使用面积,适合大跨度低窗台公共空间。最后,系统技术可靠,寿命长,运行费用低,管理操作简便。整根管铺设,不留接口,不易渗漏,易于调节和控制,便于分户计量(图 7-28)。

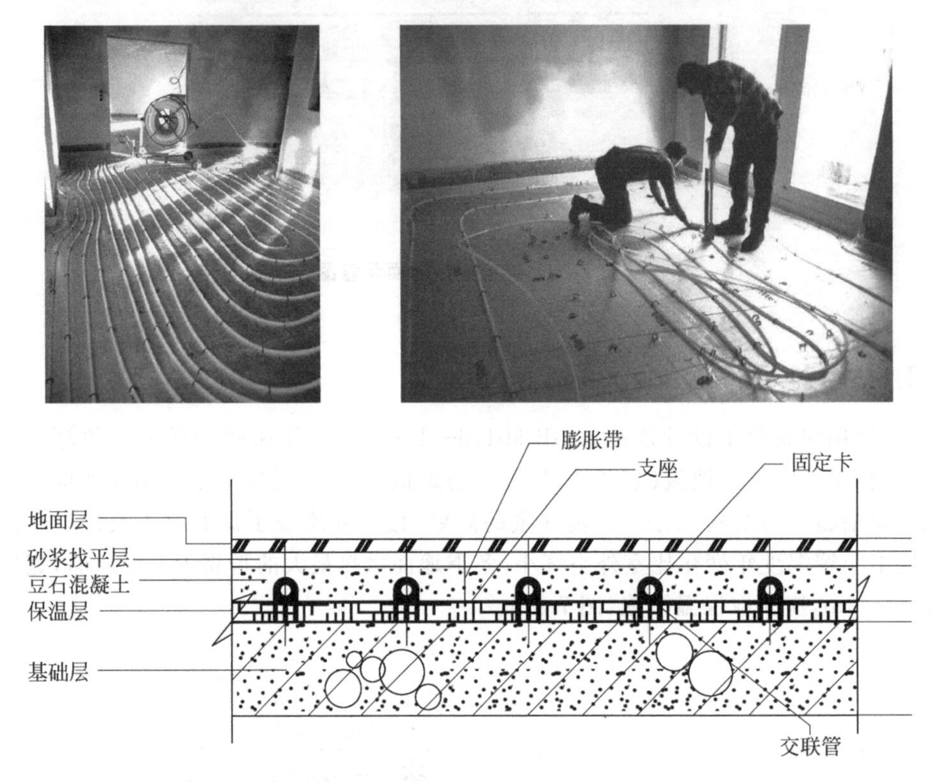

图 7-28 低温辐射采暖地板构造与铺设

结构层完成后,首先铺设高效保温材料,再将整根通水管(120m～150m)用特殊方式双向循环,按一定间距固定在保温材料上,最后回填豆石混凝土,经夯实整平后再做地面层(大理石、瓷砖、木地板、地毯等)。热媒加热地表层,以辐射的方式向室内传热,达到舒适的采暖效果。热媒可利用供暖回水、空调回水、余热水、地热水,或经热交换后自成独立系统,使水温低于 60℃ 运行。

7.5 阳光间/Sun Space

建筑南向设置"阳光间"与温室一样具有吸收、储存热量的作用,冬季可有效地提高室内温度,降低采暖能耗。当阳光间空气温度升高,热量被地板和墙面吸收,逐渐向室内释放,如果阳光间保温性能良好,所获太阳辐射热相当可观。阳光间内可设置移动保温层和通风系统,根据需要调节和分配所获太阳辐射热。附加阳光间和封闭式阳台除了用来作为休息、娱乐、植栽之外,还能够有效调节室内热环境,在夏季还能起到调节日照和遮阳、通风,冬季起到接受太阳辐射热量、减少散热和冷风渗透的作用(图 7-29,图 7-30)。

图 7-29 汉诺威 Ewige Weidew 生态社团村住宅阳光间

图 7-30 南向附加阳光间(暖房)

南向阳光间与二楼顶棚、北墙内侧设有空气循环通道,与底层地板蓄热石材相连,加热顶棚与北墙内侧,面向室内低温辐射散热,并将热量蓄存在石材中,以备夜间供暖。温室与房间之间的南墙设集热墙,白天储热,夜间散热供暖。夏天阳光间外侧设遮阳百叶,日闭夜开,必要时夜间可定时开动风机辅助通风,将温室内冷空气吹进循环通道,利于室内降温。

7.6 中庭空间/Atrium

对于公共建筑来说,中庭不仅是建筑的一部分,也是城市的一部分,不仅是一个社交、娱乐、休息等公共活动的舞台,也是一个调节室内热环境,引入阳光、空气、水和植物等自然元素的场所,提供既亲近自然又抵御不良气候的空间。现代玻璃中庭空间是一个大温室,可以通过温室效应和烟囱效应来集热和通风,形成室内热流和气流运动,自然调节室内热环境。垂直玻璃面朝南,冬季太阳辐射得热最大,内部采用蓄热材料增加热惰性,减少温度波动,提高玻璃和窗户的保温性能以避免不必要的夜间热损失,多余的热量通过采集并传递分配到其他需要采暖的区域。高层建筑的中庭温度有明显的垂直变化,有利于自然通风,但有时会造成局部风速过大或紊流,影响室内活动区,可以通过垂直方向的分层分隔处理避免风压和热压过大带来的问题。开敞边庭是城市与建筑的过渡空间,空间互动使立面变得具有层次感和纵深感，方便人们亲近自然，欣赏室外景色，还能调节室内热环境和节约能源。多层边庭可以结合遮阳、自然采光、通风排气散热设计，甚至扩展到整座建筑高度，利用烟囱效应来促成热压通风，改善各层空间的通风状况(图7-31)。

图7-31 法兰克福库尔公司(Kubl KG)办公楼

第 4 部分

舒适 · 健康 · 高效——基于未来的考虑

Comfort · Health · Efficiency
—Thinking of Future

8 太阳与建筑
Sun and Building

对于人来说，日照无论在心理上还是生理上都不可缺少。日照过少导致人体褪黑色素增加，引起精神忧郁。太阳辐射中，紫外线具有灭菌和促进维生素D合成的作用，可见光带来光明，红外线含有大量辐射能，带来温暖。

建筑日照是指建筑表面被太阳直接照射的现象，日照要求取决于使用性质和气候条件，寒冷地区的建筑冬季需要争取日照，提高室内空气温度；在温和地区，多数建筑需要冬季日照灭菌和预防疾病。另一些情况下，建筑需要避免日照，夏热地区要避免过量太阳光直射室内，导致过热和眩光，避免引起室内物质化学变化。

建筑日照设计按照使用要求，考虑太阳运行规律、气候条件、日照特点、地形和周边建筑状况，合理选择建筑朝向、间距、体形、门窗和遮阳。

8.1 太阳运行规律/Sun Path and Description

太阳运行规律是日照设计的基础。太阳在天空中的位置因时、因地而变化，建筑状况也多种多样，掌握太阳运行规律才能预知日照状况，进行日照设计。

8.1.1 太阳位置计算方法/Calculation of Sun Path

掌握太阳的运行规律，能够确定一年中任意时刻的太阳位置。

8.1.2 太阳运行的主观感受/Apparent Sun Motion

天文学与建筑学所涉尺度差别巨大，太阳中心说与日常体验并不一致。理论上，我们生活在远离太阳的一个倾斜自转的地球上，每年绕太阳公转一周，每天绕地轴自转一周。我们感觉地球是平的，是极大球面的极小部分，我们生活在一个无穷大的平面上，太阳沿着螺旋线的轨迹绕着它运动。由于太阳和地球的位置关系是相对的，假设地球静止不动，将太阳运动视为由地平面出现通过天空再到地平面的运动，对于人和建筑来说，更具直观意义。

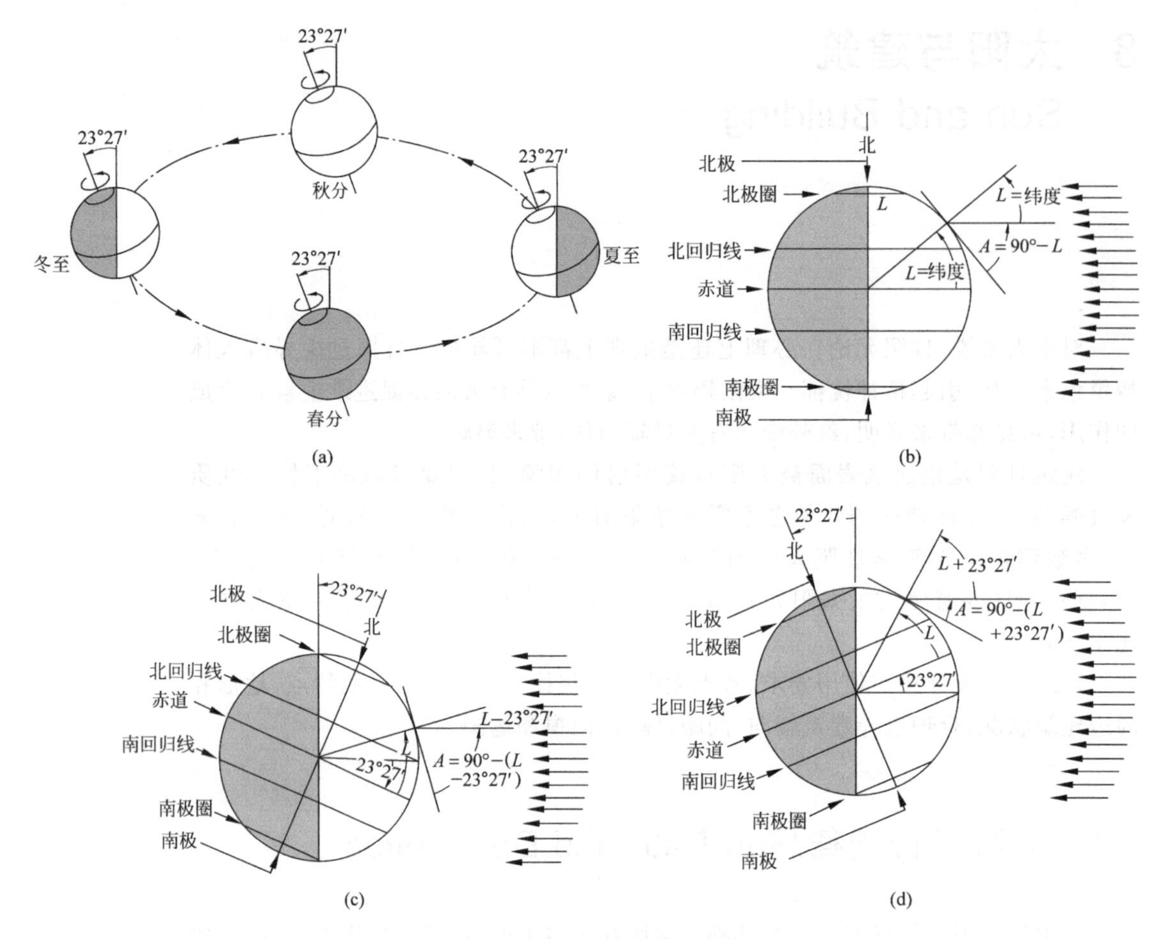

图 8-1　地球绕太阳公转与赤纬

(a) 地球绕太阳公转时,地球有一恒定的倾角; (b) 在春(秋)分日,地球上任意地点的正午太阳高度角等于90°减去其纬度; (c) 在夏至日,正午的太阳高度角比春(秋)分日的大 23°27′; (d) 在冬至日,正午的太阳高度角比春(秋)分日的小 23°27′

图中给出了地球在公转轨道上的几个典型位置:春分($\delta=0$),夏至($\delta=+23°27'$),秋分($\delta=0$),冬至($\delta=-23°27'$)。春分时(约在3月21日),太阳光线与地球赤道面平行,赤纬 $\delta=0°$,阳光直射赤道,并且正好切过两极,南、北半球的昼夜均等长。春分以后,赤纬逐渐增加,到夏至(约在6月22日)时,赤纬 $\delta=+23°27'$ 达到最大值,太阳光线直射地球北纬23°27′,即北回归线上。以后,赤纬一天天变小,秋分日(约9月22日)赤纬 $\delta=0°$。在北半球,从夏至到秋分为夏季,北极圈处在向太阳一侧;北半球昼长夜短,南半球夜长昼短。到秋分时又是日夜等长。当阳光继续向南半球移动,到冬至日(约12月22日)时,阳光直射南纬23°27′,即南回归线,赤纬 $\delta=-23°27'$,此时情况恰好与夏至日相反。冬至以后,阳光又向北移动返回赤道,至春分太阳光线与赤道面平行。如此周而复始。

地球与太阳的相对位置关系变化,形成春、夏、秋、冬季节更替(图8-1)。当地球绕太阳公转时,地轴总是保持着同一倾斜方向并指向北天极,在公转轨道上某一点,地轴斜离太阳,而半年后在轨道上另一点,地轴斜向太阳,与这两点对应的时间为冬至及夏至(winter and summer solstics)。对于站在地球上的人来说,夏至以前,太阳的运行轨道在天空中逐日升高,直到夏至日,然后开始逐日下降,直到冬至日。在北半球,全年中夏至日白昼时间最长,冬至日白昼最短。夏至日中午,太阳位于北回归线的正上空，冬至日中午，则位于南回归线的正上空。春季和夏季，地轴斜向太阳，北半球大半部分地区受到太阳照射，北极圈内有极昼现象。在夏至及冬至之间的中间点，地轴与太阳光线垂直，此时，太阳位于赤道正上空，全球各地的昼夜相等，为春分日和秋分日。太阳运动相对于赤道对称，北半球所发生的情况，半年后将在南半球发生(图 8-2)。

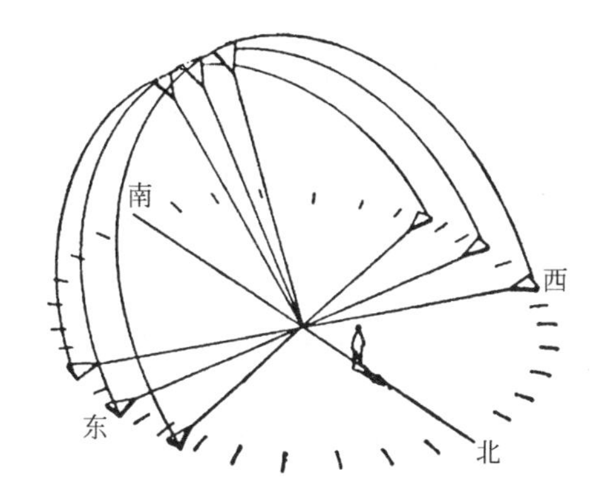

图 8-2 太阳运行的主观感受

连续观察太阳的运动，会发现太阳沿着一根连续的螺旋线运动，将地球上的观测点和太阳之间连一根假想线，其轨迹为一个以观测点为顶点的巨大而扁平的圆锥面。在冬季，圆锥面的凹面朝下对着南向；在夏季，凹面朝上对着北向；在春(秋)分，此圆锥为平盘状，这些圆锥面的轴线完全平行于地轴。

8.1.3 太阳运行规律的科学描述/Scientific Description of Sun Path

太阳运行规律可在理论上进行科学描述，地球绕地轴自转同时绕太阳公转，地球公转的轨道平面称为黄道面。由于地轴倾斜，与黄道面成 66°33′角，公转过程中这个角和地轴的倾斜方向不变，使太阳光的直射范围在南北纬 23°27′之间周期性变化。

(1) 赤纬。地球在公转中，太阳光直射地球的角度用赤纬 δ 表示，即太阳光与地球赤道面的夹角，随着地球在公转轨道上的位置即日期的不同而变化(图 8-3)。赤纬从赤道面算起，向北为正，向南为负。地球绕太阳公转过程中，不同日期对应不同的赤纬，全年主要季节的赤纬 δ 值可查表得到。一年中逐日的赤纬也可用下列公式粗略计算：

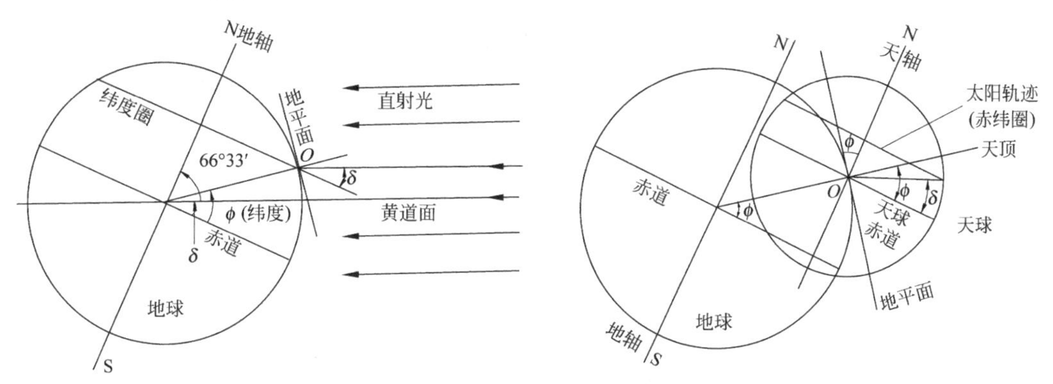

图 8-3 天球图作法

在天球图上，天轴与地轴平行，天球赤道面与地球赤道面平行，以赤纬圈表示一天里太阳在天球上运行的轨迹。过地球上观测点 O 作与地球的切面与天球相接成的大圆，即 O 点的地平面，从 O 点作一条与地平面相垂直的线与天球相交称为天顶。天顶线与天球赤道面的交角表示了观测点的地理纬度。

$$\delta = 23.45 \times \sin\left[\left(\frac{N-80}{370}\right)\times 360\right]$$

式中：δ——赤纬，(°)；

N——从元旦开始计算的天数。

(2) 天球图。为了进一步确定太阳与地球上某点的相对位置，根据相对运动原理，假定地球不动而太阳绕地球旋转，以地球上的某一观测点为圆心 O，以任意长度为半径，作一假想球面，天空中一切星体包括太阳均在此球面上运动，该球面称为天球，见图 8-4。对观测者来说，任何一天、任何时刻的太阳位置，在天球图上均可用赤纬(δ)和时角(t)表示，称为天球坐标。

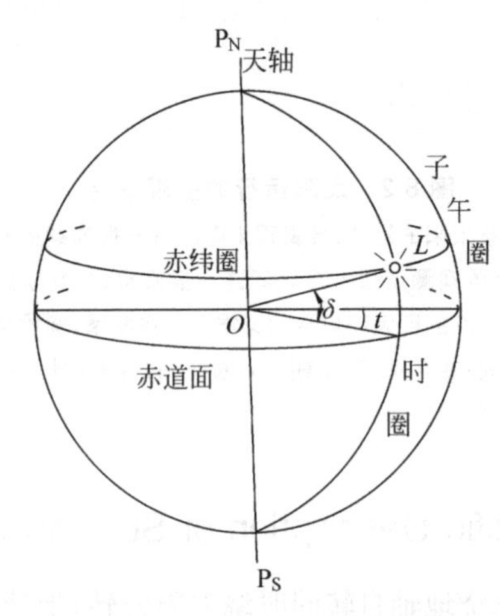

图 8-4 天球图上的赤纬和时角

(3) 时角。时角是按地球自转一周(24h)相当于太阳在天球图上绕天轴一周(即 360°)的原理，不同时角可表示一天中不同时间的太阳位置，以其所在时区的角度表示，即 1h 相当于时角 15°，并规定以太阳在观测点正南向，即当地时间正午 12 时的时角为 0°，此时的时圈称为当地的子午圈；对应上午的时角(12 时以前)为负值，下午的时角为正值。时角的计算公式为

$$t = 15(h-12)$$

式中：t——时角，(°)；

h——时间，h，按当地太阳时计算。

(4) 太阳时与标准时。计算太阳高度角和方位角时，时角(t)所用时间为观测点的当地太阳时，或称"真太阳时"，以太阳在当地正南时作为 12 时、地球自转一周又回到正南为一天。标准时是各国按所处地理经度位置以某一中心子午线为标准的时间。我国以东经 120°作为北京时间的标准时。穿过英国伦敦格林尼治(Greenwich)天文台的经线为本初经线，是经度的 0°，向东和向西各分为 180°，称为东经和西经。当地太阳时与标准时之间的转换关系为

$$T_0 = T_m + 4(L_0 - L_m)$$

式中：T_0——标准时间，时，分；

T_m——地方平均太阳时，时，分；

L_0——标准时间子午圈所处的经度，(°)；

L_m——当地子午圈所处的经度，(°)；

4——换算系数，min/(°)。由于地球自转一周按 24h 计，地球的经度分为 360°，所以每转过经度 1°为 4min。地方经度在中心经度以西时，经度每差 1°，地方时比标准时提前 4min；在中心经度以东时，经度每差 1°，

地方时比标准时推后 4min。

(5) 太阳的高度角和方位角

人在地平面观测到的太阳位置，可用高度角和方位角(solar altitude angles and azimuth angles)表示，如图 8-5 所示，太阳光线与地平面夹角(h)称为太阳高度角，太阳光线在地平面上的投影线与地平面正南方向的夹角(A)称为太阳方位角。

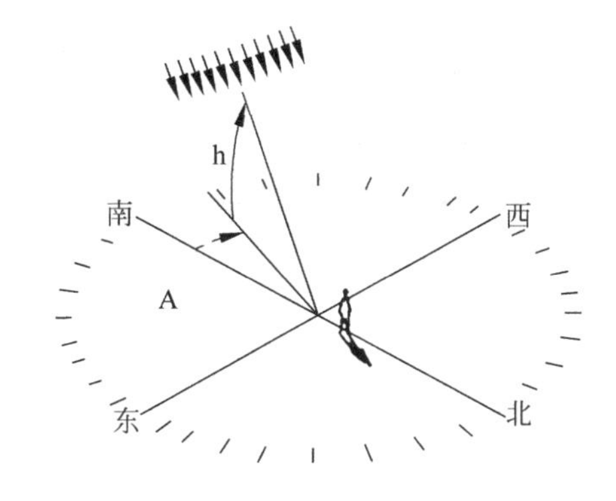

图 8-5 太阳的高度角和方位角

对于地球上的观测者，太阳在空中沿着一个大弧线运行，只要测出太阳对地平面的高度角及其相对于正南方向的方位角，即可确定太阳在一年当中任意时刻的位置。对于建筑来说，只要知道地理纬度、就能够确定该建筑所在位置一年之中任意时刻太阳的高度角和方位角。

一天当中，日出、日落时太阳高度角为零，当地太阳时 12 时，高度角最大，北半球此时太阳位于正南。太阳方位角以正南为 0°，顺时针方向为正值，太阳位于下午范围，逆时针方向为负值，太阳位于上午范围。任何一天，上、下午太阳的位置对称，如下午 1 点和上午 11 点，太阳高度角和方位角数值相同，方位角符号相反。在天球图上，根据观测点所在纬度，可用高度角和方位角表示太阳的位置，如图 8-6 所示。

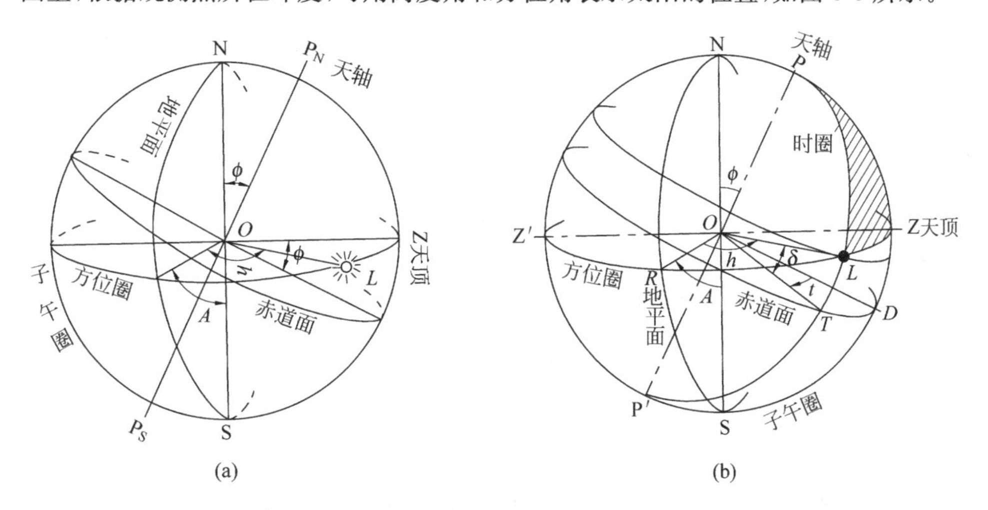

图 8-6 天球图上的太阳位置表示(图中 L 为太阳在天球图上的位置)

(a) 在天球图上，根据观测点所在的纬度，也可用高度角和方位角表示太阳的位置；(b) 将赤纬(δ)、时角(t)、纬度(ϕ)和高度角(h)、方位角(A)同时表示在天球图上，用球面三角原理即可得出用赤纬、时角和地理纬度表示的太阳高度角和方位角。

太阳高度角和方位角的影响因素有三个：赤纬(表明一年中日期的变化)、时角(表明一天中时间的变化)和地理纬度(表明测点所在位置的差异)，其计算公式如下：

$$\sin h = \sin\phi \cdot \sin\delta + \cos\phi \cdot \cos\delta \cdot \cos t$$

$$\cos A = (\sin h \cdot \sin\phi - \sin\delta)/(\cos h \cdot \cos\phi)$$

正午时太阳方位在正南,方位角为0°,此时高度角计算式可简化为

$$h = 90° - (\phi - \delta) \quad (当\ \phi > \delta\ 时)$$

$$h = 90° - (\delta - \phi) \quad (当\ \delta > \phi\ 时)$$

日出、日落时间的时角和方位角的计算式为

$$\cos t = -\tan\phi \cdot \tan\delta \quad (太阳高度角\ h = 0°)$$

$$\cos A = -\sin\delta/\cos\phi \quad (太阳高度角\ h = 0°)$$

一年之中,春分日和秋分日,太阳从正东方向升起,在正西方向落下,其余日期,冬季,日出于东偏南,落于西偏南;夏季,日出于东偏北,落于西偏北。赤道地区,不同季节的日落的方位角在沿着地平线由西偏南23°27′至西偏北23°27′范围内变动。在中高纬度上,日落方位角的季节变化幅度逐渐增大,直到北极圈,夏至日日落方位角为西偏北90°,冬至日为西偏南90°(图8-7)。

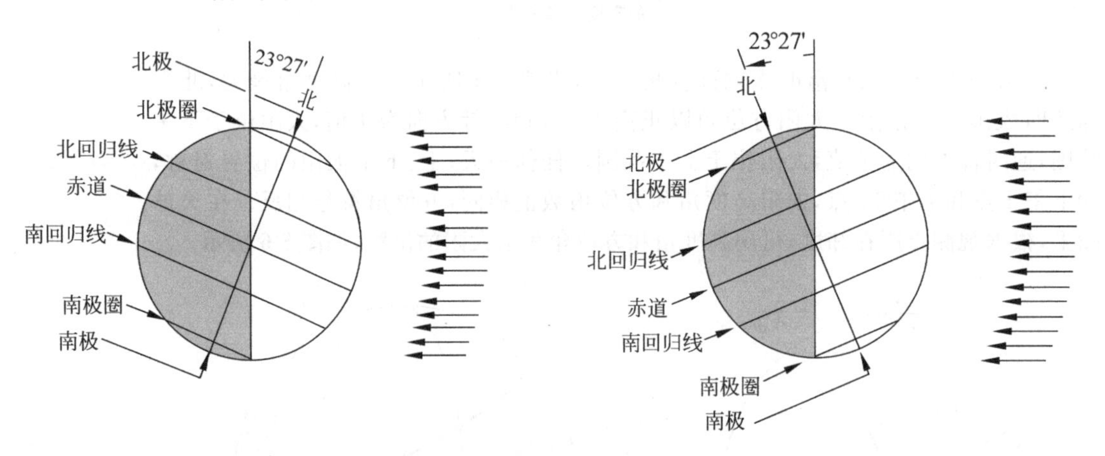

图8-7 极昼和极夜奇观

在地球北极,夏季半年太阳沿着其平行于地面的轨道日复一日地转动而不落,沿着一条逐渐上升的螺旋线而运动,直到夏至日达到其最大的高度角;冬季半年,北极处于黑暗之中。在北极圈,夏至日太阳落于北方又在北方升起,站在北极圈上的人在午夜时分可以看到太阳转到北方,在快要降到地平线时,刚一接触地面便立即上升而转向东方的天空继续运行。在北极圈,冬至日也可看到太阳运行的另一奇观,在正午,黑暗刚被打破,南方出现曙光,红日渐渐升起,但地平线上刚现半轮太阳,旋即徐徐下降,又恢复黑暗。

8.1.4 日照图表及其应用/Sun Path Diagrams

日照图表是一种辅助设计工具,一般的太阳高度角及方位角数据均可在日照图表中查得,建筑设计手册中常有各主要地区的日照图表,有正投影日照图和平射影日照图,是一套用极坐标按照纬度分别画出的圆形图表,可直接读取任一日期、任一时刻的太阳高度角及方位角,用作遮阳板、日照间距和庭院布局、地形对建筑遮挡、太阳能集热板角度等设计的计算参考。

(1) 正投影日照图。将天球图中太阳的高度角和方位角坐标直接投影在地平面上绘制而成,绘制方法见图 8-8(a)。图中各同心圆为太阳高度角的水平投影坐标,圆心为观测者位置,同心圆半径(r)与太阳实际高度角的关系为

$$r = R\cos h$$

式中:R——大圆半径(即当太阳高度角为 0°时的半径),尺寸可任意选择,m;

h——太阳高度角,(°)。可以用 5°或 10°为一间隔构成高度圈的坐标图。

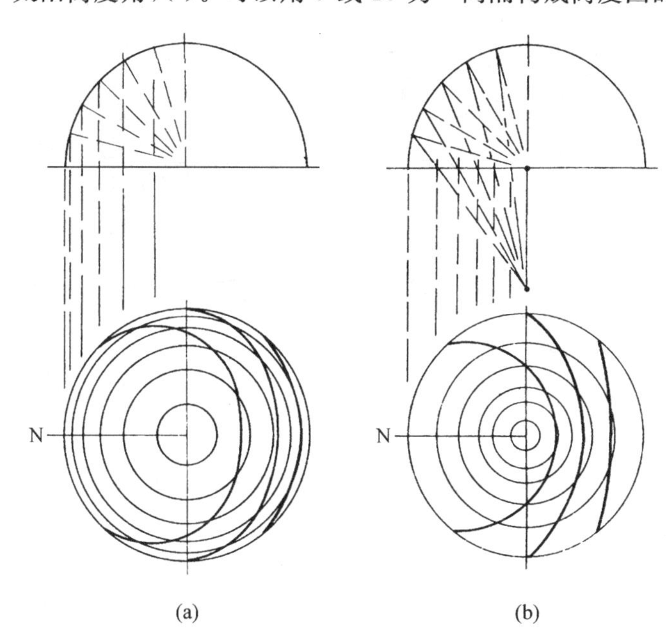

图 8-8 正投影日照图和平射影日照图绘制法

(a) 正投影日照图绘制法;(b) 平射影日照图绘制法

太阳方位角的坐标则可按一定的角度间隔直接绘出。

在坐标图上,将已计算出的某一地区的几个典型日期一天里逐时的太阳高度角和方位角加以标注,并连成太阳轨迹线和时间线(两个曲线也可由作图法得出),即成为该地区的正投影日照图,供设计时使用。

正投影日照图绘制方便,它的缺点是对于比较小的太阳高度角、高度圈之间的距离过近,使用时不易分辨清楚。

(2) 平射影日照图。原理与正投影日照图基本相同,差别在于正投影日照图是将视点设在天球中心,而平射影日照图是将视点设在天球的天底处,因此投影在地平面上的太阳高度角坐标就不相同了,各高度圈之间的距离比较均匀。图 8-8(b)为平射影日照图的绘制方法。图中每个高度圈的半径 r 与太阳高度角的关系为

$$r = R \cdot \tan\left(45° - \frac{h}{2}\right)$$

式中:R——大圆半径,m;

h——太阳高度角,(°)。

(3) 用计算机计算太阳方位角和高度角十分方便。各主要地区的平射影日照图可在有关的手册中查出。目前,模拟建筑日照的软件也已经商业化应用(图 8-9～图 8-11)。

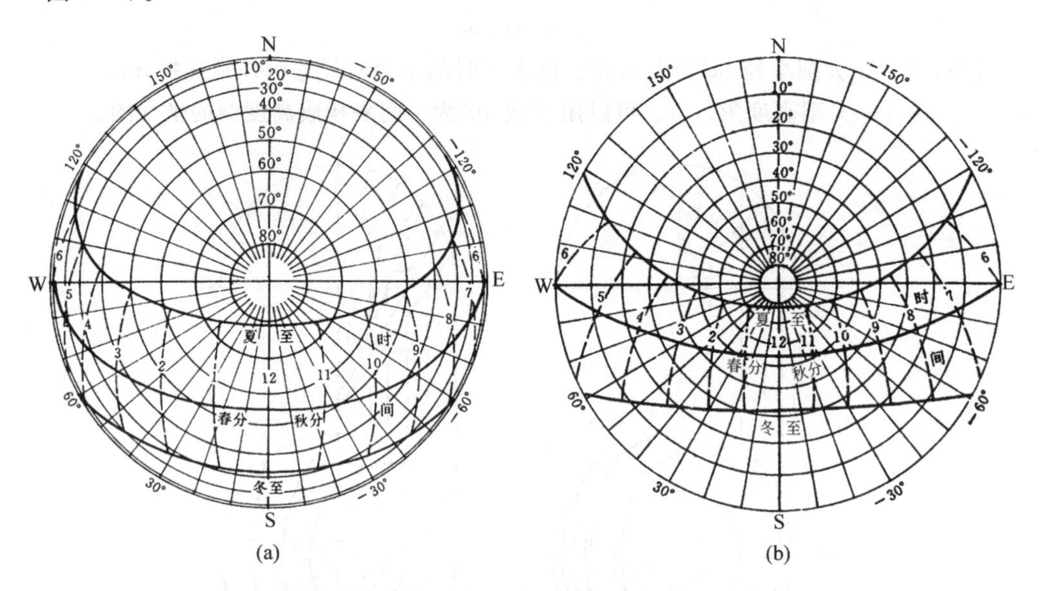

图 8-9 正投影日照图和平射影日照图(北纬 35°)

(a) 正投影日照图;(b) 平射影日照图

其中,图(a)为北纬 35°地区的正投影日照图。从图中查出该地区在夏至、春分、秋分和冬至日的各个时间里太阳的高度角和方位角。图(b)为北纬 35°地区的平射影日照图。平射影日照图的各高度圈之间距离均匀,便于使用。

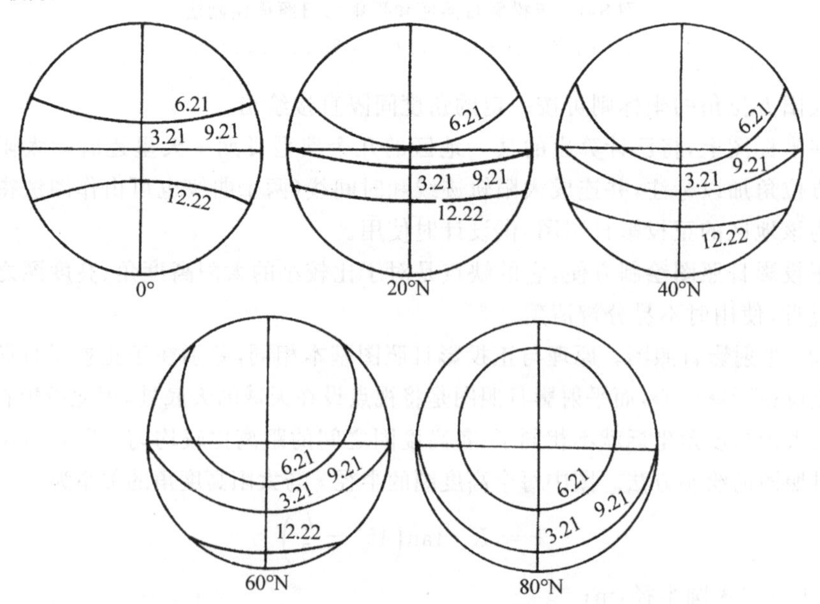

图 8-10 不同纬度区的平射影日照图

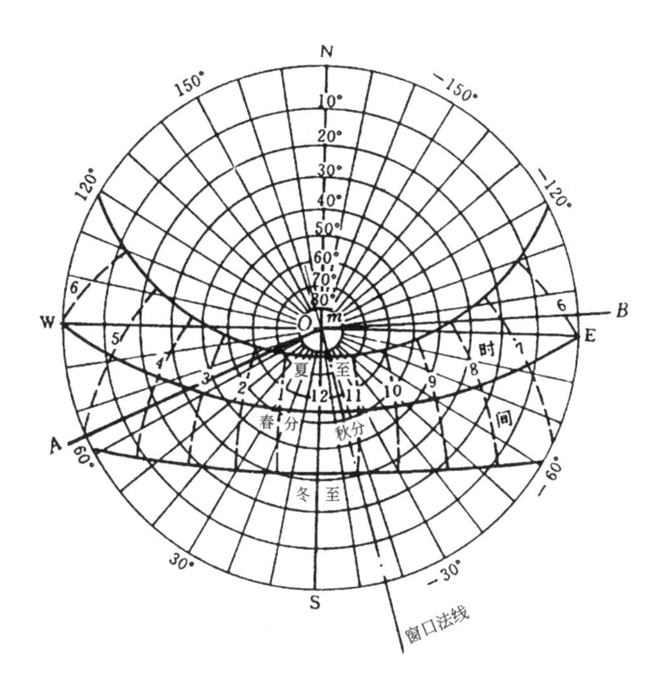

图 8-11 日照图的应用

日照图用于计算典型日期窗口的无遮挡日照时间、周围建筑遮挡窗口的日照时间、遮阳形式和尺寸。

8.2 建筑日照/Building Sunshine

建筑选址与形态、布局与朝向、采光、遮阳、蓄热、集热都与日照密切关联。

不同地区的太阳辐射状况存在差异，晴天无云时，一天太阳照射地面的时间称为可照时数，可照时数随纬度和日期而变化，日照时数是指太阳照射地面的实际小时数，小于可照时数，其比值称为日照率，日照时数和日照率受天空云量影响。我国西北、华北、东北地区全年日照率最高，华南、江南地区次之，四川盆地、两湖平原、贵州东部最小。不同气候区的建筑日照需求完全不同，寒冷地区要最大限度地获取、储存和利用太阳辐射能，而夏热地区的重点是遮阳，夏热冬冷地区要两者兼顾。

［**例 8-1**］ 北京($\phi=40°$)有一组住宅建筑，室外地平的高度相同，设其朝向正南，后栋建筑一层窗台高 1.5m(距室外地平)，前栋建筑总高 15m(从室外地平至檐口)，则其计算高度 H_0 为 13.5m，要求后栋建筑在大寒日正午前后有 2 小时日照，求其必需的建筑间距。

［**解**］ (1) 确定太阳赤纬角和时角：大寒日(1 月 22 日)赤纬角 δ 为$-20°$。由于建筑朝向正南，若要正午前后有 2 小时日照，则最理想的日照时间是从 11 点到 13 点。在 11 点和 13 点二者的太阳高度角相同而方位角的正负号相反。因此，可以只取其中一个时角即可。如取 11 点，则其时角 t 为

$$t=15(h-12)=15\times(11-12)=-15°$$

(2) 计算太阳高度角和方位角

以 $\phi=40°$，$\delta=-20°$代入计算公式，

即 $\sin h=\sin 40°\cdot\sin(-20°)+\cos40°\cdot\cos(-20°)\cdot\cos(-15°)=0.473$

$h=28.23°$或$28°14'$

$\cos A=[\sin28.23°\cdot\sin 40°-\sin(-20°)]/(\cos28.23°\cdot\cos40°)=0.961$

$A=16.05°$或$16°03'$

(3) 计算建筑日照间距 D_0

由于建筑朝向正南,建筑日照间距为

$$D_0=H_0\cot h\cdot\cos\gamma=13.5\cot28.23°\cdot\cos16.05°=24.1\text{m}$$

得两栋建筑间所需的距离为至少24.1m。

建筑朝向与太阳方位相关,北半球地区为了获得日照,温带和寒带地区的建筑采用坐北朝南布局,是由各朝向太阳辐射强度季节性变化的规律所决定的,这种朝向夏季得热少,冬季得热多,对防热和保温都有利。北方地区传统北京四合院、东北大院、山西合院式民居坐北朝南,院落空间尺度和建筑间距都受太阳高度角影响。

按照我国居住建筑日照标准,应有足够间距来保障基本日照。日照间距以冬至日或大寒日的太阳高度角为依据,常以冬至日(12月22日)或大寒日(1月22日)保证室内正午前后有不少于1小时或2小时日照时间来确定,具体要求根据《城市居住区规划设计规范》(GB 50180—1993)按地区气候条件及城市特点所作的规定(表8-1)。各地区规划主管部门根据上述规定并结合住宅朝向制定出不同方向的"住宅日照间距系数"。

表8-1 我国居住建筑日照标准

建筑气候区划	Ⅰ、Ⅱ、Ⅲ类气候区		Ⅳ类气候区		Ⅴ、Ⅵ、Ⅶ类气候区
	大城市	中小城市	大城市	中小城市	
日照标准日	大寒日			冬至日	
日照时间	≥2h	≥3h		≥1h	
有效日照时段	8~16时			9~15时	
计算点	底层窗台面				

8.2.1 日照间距的计算/Space for Sunshine

在住区规划中,如果已知前后两栋建筑的朝向及其外形尺寸,以及建筑所在的地理纬度,则可用计算法按照当地所规定日期各小时的太阳高度角和方位角,计算出为保证规定的日照时间所需间距。

日照间距的基本计算式如下(图8-12):

$$D_0=H_0\cot h\cdot\cos\gamma$$

式中:D_0——建筑所需日照间距,m;

H_0——前栋建筑计算高度(前栋建筑总高减后栋建筑第一层窗台高),m;

h——太阳高度角,(°);

γ——后栋建筑墙面法线与太阳方位角的夹角，即太阳方位角与墙面方位角之差。

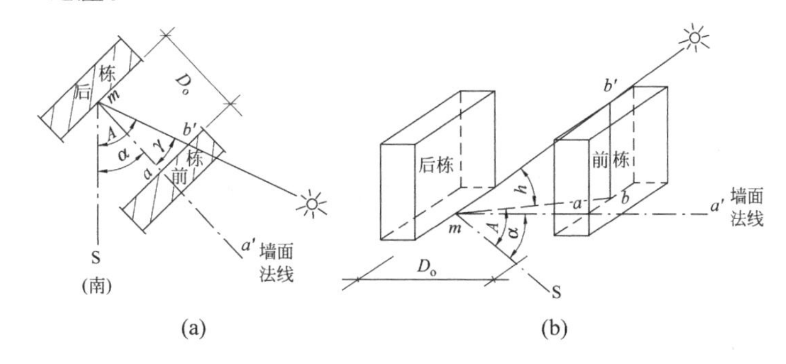

图 8-12 建筑日照间距示意图

写成计算式为

$$\gamma = A - \alpha$$

式中：A——太阳方位角，(°)；以当地正午时为零，上午为负值，下午为正值；

α——墙面法线与正南方向所夹的角，(°)；以南偏西为正，偏东为负。

当建筑朝向正南时，$\alpha=0$，公式可写成：

$$D_0 = H_0 \coth \cdot \cos A$$

8.2.2 日照间距与建筑布局/Building Arrangement for Sunshine

日照间距标准和要求与节约用地存在矛盾，对我国城市住区形态布局和住宅设计存在很大限制。既满足建筑的日照要求，又提高建筑的密度，避免建筑布局单一，提升住区公共空间品质，面临诸多挑战。在建筑规划中，以往常用日照间距系数来确定住宅间距，这种算法比较粗略，经常导致一些房间达不到基本的日照时数，特别在塔式高层住宅中经常出现。当前，计算机日照模拟技术和软件日益发展并普及应用，可对日照时间和角度、间距进行精确计算，输出直观的计算结果，帮助决策和规划管理(图 8-13，图 8-14)。

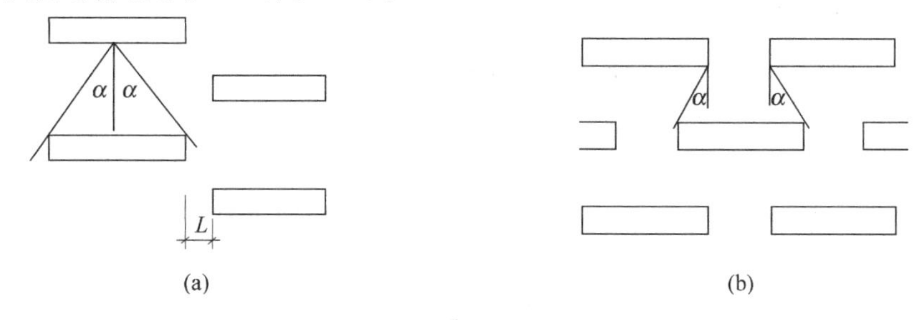

图 8-13 建筑布局与日照

将正南向行列式布置改为错排行列式或交叉错排行列式布置，利用上下午的斜向日照，都有可能增加建筑密度。为了保证日照时间，需进行验算。图中两排建筑山墙间的距离和影响斜向日照的角均应满足一定要求。

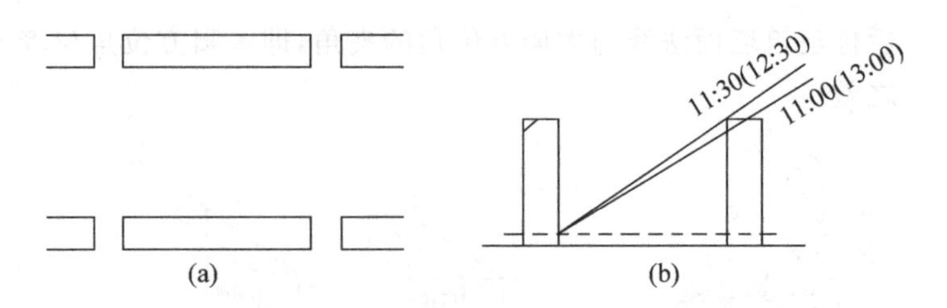

图 8-14 建筑北侧错台与日照间距

南北向行列式布置的建筑,前栋建筑顶层北侧错台式,冬至日的日照时间将增加。

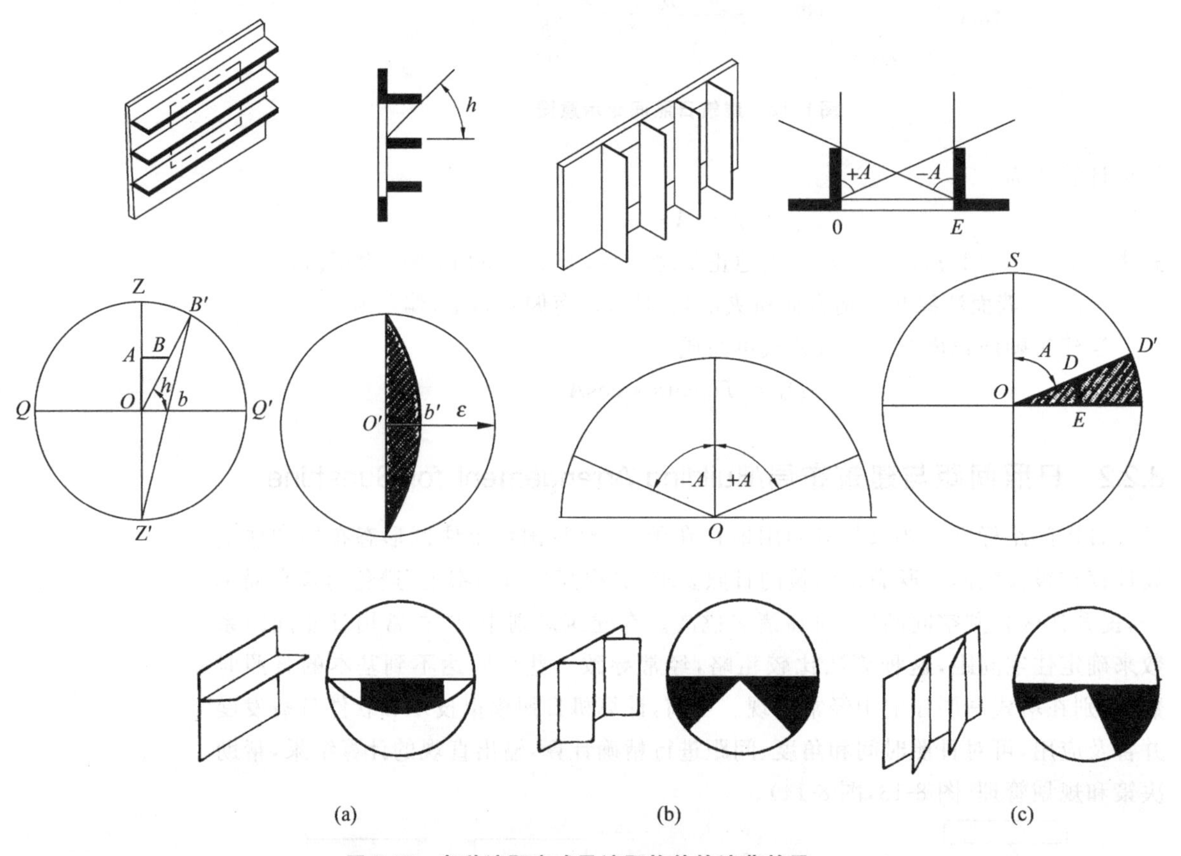

图 8-15 各种遮阳方式及遮阳构件的遮蔽效果

(a) 遮阳效果正午时最大,日出日落时最小;(b) 遮阳效果正午时最小,日出日落时最大;

(c) 垂直板与墙面斜交时,遮阳效果不对称;(d) 综合式遮阳板,效果比较均匀;

(e) 倾斜垂直板综合式遮阳板,效果不均匀;(f) 挡板式遮阳难于达到100%的遮阳效果

水平遮阳能遮挡高度角较大、从窗户上方照射下来的阳光,适用于南向窗口和处于北回归线以南低纬度地区的北向窗口;垂直遮阳能遮挡高度角较小及从窗口两侧斜射过来的阳光,适用于东北、西北向的窗口。(a)~(f),格栅式遮阳为水平和垂直式遮阳的综合,能遮挡高度角中等、从窗口上方和两侧斜射下来的阳光,适用于东南和西南向附近的窗口。

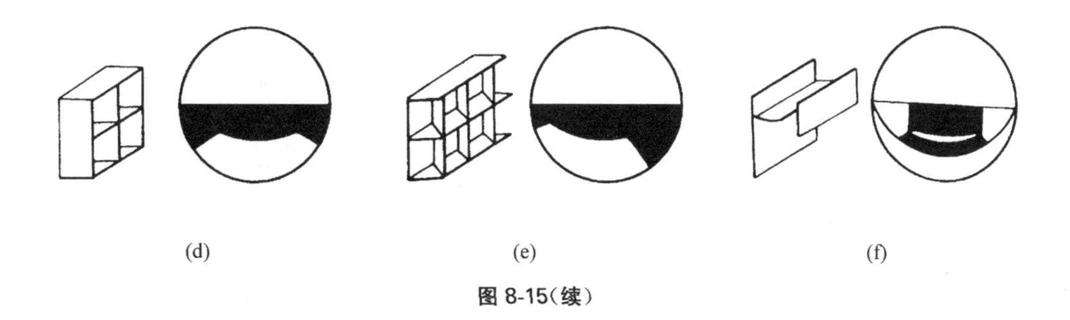

图 8-15(续)

8.3 建筑遮阳与构件/Solar Shading in Buildings

太阳辐射主要从两方面影响室内热舒适：一是直接入射室内，二是被建筑表面吸收后，一部分热量通过围护结构传入室内。围护结构在一定程度上稳定了室内温度变化，但从窗户入射室内的日照还是对室温有直接影响。建筑遮阳的目的是阻断直射太阳光进入室内，防止太阳光过分照射和加热围护结构。在节能方面，建筑遮阳是最立竿见影的有效方法，遮阳构件也是影响建筑形体和美感的重要因素。

8.3.1 建筑遮阳方式/Solar Shading Devices

夏季，建筑围护结构中许多部位都暴露在太阳之下，屋顶、外墙、门窗需要遮阳。现代建筑中，玻璃使用广泛，充分体现室内外视觉交流和空间融合，非常具有感染力，但温室效应使玻璃建筑存在致命缺陷，亮丽的外表隐藏着为能源付出的高昂代价，遮阳设计不当将导致空调能耗居高不下。

太阳运行有规可循，太阳高度角和方位角在一年四季循环往复地变化，建筑遮阳也由此产生，遮阳设计存在一些基本规律。不同部位的遮阳设计也有针对性，遮阳构件多种多样，既可以是建筑的一部分，如壁柱、阳台、柱廊、锯齿形立面等，也可以是附加的遮阳构件，将水平或垂直遮构件与建筑造型结合。例如，对于侧窗遮阳来说，可以采用平板式遮阳板(木质、布帘、百叶等)，也可采用水平、垂直或格栅式遮阳构件。对于屋顶天窗和玻璃顶来说，布幔和格栅能够充分发挥遮阳作用。

水平遮阳。以遮挡高度角为目标，适合南向正午太阳高度角较大的状况，较小的水平出挑能给墙和窗带来大面积阴影(图 8-16)。

垂直遮阳，以遮挡太阳方位角为目标，能有效地遮挡高度角很低的光线，适合东西方向日出和日落状况(图 8-17，图 8-18)。

格栅式遮阳。遮阳兼有水平遮阳和垂直遮阳的优点，对于各种朝向和高度角的太阳光都比较有效。垂直或水平构件均可做成固定式或活动式，可左右倾斜或上下倾斜以适应不同的要求(图 8-19～图 8-21)。

图 8-16 水平遮阳

柏林北欧五国大使馆的设计体现了水平遮阳的功能和艺术魅力。

图 8-17 垂直遮阳(一)

柏林墨西哥大使馆主立面和入口朝东，垂直遮阳能有效发挥作用，18m高的主立面布置从上到下贯穿整个高度的垂直混凝土遮阳板，位于玻璃幕墙之外，有效遮挡阳光，且倾斜角度逐渐加大，具有律动的美感。

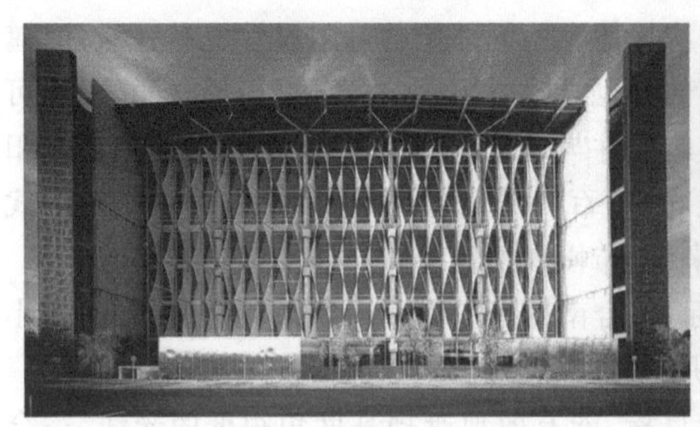

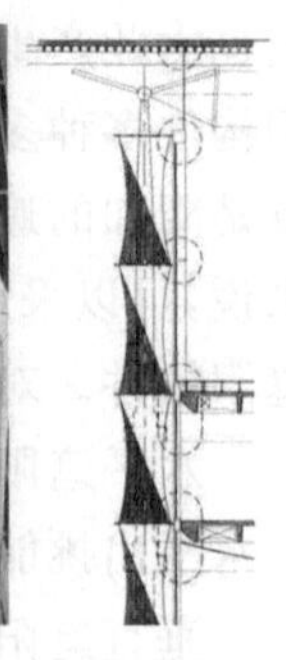

图 8-18 垂直遮阳(二)

亚利桑那州凤凰城中央图书馆将遮阳作为一种标志或装饰，由钢架支撑起的三角帆布，直观展示垂直遮阳的艺术感染力，在浩瀚、酷热的西部沙漠之中，片片白帆仿佛使人们看到蔚蓝的大海。

图 8-19 综合式遮阳

波士顿市政厅极富韵律、柱廊般的混凝土垂直遮阳板，层层退进的平面使每层窗户获得了自然的水平遮阳。

图 8-20 格栅式遮阳

昌迪加尔议会大厦及高等法院的混凝土格栅式遮阳构件，风格粗犷，奇特形体，独树一帜。

图 8-21 屋顶遮阳

巴黎贝西公园影城的屋顶采用隔栅遮阳，轻巧而富有律动感。

平板式和帘式遮阳。有效地遮挡整个窗户的阳光,并根据采光和通风要求适当调节(图 8-22)。

图 8-22 帘式遮阳

柏林某办公楼和老年人之家采用窗外挂帘式遮阳。

植物遮阳。树木或攀缘植物可遮挡阳光,由于植物的光合作用和蒸腾作用,叶片本身温度并不显著升高,优于其他建筑遮阳构件。以落叶乔木最为理想,夏季枝繁叶茂可以阻挡灼热的阳光,冬季枝条稀疏让温暖的阳光透射室内,建筑西墙前种植乔木,不但可提供良好的景观,还可控制夏季西晒(图 8-23～图 8-25)。

图 8-23 植物遮阳(一)

维也纳百水公寓(Hundertwasserhaus)外墙部分采用攀缘植物遮阳,充满自然特性,院内密集的植物对室内外咖啡座进行遮阳,光影丰富多变。

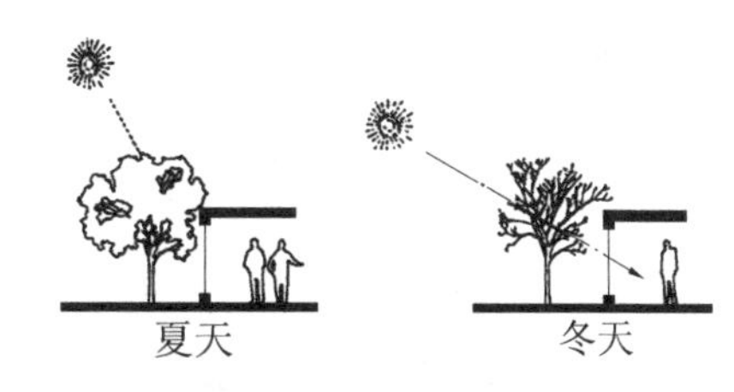

图 8-24 植物遮阳(二)

植物遮阳取决于树种、树冠和树龄。落叶植物夏季树叶茂盛发挥遮阳作用,冬季落叶后又有利于建筑获得日照。

图 8-25 绿化遮阳

汉诺威 Ewige Weidew 生态社团村植被屋顶和外墙,住宅周围和道路两侧配置高大密集的落叶乔木,住宅和玻璃起居室掩映在绿树丛中,阳光透过树叶的缝隙投下缕缕光斑,不仅遮挡了夏季阳光,而且让人领略到建筑与自然的融合。

建筑互遮阳与自遮阳。利用建筑阴影互相遮挡,或通过建筑自身的形体变化和建筑构件,将窗置于阴影之内,形成自遮阳。既可以是建筑体形的凹凸变化、檐口出挑和缩进、加厚墙体形成阴影区,也可以是整体上的遮阳墙、双层遮阳通风屋顶等。屋顶是受太阳辐射最多的建筑构件,使用双层屋顶遮阳通风,防热效果显著(图 8-26,图 8-27)。

(a)

(b)

图 8-26 建筑自遮阳(一)

图(a)为阿姆斯特丹某住宅利用形体凹凸自遮阳,并给建筑带来微妙的光影效果和丰富的韵律感。

图(b)为孟买干城章嘉公寓通过建筑自身的形体凸凹来形成大面积阴影,主要采光窗都位于阴影之中,暴露在墙体表面的窗洞口尺寸较小,不仅避免西晒,还可获得理想的滨海景观。

图 8-27 建筑自遮阳(二)

沙特国家商业银行平面呈三角形,外墙没有窗户,取而代之的是超大尺度的洞口。厚重封闭的外墙避免了灼热阳光的直晒和沙漠热风的侵袭,各个房间通过中央大洞口间接采光,俯瞰波光粼粼的红海海湾。

可调节遮阳。对于玻璃中庭来说,除在屋顶设置大檐口实体遮阳之外,还经常在内部使用可调节的格栅和布幔,随着光线的变化,遮阳所形成的光斑也姿态迥异,形成富有震撼力的室内光影效果。

8.3.2 遮阳构件计算/Calculation of Solar Shading Devices

太阳辐射强度因地点、日期、时间和朝向而异,建筑各向窗户所要求遮阳的日期、时间及遮阳形式和尺寸,也需根据具体地区的气候和朝向而定。遮阳构件的形式和尺寸一般可根据当地日期、时间及朝向用图表法求得,针对某一时间的窗口遮阳也可按当时的太阳高度角和方位角准确计算(图 8-28)。

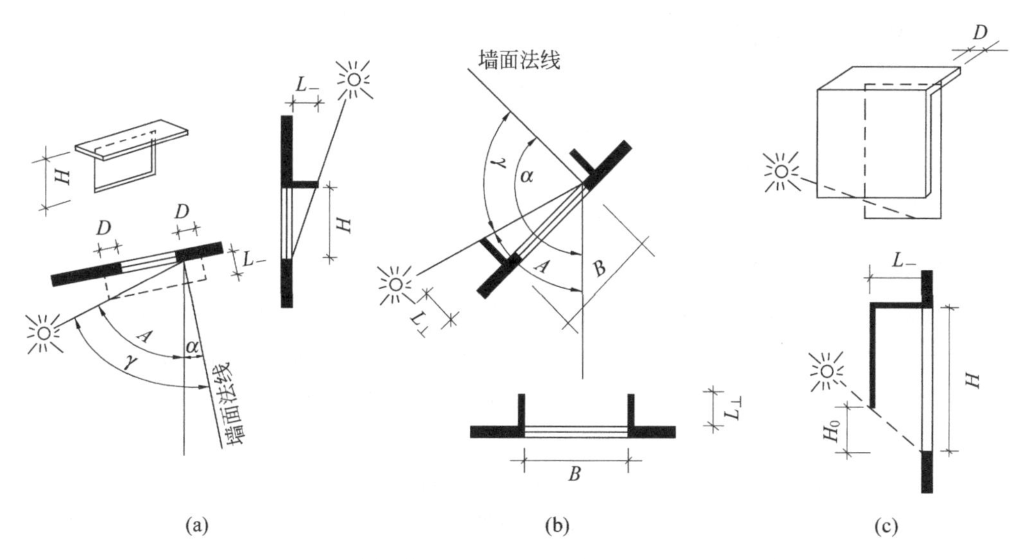

图 8-28 水平式遮阳、垂直式遮阳和挡板式遮阳计算

1. 水平式遮阳计算

（1）任意朝向水平遮阳板挑出的长度按下式计算：

$$L_{\_} = H\coth \cdot \cos\gamma$$

式中：$L_{\_}$——水平板挑出长度，m；

H——水平板下沿至窗台高度，m；

h——太阳高度角，(°)；

γ——太阳方位与墙方位角差，(°)。

（2）水平板两翼挑出的长度按下式计算：

$$D = H\coth \cdot \sin\gamma$$

式中：D——从窗口到遮阳板侧边的长度，m。

适宜的水平遮阳尺寸应根据当地冬季和夏季的太阳高度角变化分别计算，使其在室内过热时有满窗遮阳，而在低温时又有足够的日照(图 8-29)。

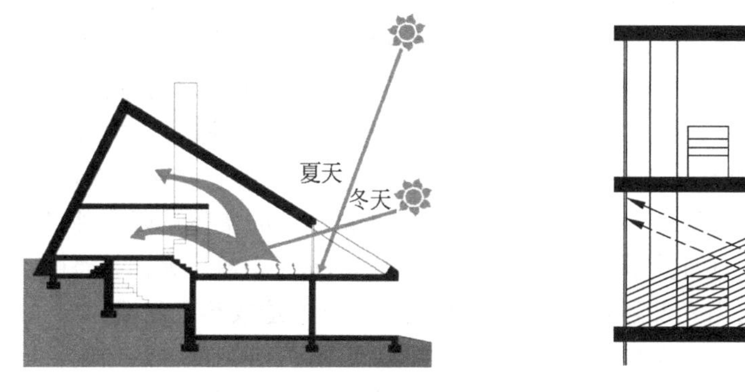

图 8-29 水平遮阳板尺寸

2. 垂直式遮阳计算

任意朝向窗口的垂直遮阳板挑出长度按下式计算：

$$L_{\perp} = B\cot\gamma$$

式中：$L_{\perp}$——垂直板挑出长度，m；

B——两面垂直板间净距，或垂直板内侧至窗口另一边距离，m。

3. 格栅式遮阳计算

任意朝向窗口的格栅式遮阳的挑出长度，可先计算出垂直板和水平板两者的挑出长度，再根据两者的计算数值按构造要求确定出综合式遮阳板的挑出长度。

夏热冬冷地区，遮阳构件要兼顾夏季遮阳和冬季日照，通过太阳高度角的季节性变化来确定檐口出挑尺寸，在遮挡夏季阳光的同时又不阻隔冬季阳光。例如，为了获得春(秋)分南向窗满窗遮阳、冬季室内阳光普照，可由窗下缘控制点引出一根春(秋)分正午的太阳高度角线，再由窗口顶端引出一根冬至日正午太阳高度角线，由此二引线的交点即可定出水平遮阳板出挑长度。

4. 挡板式遮阳

用于遮挡高度角较小、从窗口正面入射的阳光，适用于东西向的窗。任意朝向窗口的挡板式遮阳尺寸计算，可先按构造需要确定挡板面至墙外表面的距离 L_{-}，然后按公式求出挡板下端至窗台的高度 H_0，即

$$H_0 = \frac{L_{-}}{\cot h \cdot \cos\gamma}$$

式中：L_{-} ——水平板挑出长度，m。

再根据公式 $D = H\cot h \cdot \sin\gamma$ 求出挡板两翼至窗口边的距离 D，最后确定挡板尺寸，即用水平板下缘至窗台高度 H 减去计算出的 H_0，便可得出挡板高度。

8.3.3 遮阳构件性能与设计/Solar Shading Device Performance and Design

遮阳构件设计要与防热、采光、通风协同，满足原有窗的采光和通风功能。

遮阳与防热。遮阳构件阻隔太阳辐射，可明显降低室内最高气温，减小室内气温波动，延迟室内高气温出现时间，节约能源并改善室内热环境，其防热效果与遮阳形式及朝向有关之外，还与其构造处理、材料及颜色有关，遮阳构件本身既要避免吸收过多热量，又要易于散热。深色及蓄热系数大的材料吸收储存的热量多，遮阳构件一般选择浅色且蓄热系数小的轻质材料。高蓄热性的实体遮阳构件吸收太阳辐射，其中有相当一部分热量会最终传入室内。例如，水平混凝土遮阳板将吸收热量直接传至外墙，并将阳光反射到上层房间，在遮阳板下方造成热空气滞留，加速热量传入室内，且日落后冷却缓慢，对防热不利。如果改用高反射、低蓄热金属百叶遮阳板，与墙体之间留有间隙，不妨碍通风，热工性能优于实体遮阳板(图 8-30)。室外

遮阳构件有利于通风散热，效果优于室内。双层玻璃幕墙中的遮阳百叶既能遮阳，又能通风散热，且不易损坏。

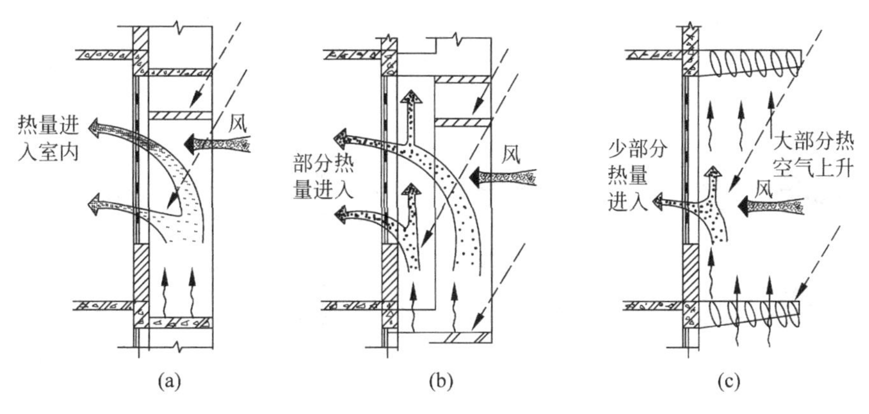

图 8-30 遮阳与隔热

遮阳与采光。遮阳构件对窗的采光特性存在影响，在阻挡直射阳光、防止眩光的同时，也会降低室内照度，在阴天尤为不利。对于单侧采光的房间来说，照度分布不均匀，靠近窗口区域过亮，房间深处太暗，可以对采光、遮阳进行一体化设计，利用遮阳板的反射作用将自然光引入房间深处（图 8-31，图 8-32）。

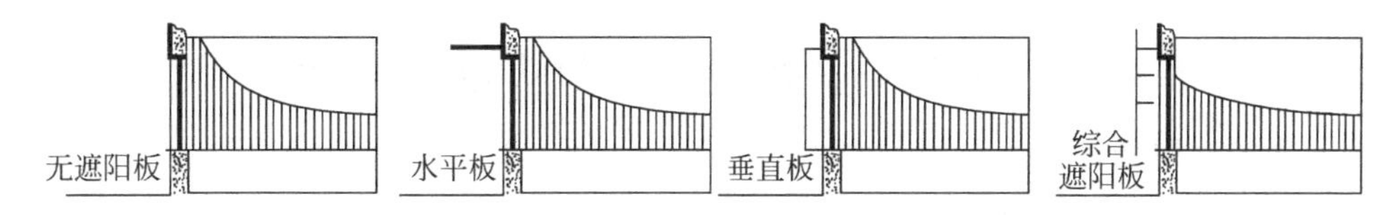

图 8-31 各类遮阳设施的采光效果

设置遮阳设施，一般室内照度可降低 20%～58%。几种形式遮阳对室内照度的影响大致如图所示，阴影部分为工作面上的照度值。其中水平和垂直遮阳板可使照度降低 20%～40%，综合遮阳可使照度降低 0～55%。

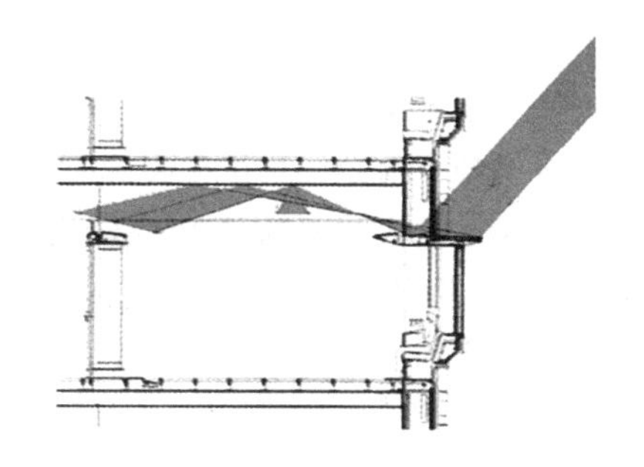

图 8-32 英国新议会大厦

利用水平遮阳板减弱窗周边照度的同时，将遮阳板的上表面作为反光板，使光线入射房间深处。房间顶棚采用高反光涂料，加强房间深处照度，使整个房间光线更均匀。

遮阳与通风。遮阳构件会导致建筑周围局部风压改变，对房间通风形成阻挡，降低室内风速，改变风场流向，特别是实体遮阳板会显著降低建筑表面的空气流速，影响建筑内部的自然通风效果。相反，如果根据当地夏季主导风向特点，利用遮阳板导风，增强建筑进风口的风压并对通风量进行调节，可以达到促进自然通风散热的目的(图 8-33)。

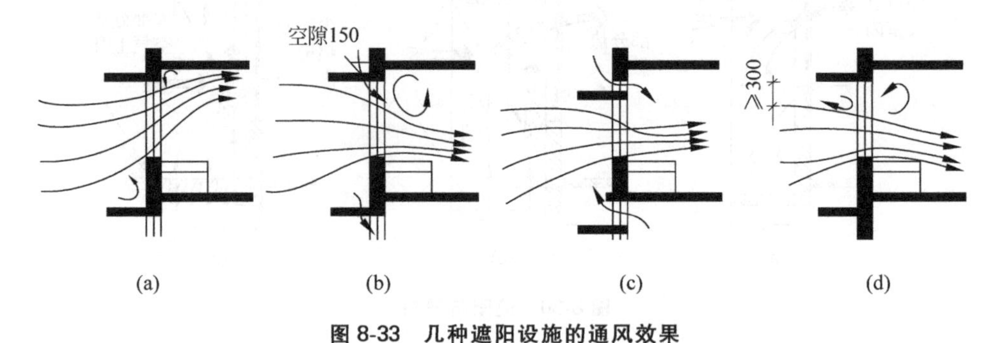

图 8-33 几种遮阳设施的通风效果

(a) 水平板紧连在墙上；(b) 水平板与墙面断开；(c) 遮阳板与窗上口留有空隙；(d) 遮阳板高于窗上口

在有风的情况下，遮阳板紧靠墙上口会使进入室内的风容易向上流动，不能吹到人的活动范围内；而图(b)、(c)、(d)三种设置方式都可以不同程度地使风吹向人活动的高度范围。

8.3.4 现代遮阳构件/Advanced Solar Shading Devices

现代遮阳构件采用新材料、高技术，更加高效、多功能和精确可调控。德国国会大厦中央玻璃穹顶中的活动遮阳“扇”，阿拉伯世界研究中心的光圈“窗”，充分展现了现代遮阳构件的细腻与精巧。遮阳构件使用的材料丰富，发挥不同的力学和热工性能。木材和混凝土仍在使用，只是生产工艺更为精细，木材和织物等传统材料也寻求新工艺和造型产生的艺术震撼力。计算机控制生产的金属遮阳构件精美绝伦，批量生产，精致的节点和精确的施工确保构件精密。遮阳构件也不再是单一功能的构件，而是与通风、太阳能采集结合成为多功能构件，遮阳板与太阳能采集的结合不仅避免了自身可能存在的吸热升温和热传递问题，而且巧妙地将吸收的能量转换成对建筑有用的资源加以利用。在调节控制方面，手工调节遮阳构件简单有效，大面积幕墙和高层建筑则引入自动调节遮阳系统，现代自动控制技术用于建筑遮阳设计，在满足功能需要的同时，营造一种美妙的光影效果和气氛，遮阳构件成为功能、艺术和技术的结合，体现现代精致美学(图 8-34～图 8-38)。

图 8-34 可调节遮阳构件(一)

柏林能源中心,中庭悬挂可调节帘幕,一天之中,随着时间的变化,帘幕开闭,阳光和斑驳的阴影共同形成特有的环境氛围,在阳光和阴影之间,建筑遮阳变成中庭必不可少的要素。在另一侧的双层玻璃幕墙上,空气间层安装遥控操作活动式水平遮阳百叶窗帘,利用空气间层内自然产生的气流带走热量,双层玻璃幕墙采用通透的玻璃组合可获取更多的自然光线(上右图),并可根据阳光强弱,自行调节水平百叶窗帘的角度,夏季可以将阳光反射回室外,冬季将阳光反射至室内,有效地调节和控制室内光线和减少吸热量,适应不同季节天气变化。

图 8-35 可调节遮阳构件(二)

巴黎国家图书馆,整个玻璃幕墙后面排列了厚重的木遮阳板,通过翻转来改变采光和遮阳效果。

图 8-36 可调节遮阳构件(三)

织物由于其柔性特征,可以加工成小巧而造型别致的遮阳构件,利用导轨来对布帘遮阳进行控制和定型。

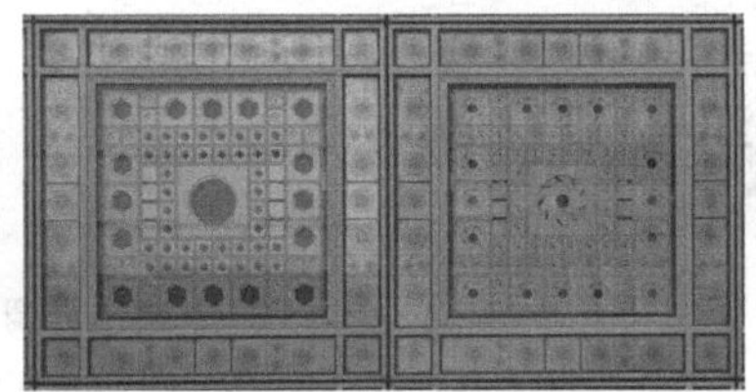

图 8-37 自动调节遮阳构件

阿拉伯世界研究中心像光圈一样自动调节的采光遮阳窗。

图 8-38 遮阳与通风

德比斯总部大楼双层玻璃幕墙综合解决了遮阳和通风问题。

8.4 太阳能利用/Solar Energy Utilization

太阳能是一种永恒的能源,蕴藏量巨大,也是其他可再生能源的基础。现代太阳能利用指太阳能直接光热或光电转化和利用,技术成熟可靠,可以减少对碳基能源的依赖,减少环境污染和减缓全球气候变化压力。20 世纪 50 年代,太阳能利用研究在理论方面取得重大突破。20 世纪 70 年代,能源危机表明了能源结构的脆弱性,掀起了太阳能开发热潮。1992 年,联合国世界环境与发展大会之后,确立了可持续发展模式,太阳能利用进入新时期,在联合国主导下,制定了世界太阳能战略规划、国际太阳能公约等。

太阳能是太阳内部的核聚变能,地球轨道上的平均太阳辐射强度为 1367kW/m^2,地球获得的能量可达 1.73×10^{17} W,但是,太阳能能流密度低,强度受季节、地点、气候等因素影响,不能维持常量,限制了太阳能的有效利用。太阳辐射强度随不同地区、季节和气候条件变化,将各地地面太阳辐射强度记录并制成工程使用图表,可以提供太阳能利用、建筑采暖、空调设计的基础数据。我国太阳能资源丰富,日照时数 2200h 以上区域超过 2/3,利用前景广阔。太阳能利用与建筑关系密切,从最早利用南向太阳能取暖,到今天利用太阳能热水、被动太阳能采暖、降温,太阳能利用成为建筑节能的重要组成部分(图 8-39,图 8-40)。

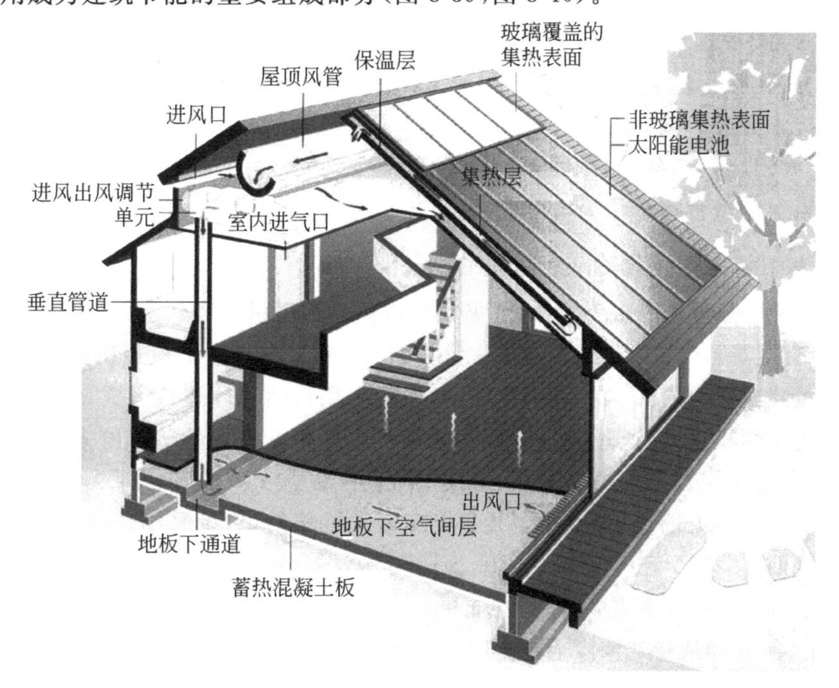

图 8-39 建筑中的太阳能利用

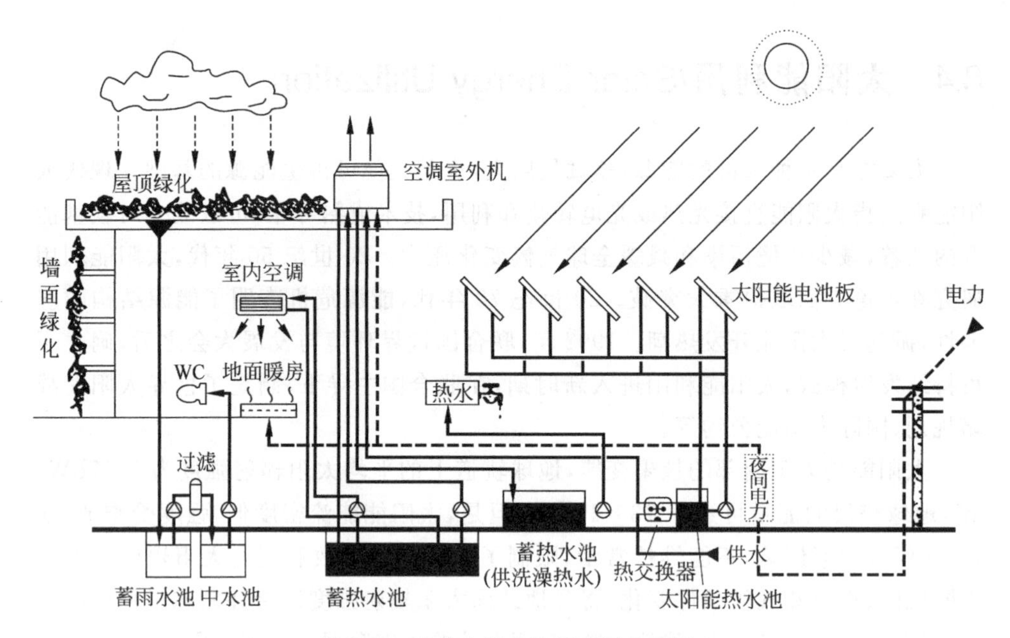

图8-40　建筑中的太阳能利用示意图

8.4.1　太阳能转换技术/Solar Energy Collection Technologies

1954年，美国贝尔实验室研制出实用型单晶硅电池，1955年，以色列泰伯(Tabor)提出选择性吸收表面概念和理论，并研制出选择性太阳吸收涂层（黑镍），这两项技术突破为太阳能利用现代化奠定了基础。建筑太阳能利用包括两大类型，一是太阳能集热系统，提供生活热水、取暖或制冷，另一种是太阳能光电系统，将太阳辐射能量直接转化为电能，为建筑提供电力。

1. 太阳能光热转换/Solar Heat Collection

太阳能集热器是以水为媒介，采集和输送热量用于供暖和热水，由集热器、蓄热装置、热交换器和热量供给装置组成。常见的太阳能集热器有平板式和真空管式。

平板式由平板集热器与热水箱组成，一般采用自然循环运行方式，集热器由一块深黑色金属板组成，通过连接管或散热片从金属板上将热量转移出去，集热器朝向太阳，罩有一层或多层透明材料，形成空气间层以减少对流和辐射热损失。由于玻璃和空气分界处的反射，减少了投射到吸收面的辐射量，可采用选择性辐射光谱的黑色表面。

真空管集热器效率更高，保温性能更好。玻璃真空管技术原理是利用两层玻璃做成复合管，在内层管外壁涂上能高度吸收太阳能的涂料，并将两层玻璃之间抽成真空，太阳光通过外层管照到内管的外壁上，内管外壁吸收热量并传递给内管内的水，使之升温，密度变小而往上流，与水桶内的低温水形成自然对流，将水桶中的水加热，水桶采用聚苯乙烯和聚氨酯发泡技术保温,热散失小,保证集热器在不同气候区全年都可使用。太阳能真空管集热器技术成熟,结构简单可靠,寿命长,免维护(图 8-41)。

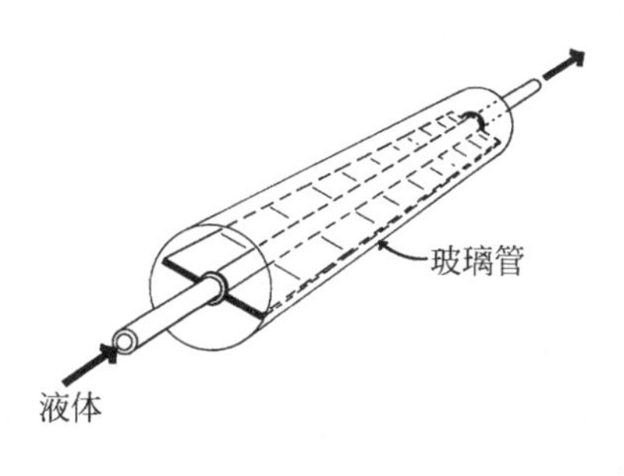

图 8-41 太阳能真空集热管

2. 太阳能光电转换/Photovoltaic Conversion

太阳能电池是一种具有光电转换作用的特殊器件,当太阳光中的光子作用于具有某些特殊结构的半导体表面时,被半导体材料所吸收,在半导体中形成正电荷(空穴)与负电荷(电子),这种自由的正电荷与电子将分离到半导体内的不同区域,形成电动势。整个光电转换过程称为光电效应,又称光伏转换(photovoltaic conversion),具有这种特性的半导体器件称为太阳能电池,分为单晶硅电池、多晶硅电池和非晶硅电池。将太阳能电池组合成具有实际应用意义的太阳能供电装置,为建筑提供电力供应(图 8-42)。

图 8-42 德国符莱堡太阳能电池厂

8.4.2 太阳能建筑/Solar Building

早期被动式太阳房主要通过光热转换采暖,随着技术进步,太阳能热水、被动式太阳采暖-降温、太阳能光伏发电与建筑一体化,开拓了建筑太阳能利用的广阔前景,并进一步提出太阳能提供建筑所需全部能源的"零能建筑"概念,一方面通过强化围护结构的热工性能,减少对采暖空调能源的依赖,另一方面,通过太阳能光热利用和光电利用技术,从源流两个方面,将对外部输入能源的需求量降至最低(图 8-43~图 8-45)。

图 8-43 德国符莱堡沃邦太阳能村

太阳能光电屋顶由太阳能瓦板、空气间层、屋顶保温层、结构层构成复合屋顶。太阳能光电瓦板是太阳能光电池与屋顶瓦板结合形成的一体化产品,以安全玻璃或不锈钢薄板做基层,并用有机聚合物将太阳电池包起来,既能防水,又能耐撞击。在建筑朝南屋面装上太阳能光电瓦板,所产生的电力不仅用于满足建筑自身的需要,而且能将多余的电力送入电网。

图 8-44 德国符莱堡向日葵住宅

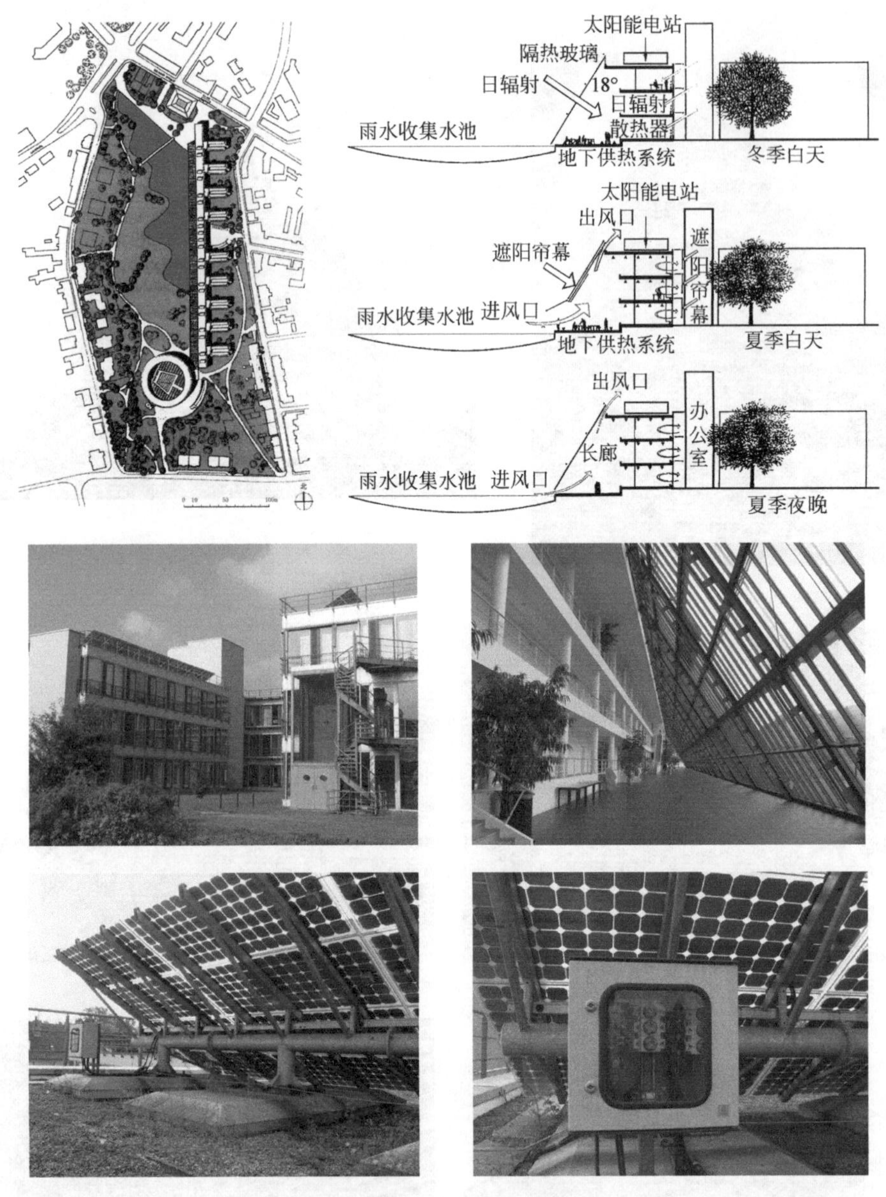

图8-45 盖尔森基兴太阳能研究中心

1. 太阳能采暖系统

太阳能采暖系统分为主动式和被动式两类。主动式利用常规能源驱动集热器和蓄热装置组成的强制循环系统,由太阳能集热器、风机、泵、散热器和储热器等组成采暖系统,其结构复杂,造价高,效率高。被动式太阳房以建筑本身作为集热装置,合理选择朝向,利用温室效应,以辐射、对流、导热等热交换方式,提供建筑采暖,以自然或机械辅助方式收集、蓄积和分配输送热量,结构简单,造价低,技术成熟。

主动式太阳能采暖系统(active solar heating system)包括对太阳辐射热的吸

收、储存和再分配利用三个技术环节，分为集热器、热传递装置和交换器、蓄热装置和热量分配供给装置。蓄热装置的蓄热特性与材料表面吸收、构件蓄热能力、窗面积和朝向、围护结构保温性能有关。蓄热体可以是建筑构件本身，也可以是专门的蓄热体；可以是固定式，设置在屋顶、墙体和地板中，通过覆盖或开启来进行调节蓄热，例如，蓄热材料冬季白天开敞吸收太阳能，夜晚覆盖向室内辐射热量，也可以是移动式，灵活增减，配合季节变化调节室内温度。在冬季白天，蓄热体搬到太阳照射的吸热位置，夜晚放置在需要的地方调节温度，夏季用来蓄冷。蓄热体材料可以是液态水、盐水、油，也可以是固态的砖瓦、混凝土、沙、黏土、石块等，还可以是专门的相变材料。如果集热器和蓄热装置分离，集热器收集的热量需通过某种媒介传递到蓄热装置，并通过这种媒介传递和再分配使用。常用的媒介是空气和水。第一类以空气为媒介，建筑向阳面设置太阳能空气集热器，通过空气循环或者空气泵驱动，将热空气通过碎石储热层送入室内，并与辅助热源配合；根据气候条件和热量需求分为冬季白天、夏季白天、夏季夜晚三种工况。冬季白天，屋顶太阳能集热器中热空气经专门的竖向导管被泵吸入地板夹层，利用夹层中的混凝土板蓄热；夜间，混凝土板蓄积的热量通过地板缓缓进入室内，必要时热空气通过地板上的进气孔直接进入室内，利用自然循环散发热量。夏季白天，太阳能集热器中的热空气被用来加热水，不再进入室内，余热经排气口直接排出室外，这样，屋顶温度也因空气流动而降低。第二类以水为媒介，建筑屋顶设太阳能集热器，通过水泵、水箱、辅助热源（燃气锅炉）供热、供水，或通过地板辐射采暖系统供热，原理类似，水的质量大、质量热容大，需借助泵来驱动水循环，但效率更高。

被动式太阳能采暖系统（passive solar heating system）通过建筑朝向、方位、形体与结构设计、材料等提高太阳辐射热量的采集、储存和分配。按照房间得热方式的不同，分直接得热式和间接得热式。直接得热式是太阳辐射直接照射室内，如温室；间接得热方式是指太阳光并不直射室内，而是通过特隆布墙、水墙、屋顶水袋等蓄热体吸收热量，再间接散发到室内，具体有直接受益式、集热墙式、附加阳光间式、屋顶池式和对流环路式五种工作模式，前三种采用比较广泛，后两种构造复杂，投资也高（图 8-46～图 8-54）。

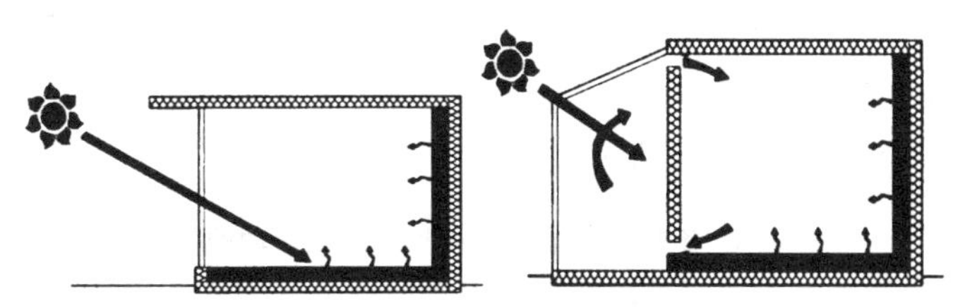

图 8-46　被动式太阳房

利用窗户采集太阳能，将窗户与南向墙面集热器集成在一起，如果窗户有双层玻璃并带有折叠百叶隔热板，则是一个太阳能收集器，若将墙体设计成既能集热又能蓄热，当集热墙为承重墙时，外表面可涂成黑色，最好附加一层有选择性辐射光谱的黑色面层，再加上一层或两层玻璃，即可使墙体成为集热与蓄热结合的综合系统。当南墙面为非承重墙时，可利用水为储能介质构成一种集热与蓄热集成系统，由普通平板集热器与容水器组成，两者之间有一隔绝层，集热器在隔绝层外侧，容水器在内侧。

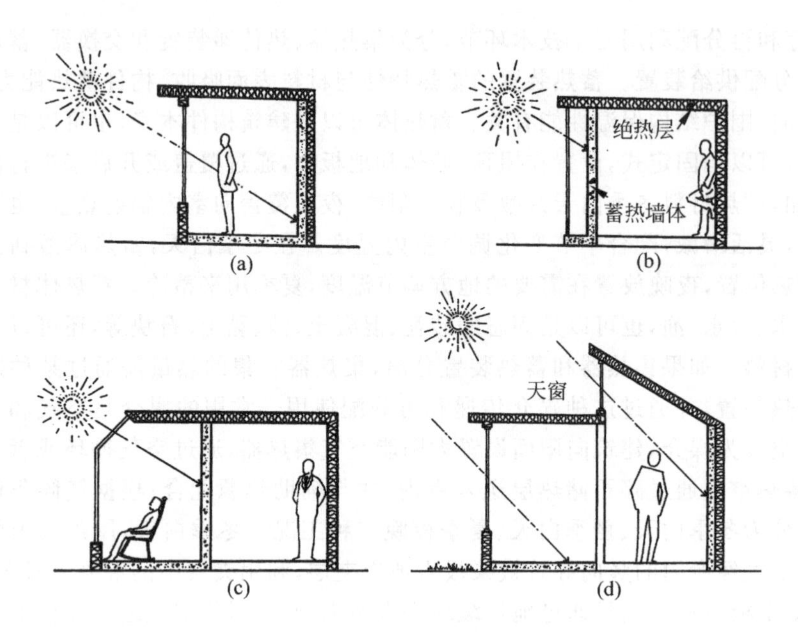

图 8-47 建筑利用太阳能的方式

(a) 太阳直射室内;(b) 利用蓄热墙体集热;(c) 利用附加阳光间;

(d) 对于朝北的房间,可以采用天窗来引入太阳辐射。

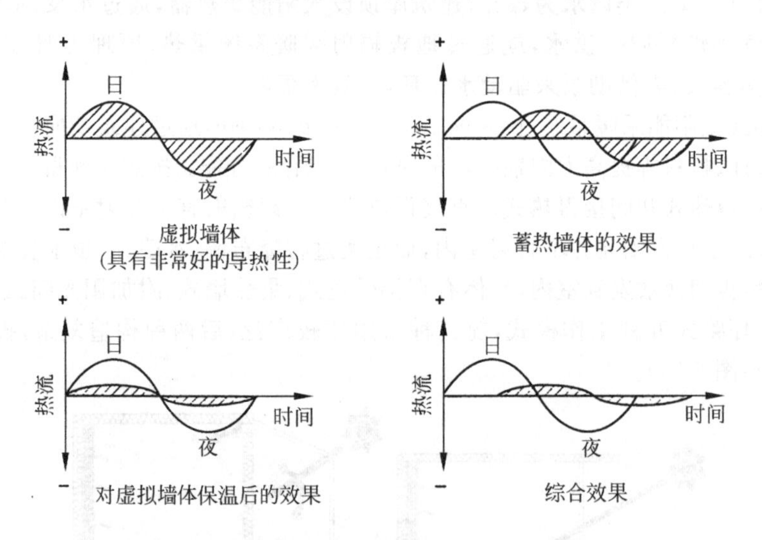

图 8-48 绝热和蓄热围护结构对热流波动的影响

对于集热性好、保温性和蓄热性较差的建筑而言,其室内温度波动较大,白天得热多但蓄热少、散热快,夜晚温度较低。如果在此基础上加强保温,那么散热量减少,整体室温在原有基础上都会有所升高。如果再进一步加强建筑的蓄热能力,那么室内夜间温度不会降得太多,室内温度的波幅会明显减少,室温更加趋于稳定,室内最高温度的延迟时间也进一步加大。

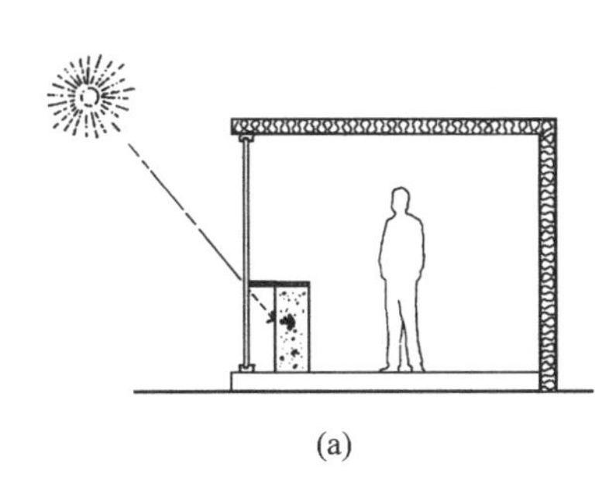
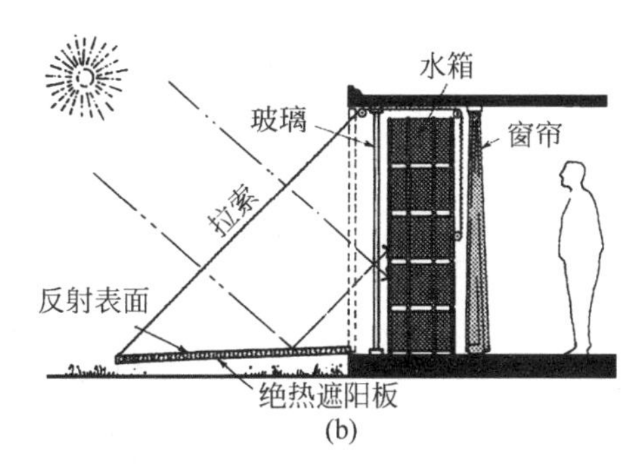

(a) (b)

图 8-49 蓄热装置和蓄热材料

图(a),利用窗下墙调节白天得热和蓄热;图(b),利用可翻转反射板来加强蓄热水箱的得热。常用的蓄热体有以下几种。

水箱蓄热。从设计方面考虑,大的圆柱体储水箱最易加工和安装,当圆柱直径等于其高度时,其表面与体积之比最小,当圆柱体高度大于其直径时,温度分层将取决于其放置的位置,竖直放的水箱水温分层最为明显,而横置时分层作用最差,如将水箱分成一系列互相连通的水平隔间,就可加强分层作用而减少冷热水相混合的可能性。

砾石蓄热。在建筑底部或者地下,利用砾石或卵石堆蓄热,优点是当蓄热室在建筑下面并直接与土地接触时,即可部分利用砾石下面土地的蓄热能力,作为整个蓄热系统的一部分,砾石蓄热系统通常用于以空气作为媒介的集热系统,因为砾石层与水管之间的热量交换极为有限。

储水容器组蓄热。将水储存于金属或者塑料制成的水容器中,把这些小容器组成的容器组与能量收集分配的空气系统结合在一起,在各个容器间通入循环的热气流,容器中的水就可以用来蓄热,可与空气系统的太阳能收集器结合起来,与水系统相比,整个系统的总费用比较低且简单,与砾石储能相比,所占空间较小,当容器漏水时,其后果也不像大水箱那样严重。

水-石综合蓄热系统。有时太阳能集热系统以水为媒介,而在建筑内部的能量分配是以空气为媒介的,可以在不保温的水箱外围以砾石层形成综合系统来蓄热。

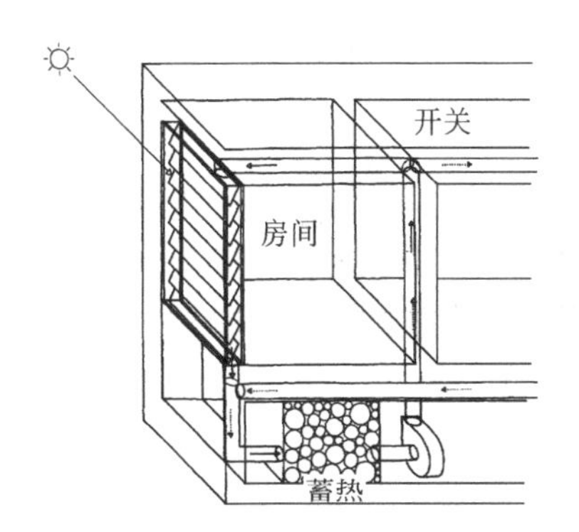

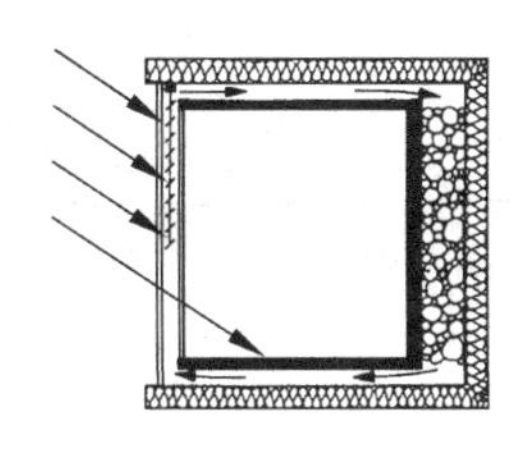
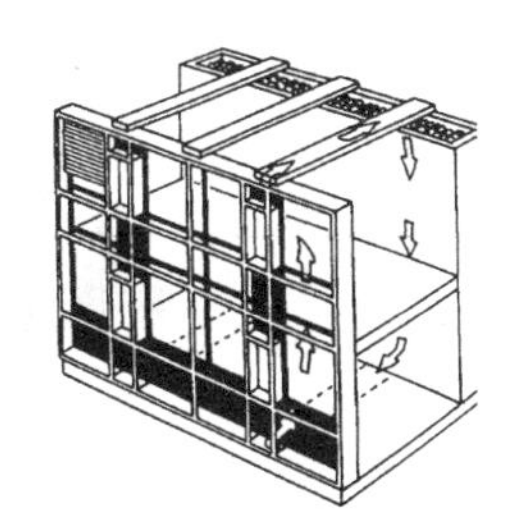

图 8-50 以空气为媒介的太阳能收集器——窗户集热板系统

由玻璃盒子单元、集热板、蓄热单元、风扇和空气导管组成,在盒子里,光能通过集热板转换成热能,并以空气为媒介,加热的空气用风扇驱动,从空气导管中由集热单元流向建筑内部的蓄热单元。在流动过程中,加热的空气与室内空气完全隔绝。窗户集热板一般用在南立面,集热单元中的空气可以加热到 30℃～70℃。南向的集热单元紧邻室内和室外的两层玻璃都采用高热阻玻璃制作,一方面避免热散失,另一方面在集热单元的太阳辐射得热过大时,避免对室内的辐射过高。当不需要集热时,集热板调整角度,使得阳光直接入射到室内。夜间集热板闭合,以便减少室内向室外的热散失。夏季在集热单元外面附加遮阳构件或百叶。蓄热单元可以水平布置在地下室,石头是地下室或蓄热空间中最常用的蓄热物质,密度大,蓄热量大。

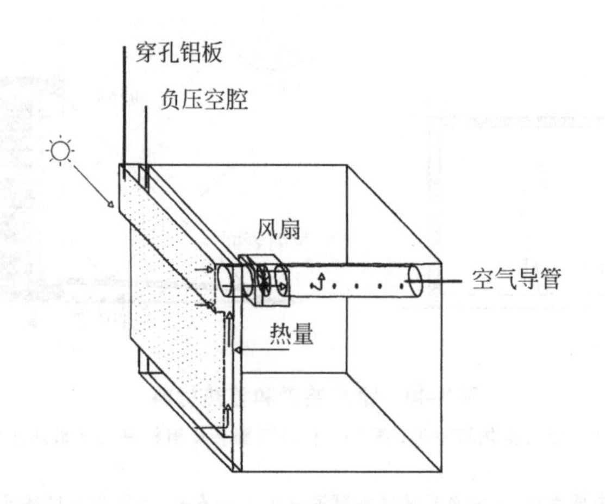

图 8-51 以空气为媒介的太阳能收集器——空气集热板系统

空气集热板系统是常用的热空气供热系统的补充，常用在中庭等大空间，新风经空气集热板加热后直接进入中庭，利用中庭或建筑结构自身蓄热。空气集热板系统中最为重要的组成部分是立面上的穿孔铝板，铝板深色的涂层可以在晴天或阴天将太阳辐射能量转换成热能。新风流经这些孔洞到后面的风扇，在这个过程中被加热，并汇集到上部，通过风孔排入中庭或大厅。

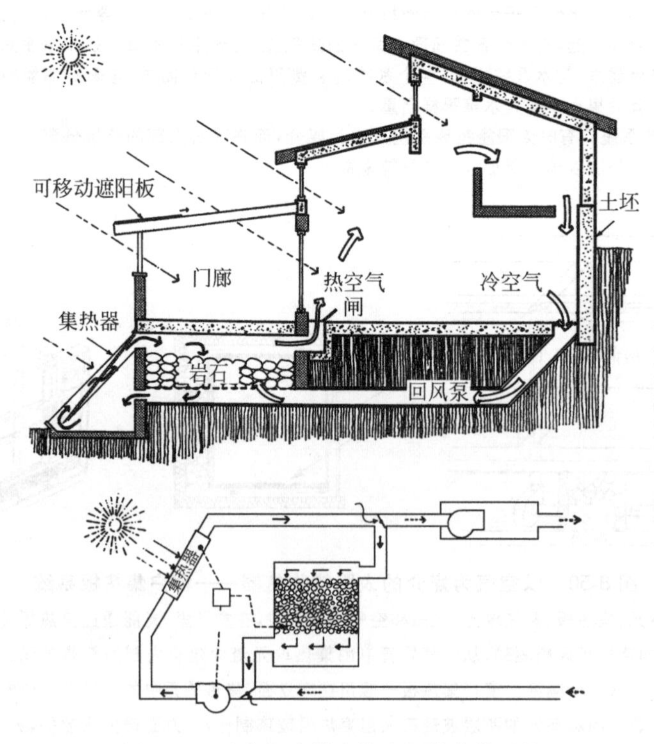

图 8-52 以空气为媒介的太阳能集热系统

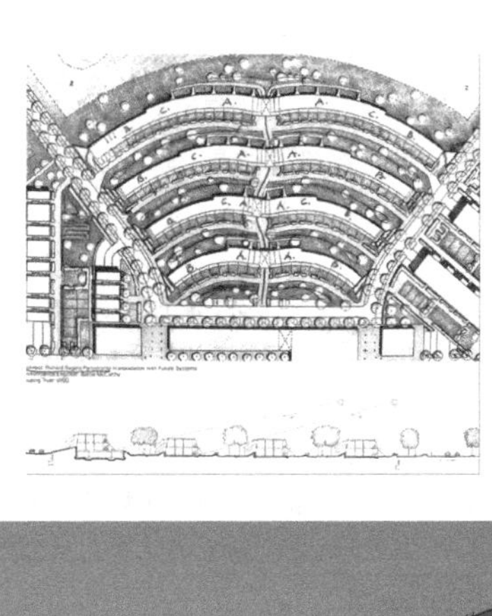

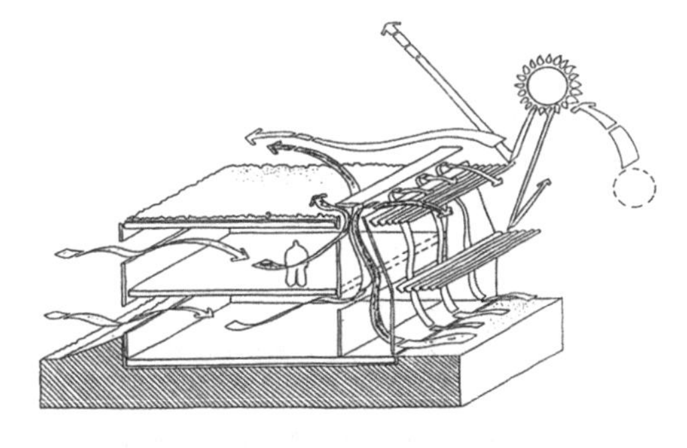

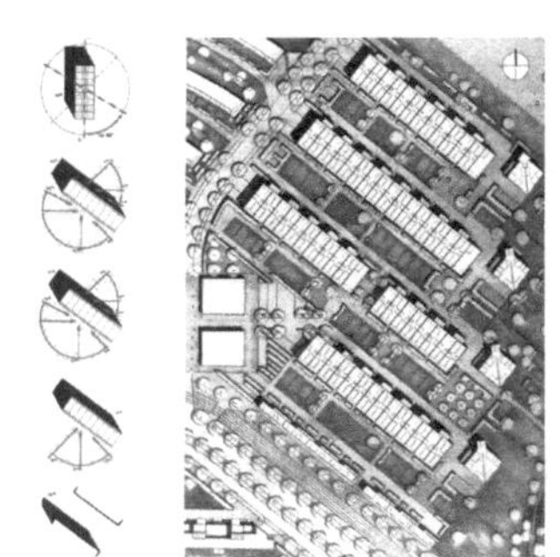

图 8-53 奥地利林茨匹西林太阳能村

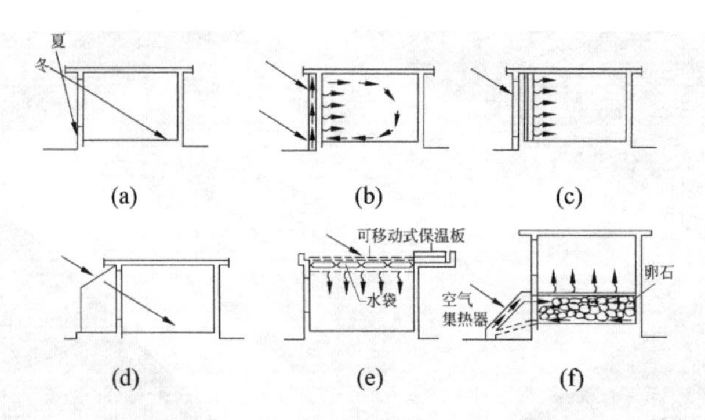

图 8-54 被动式太阳房采暖系统

(a) 直接受益式；(b)、(c) 集热蓄热墙式；(d) 附加阳光间式；(e) 屋顶池式；(f) 对流环路式

(1) 直接受益式

直接受益式，利用南向大面积窗户，冬季白天使大量阳光透入，夜间则用专门的保温窗帘或保温板遮挡窗口。室内地面需用蓄热能力大的材料，如砖或混凝土等做成，在白天吸收并蓄积热量，夜间不断向室内释放，使室内维持相对稳定的温度。其他朝向的各面围护结构则尽量加强保温，减少热量散失和冷风渗透。

(2) 集热蓄热墙式

集热蓄热墙(图 8-54(b))由透光玻璃外罩和蓄热墙体组成，中间留有空气间层，有的在墙体的下部和上部设有进出风口。这种蓄热墙同时通过两种方式向室内供暖，即①白天墙体外表吸收太阳的辐射热后通过导热将热量传至内表面，向室内散发；②在玻璃与蓄热墙间的空气被蓄热墙体外表加热后，热空气通过墙体上风口送入室内，室内冷空气则通过下风口进入空气间层，形成向室内连续送热风的对流循环；夜间则关闭上、下通风口，停止工作。如在蓄热墙上下均不设通风口(图 8-54(c))，则热量全部由蓄热墙逐渐传入室内。两种做法均要求蓄热墙的外表面具有较大的太阳辐射吸收系数；同时，为防止夜间室内热量向室外散发，在玻璃外侧应设保温窗帘或保温板，另外其他朝向的围护结构也应加强保温。

(3) 附加阳光间式

附加阳光间式，在主体房间南侧附设与之相连的阳光间，阳光间不但有很大的窗口，而且其地面也做成蓄热体，阳光通过玻璃照射到蓄热体上，储存热量，提高了室内温度，而主体房间是通过与阳光间相邻的墙或窗获得热量。夜间用保温窗帘将阳光间与主体房间隔开。为防止阳光间夏季过热，在窗上方应有可调节的排气孔和遮阳设施。当然，阳光间有时也不总是位于南侧，也可位于屋顶，利用天窗来收集太阳能，并且可以根据阳光间温度的高低来调节天窗的开启量，通过自然通风来调节阳光间内的温度。

(4) 屋顶池式

屋顶池式又称蓄热屋顶式，兼有冬季采暖和夏季降温双重功能。屋顶主要由作为蓄热体的装满水的密封袋和在其下的金属薄板顶棚及顶部可移动的保温盖板组成。冬季白天将保温盖板拉开，水袋暴露在阳光下充分吸收太阳辐射热；夜晚将保温板关闭，使水袋与外界隔离，水袋所蓄热量由金属顶棚通过辐射、对流向室内供热。夏季，保温板的启闭时间与冬季相反，夜间拉开保温板让水袋内的温度降低蓄冷，白天关闭保温板，隔绝阳光辐射，同时已在夜间冷却的水袋可吸收下面房间热量，使室温下降。

(5) 对流环路式

对流环路式又称热虹吸式，指借助冷热空气自身所形成的热压差来实现热量从集热器(如太阳能真空集热管)到主体房间的循环流动，一般是指利用附加在房屋南向的空气集热器向房间供热，其供热方式为：被太阳辐射加热的空气借助于温差产生的热压从集热器流到设于地板下的卵石床内，空气中的热量逐渐被卵石吸收而变冷，冷却后的空气又从下部进入集热器再次加热，如此不断循环，蓄热后的卵石床在夜间或冬天通过地面向室内供热。如果用机械辅助手段(风扇)来加强热空气流动，则效果更好。

被动式太阳能采暖系统可将白天的太阳辐射热蓄积到夜间使用，或者引入更为复杂的主动式蓄热系统，将夏季的太阳辐射热量蓄积到冬季使用(图 8-55)。

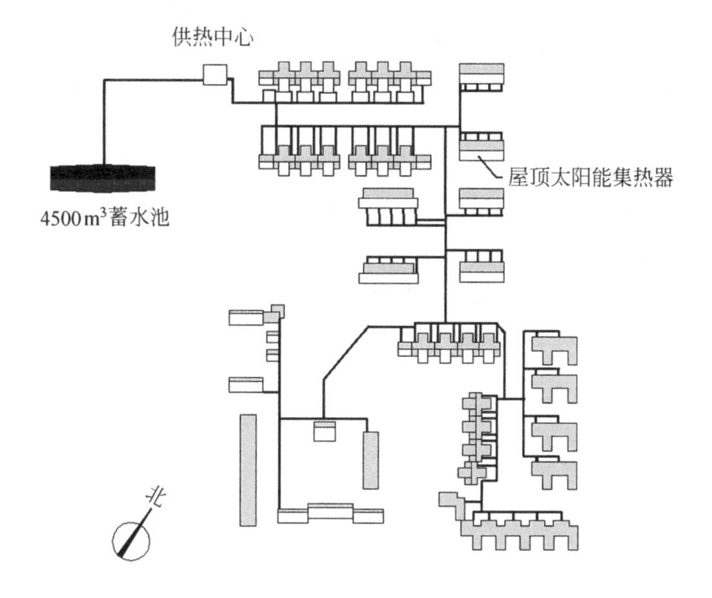

图 8-55 德国汉堡 Bramfeld 住区蓄热系统：以水为媒介的集中式地下储热库

2. 太阳能光伏建筑/Building Integrated PV

太阳能光伏建筑分为独立供电系统和并网供电系统两类,前者使用蓄电池,后者利用电网调节蓄存电能。太阳能电池与建筑材料结合形成新的建筑构件,成为建筑整体的一部分。太阳能电池板或组件通常由钢化玻璃板做保护层(单晶硅电池和多晶硅电池)或不锈钢薄板件衬底(非晶硅电池),可以与屋顶结合成太阳能光电集成屋顶(roof integrated PV),或与南向玻璃幕墙结合形成太阳能光伏幕墙,也称为太阳能光伏集成建筑(BIPV),将太阳能电池排列安装成模块、模板和阵列,安装在朝向太阳辐射方向的屋顶、墙体、门窗和遮阳构件,以及瓦片、窗帘、遮阳棚上,联结形成太阳能发电系统,给建筑提供电力,并且带来全新的造型和视觉美学效果(图8-56,图8-57)。

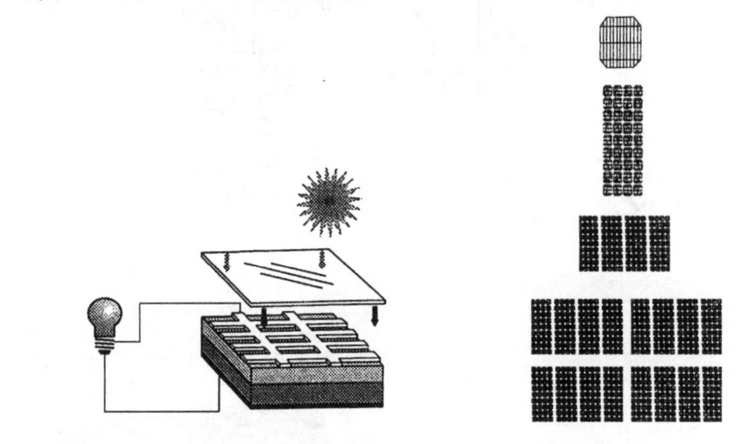

图 8-56 太阳能电池和太阳能电池阵列

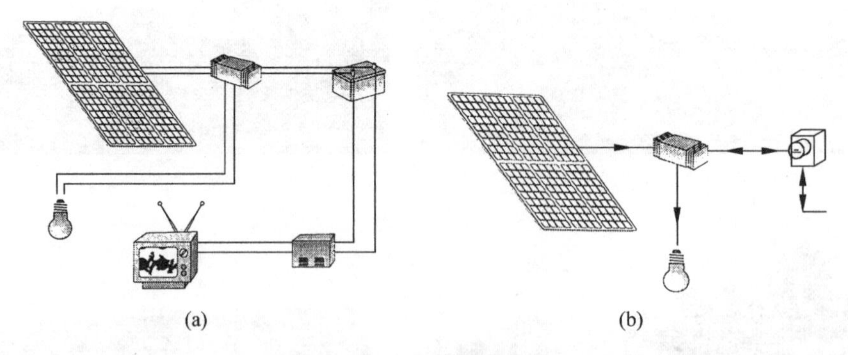

图 8-57 太阳能供电系统

图(a),独立供电系统由太阳电池板或太阳电池组件、蓄电池、控制器、DC/AC变换器几部分组成,其功率大小视建筑内用电器的负载(家用电器所需的电能)而定,用电器可以是照明、电视、冰箱、空调等。

图(b),太阳能并网供电系统与独立电源不同,这类系统的逆变器必须有并网功能,一般用于常规电网供电的地区,可将多余的电能输向电网,当太阳能供电不足时(如晚上或阴雨天)可从电网获得电能。

8.5 建筑自然冷却降温/Building Passive Cooling

建筑空调系统耗费大量电力，加剧城市热岛效应，人工环境过度使用不利于人的健康。因此，引入被动式自然冷却技术，减少建筑得热，加大散热降温，具有重要意义。

8.5.1 外逸长波辐射/Outgoing Longwave Radiation

地表和建筑与地球大气层和外层空间之间存在辐射换热。大气吸收和发射辐射能与黑体不同，不具有连续的发射光谱和吸收光谱，是选择性的，只有小部分短波辐射能通过，大部分地表外逸长波辐射被大气吸收。水蒸气和二氧化碳是主要吸收体。大气也会向各个方向发射长波辐射，地表吸收其中向下发射的部分。地表发射的辐射量与大气对地表发射的辐射量之差值称为净辐射散热量，与天空云量有关，阴天净辐射散热量低，云层水滴吸收地表发射的全部长波光谱，在云层底部被充分吸收。明净干燥的大气中净辐射散热量最大，随着水蒸气、微尘特别是云量增加而减小，沙漠气候条件下外逸辐射强，可用作建筑降温。

利用建筑表面长波辐射来给围护结构散热，分为被动式和混合式两类系统，前者主要使用建筑的屋顶、墙体和开启的窗户作为辐射部件，后者采用在长波辐射的波长范围内辐射力较强的金属表面。夏季，屋顶或墙体放置水容器，白天以覆盖绝热材料防止得热，夜间开启，被水吸收的热量通过外逸长波辐射散发到夜空中。太阳能集热器（温室）不仅可以用来集热，也可以用于制冷，夏季夜晚，外逸长波辐射使太阳能集热器迅速冷却，并使空气遇冷后产生冷凝，此时将集热器中的冷空气吸入室内，可达到夜间通风降温、除湿的目的。

8.5.2 自然通风和夜间通风/Natural Ventilation and Night Flush

建筑自然通风是成熟而廉价的技术，与机械通风相比，无须外部动力驱动。自然通风舒适自然，对于改善室内空气质量（IAQ）、改善热舒适、建筑降温有明显的好处。此外，室外未经处理直接由门窗进入室内的自然风，与经过空调设备处理过的机械风相比，由于其固有的湍流特性，人在自然风的吹拂下感觉更为舒适。

1. 自然通风组织

自然通风的根本目的就是取代或部分取代机械通风和空调制冷系统，满足人对健康通风、热舒适通风和降温通风的各种要求，减少能耗、降低污染。自然通风是由建筑开口处的热压差或风压差驱动，建筑自然通风设计应创造利于热压和风压通风的条件,减少阻碍,根据通风要求和特点,采用风压通风、热压通风、混合通风和机械辅助式自然通风。

风压通风要求有理想的外部风环境,建筑朝向夏季主导风向,利用周边建筑、围墙、树木来调节风向,采用适当的建筑造型、布局和间距,形成建筑迎风面和背风面的压力差,并控制房间进深促进穿堂风形成。根据风速的垂直分布特征,城市高层建筑需要在高度方向分段处理,调节和引导自然通风。在城市建筑密集地区,为了避开风影,可以引入诸如捕风搭等高出屋顶的构件,减少遮挡、提高风速(图8-58~图8-60)。

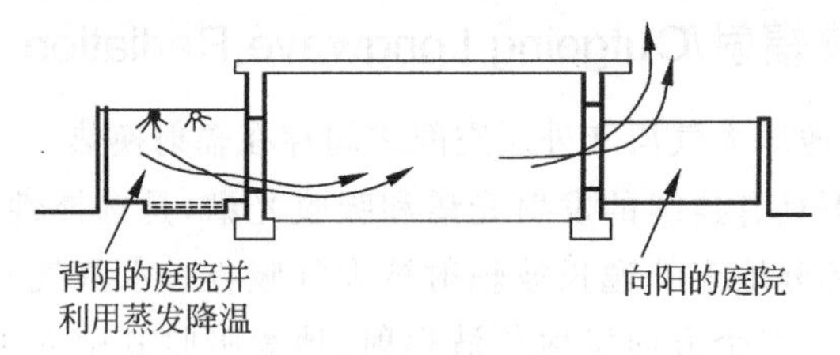

图8-58 利用庭院加强蒸发降温和通风效果

图8-59 捕风塔通风示意图

巴基斯坦海德拉巴地区受季风影响,夏季主导风向固定,捕风塔开口方向也是固定的。伊朗、埃及等地风向变化不定,需要灵活适应不同方向的来风。

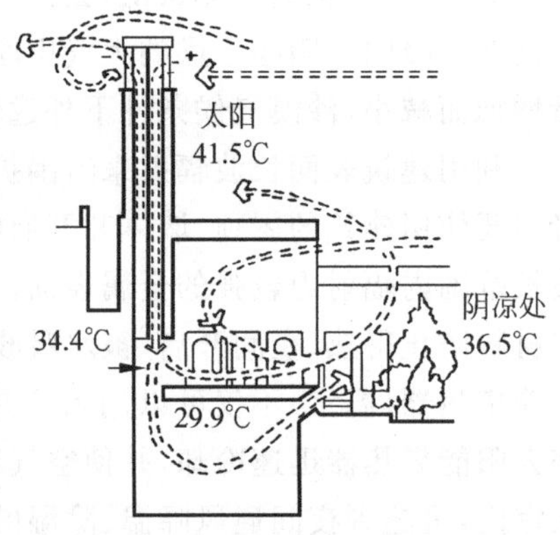

图8-60 捕风塔气流及温度分布

只有当室外气温低于室内时才会起到降温效果,如果对风进行预处理,将捕风塔与水体、浸水后的活性炭相结合,降温效果更好。捕风塔降温作用有限,不能盲目夸大。

热压通风适合室外风速较小的地区,与风压通风相比,热压通风所产生的气流速度慢,能够满足换气要求,要想达到降温所需风速,需要发挥中庭、阳光间和烟囱的作用,特别是在太阳烟囱、太阳能屋顶集热器、双层幕墙、特隆布墙等构件,引入双层夹壁,外壁玻璃,内壁采用蓄热墙,夹壁上下分别开口与内外相通,内壁吸收太阳辐射热,形成较大的温差促进自然对流。此时,室内外温差越大,太阳辐射越强,烟囱效应也越强,有利于热压通风形成,上述构件和装置能与建筑集成设计,融为一体(图8-61~图8-62)。

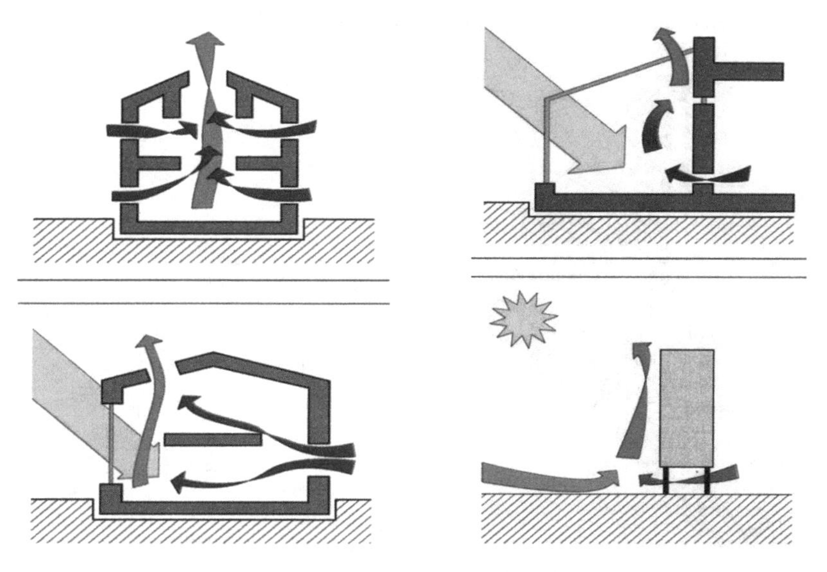

图 8-61 热压通风在建筑中的应用

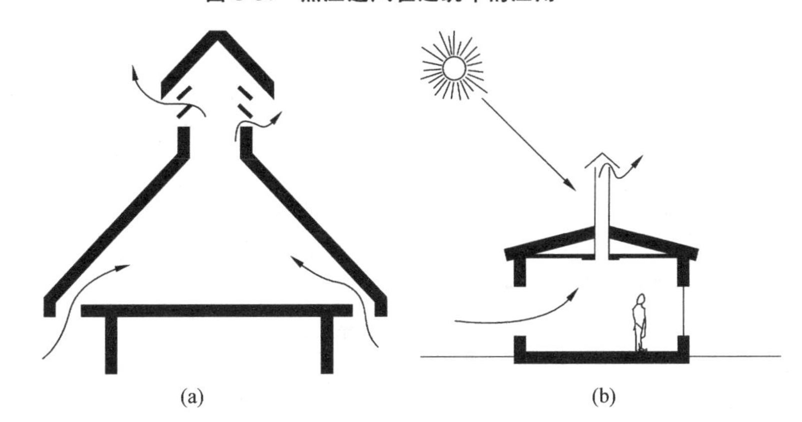

(a) (b)

图 8-62 太阳烟囱的工作原理

图(a),在进风口和出风口处的室内温度差大于室外温度差时,才能形成热压通风散热。

图(b),利用太阳烟囱可以在不增加室内热量的情况下加大热压通风效果。

混合通风利用风压和热压的共同作用,相互补充。体育馆、展览馆等大型公共建筑,由于通风路径较长,流动阻力较大,自然风压和热压难以驱动,加之室外空气污染和噪声因素,可采用机械辅助式自然通风系统,进行新风预处理,并隔绝噪声。

尽管自然通风有诸多优点,其对建筑热环境的改变幅度有限,除非有理想的冷源或热源,依靠室内外温差的自然通风产生的降温幅度只有 2℃～3℃,对建筑热环境的影响要小于建筑遮阳等方式。

在建筑中,自然通风既可以通过设置通风屋顶、通风墙体和通风楼地面,提高空气对流强度和热交换性能,也可以通过建筑平面和剖面空间分隔设计,合理组织垂直和水平方向的自然通风,还可以配合土壤供冷等被动式措施,强化自然通风的降温效果。在实际应用中,捕风和热压拔风构件一般置于高处,形象突出,对丰富造型发挥重要作用,甚至成为标志性的景观(图 8-63~图 8-65)。

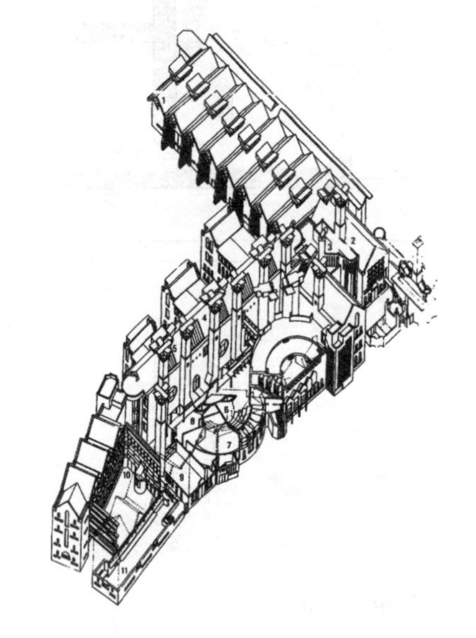

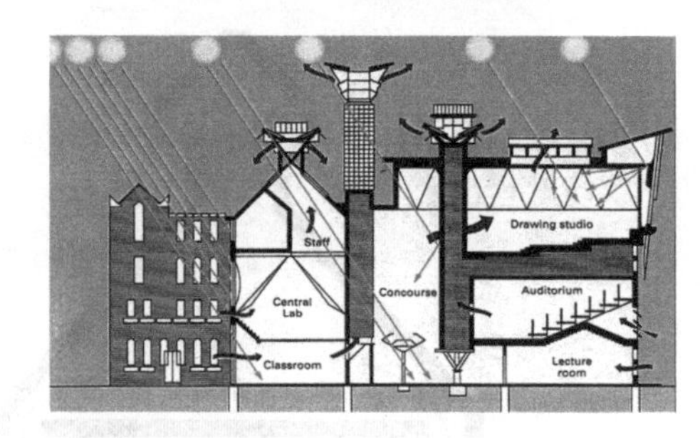

图 8-63 英国莱切斯特德蒙特福德大学机械馆

通常的机械学院大多采用矩形平面、大进深、长双面走廊,两侧是实验室和办公室,加上实验室工作过程产生热量,大量使用人工照明,一般必须采用大规模空调系统,而蒙特福德大学机械馆将大建筑分成一系列小体块,在尺度上与周围街区协调,并且小体量使自然通风成为可能,位于指状分支部分的实验室、办公室进深较小,可利用风压通风,位于中央部分的报告厅、大厅及其他用房更多依靠"烟囱效应"通风。

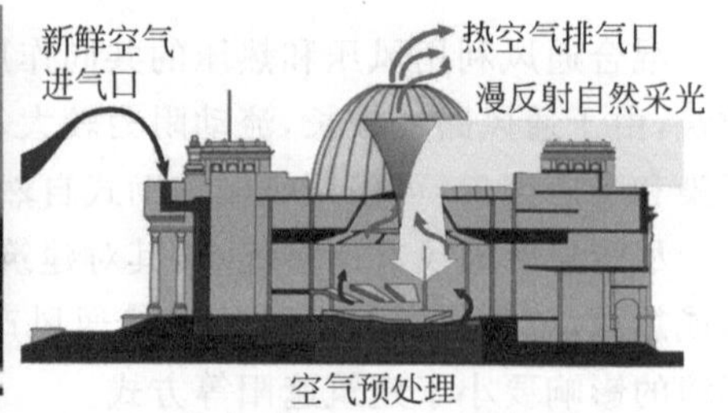

图 8-64 德国新议会大厦的通风系统

采用机械辅助式自然通风,进风口位于建筑檐口,出风口位于玻璃穹顶的顶部,系统复杂,并利用深层土壤来蓄冷和蓄热,与自然通风相结合,在夏季给新风预冷,在冬季给新风预热。

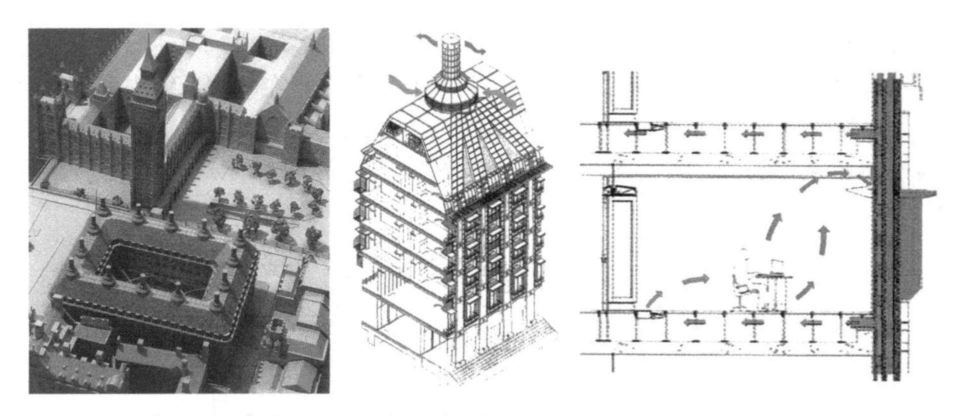

图 8-65 英国新议会大厦的机械辅助式通风系统

为避免城市空气污染和交通噪声，建筑进风口设在檐口高度，并在通道中设置过滤器和声屏障，以最大限度地除尘、降噪。新风通过机械装置被吸入各层楼板，并从靠近走廊一侧的气孔排出，此后进入热压自然通风阶段，热空气通过房间上方靠近外墙的气孔进入排气通道，最后从屋顶排出室外。冬季新风与即将排出的热空气进行热交换，夏天利用地下水来预冷新风。

2. 夜间通风

如果室外比室内气温低，或室外空气经处理后比室内气温低，自然通风能够给室内降温。白天室内外气温关系取决于围护结构的外墙颜色、窗户尺寸和遮阳条件。一般地，如果建筑外墙为浅色、热阻和热容量大，窗户小且有遮阳时，白天室内气温就低于室外；反之，室内气温就高于室外。两种状况下自然通风对室内气温的作用相反，前者增热，后者降温。自然通风时气流速度快，通过空气流动和混合，短时间内即可让室内外气温接近，但短时间内无法让室内内表面温度发生同步变化，取决于围护结构材料热惰性、外墙颜色与材料。

在干热性气候区，白天室外气温高于室内气温，常采用夜间通风来给室内降温，白天关闭门窗，减少通风给室内增热，夜间室外气温下降并低于室内气温时，开启门窗通风，排出热量，降低室内气温并给围护结构蓄冷。

除门窗之外，还有通风花格墙、墙间通风洞、檐下通风口和通风屋脊等多种方式，取得不同程度的降温效果。另有多种强化措施，例如，通过进风口和出风口设置来控制气流方向和速度组织气流，利用开启式天窗打开可降温除湿，在穹顶、屋顶或阁楼设置通气孔，选择适当的颜色和材料促进热压通风，利用捕风塔引导气流，利用导风墙体、绿化或者导风板引导自然通风。

8.5.3 蒸发冷却/Evaporation

水的蒸发过程中大量太阳辐射热转化为潜热，建筑周围自然或人工水面蒸发对建筑降温有利，干热气候区蒸发冷却效果显著。蒸发冷却可有效促进自然通风和冷却建筑围护结构，分直接蒸发冷却和间接蒸发冷却，实际应用中分为被动直接、被动间接、混合直接及混合间接蒸发冷却系统，在温度和湿度控制上各具特点。

被动直接蒸发包括植物、喷泉、水池、室内或半室内水面蒸发冷却;被动间接蒸发包括屋顶喷水、开放水池或移动式水帘系统;混合直接蒸发指在喷水系统中引入吸水性纤维以增大蒸发面积,降低干球温度,适用于干燥地区;混合间接蒸发利用热交换器冷却新风,或用一部分室外空气经喷淋后冷却另一部分送入室内的新风(图 8-66~图 8-69)。

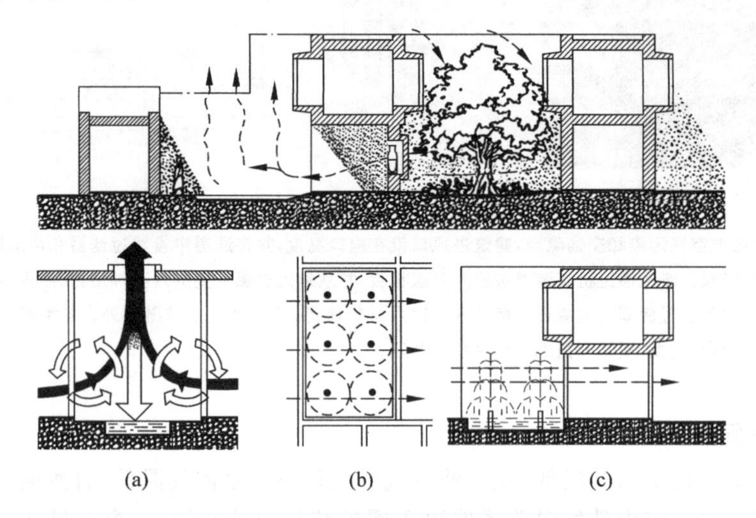

图 8-66 庭院蒸发降温设计

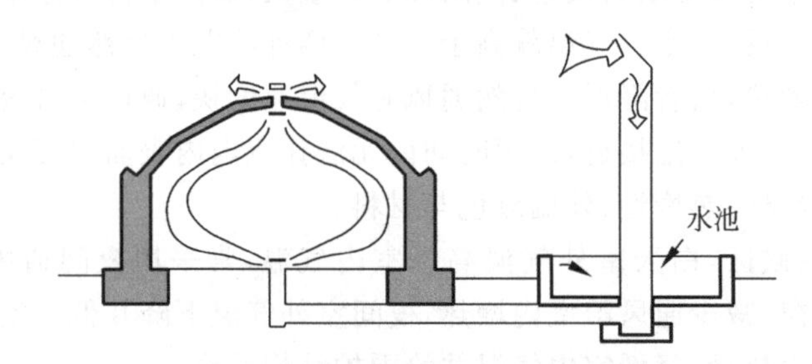

图 8-67 某清真寺防热降温示意图

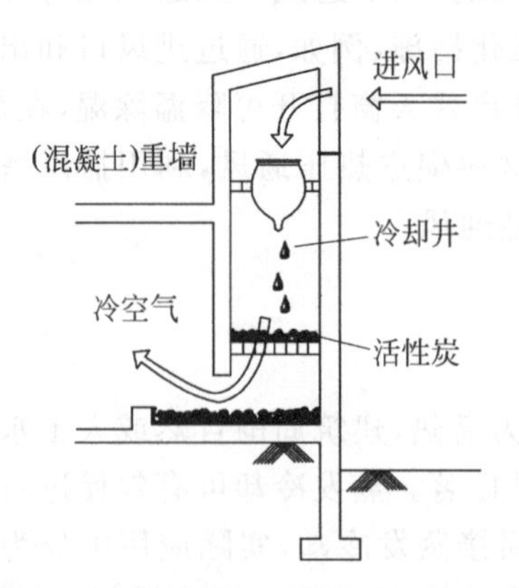

图 8-68 竖井蒸发与通风冷却结合

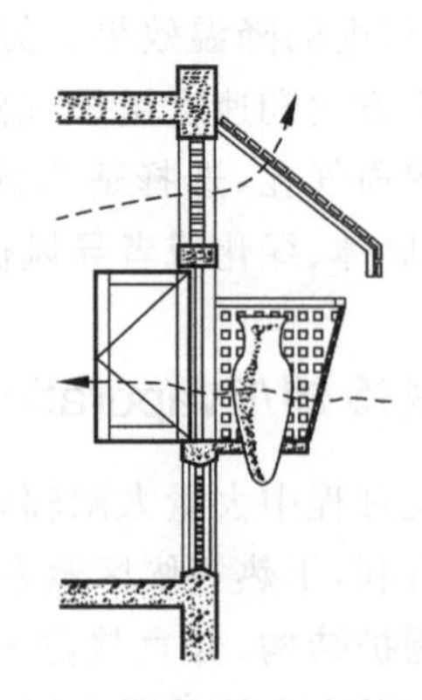

图 8-69 蒸发降温与窗户结合

蒸发冷却效果与室外温度、水面温度空气流速成正比，可供选择的蒸发降温途径有表面蒸发(平静水体)、弥散蒸发、利用压缩空气将水弥散、潮湿表面蒸发。对轻微流动的平静水体而言，夏季的蒸发量为 0.1kg/(m^2 · h)～0.2kg/(m^2 · h)，蒸发的热散失为 65W/m^2～135W/m^2，如果水被弥散的话，蒸发热散失数倍于平静表面蒸发。利用压缩空气促进水的弥散，这种情况下，蒸发热散失更大。压缩空气弥散后的水颗粒非常微小，蒸发迅速，在这种情况下，水被吸入气流中，成为悬浮颗粒。建筑周围的潮湿表面蒸发降温主要是利用空气-水对流散热，与接触式加湿器的原理相同(图 8-70～图 8-72)。

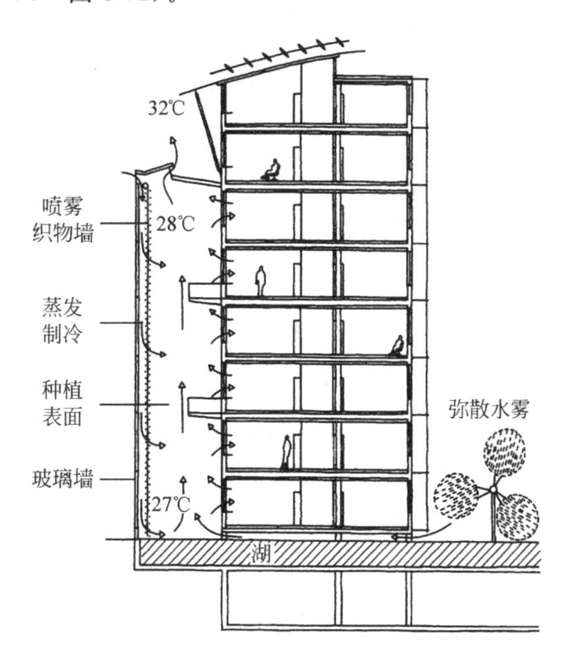

图 8-70 德国某行政办公楼蒸发和自然通风降温示意图

办公楼采用边长 150m 的合院式建筑，中心为开敞的湖面，有一个湖心小岛作咖啡厅，高层布置在合院的一角，建筑主要采用自然通风，利用水体与自然通风协同作用，蒸发冷却。办公楼利用潮湿表面蒸发和自然通风降温，南侧的玻璃墙后面布置重织物墙，用喷管由顶部向下喷水，构成了潮湿表面降温。室内水喷洒织物墙降温需满足两个基本条件：第一，组织良好的空气流通，有助于促进热交换，并防止室内过于闷热；第二，织物墙周围超细喷嘴应能形成均匀的颗粒状水雾，提高热交换效率。

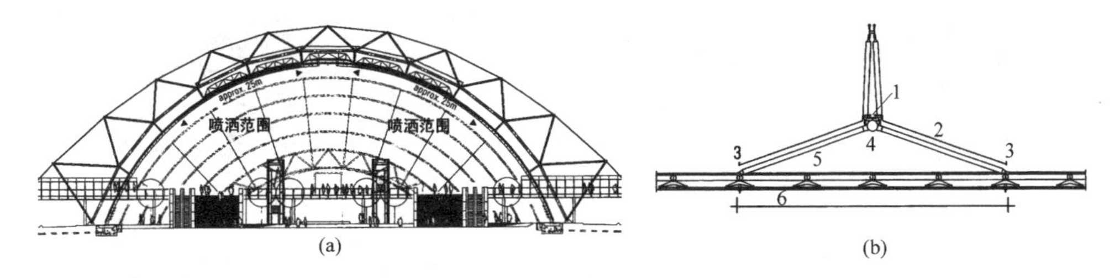

图 8-71 莱比锡博览会玻璃大厅

(a) 喷洒范围示意图；

(b) 喷洒系统细部（1—管径 25mm 的喷洒及清洁水管；2—管径 15mm 连接喷嘴的水管；3—喷嘴；4—主桁架；5—辅助桁架；6—玻璃板）

图 8-72 塞维利亚博览会荷兰馆利用建筑周围的潮湿表面降温

8.5.4 土壤供冷/Cooling by Earth

土壤表面温度周期性波动,受太阳辐射和天空长波辐射影响,月平均温度波幅与室外月平均气温波幅相似,温度波在向地层深处传递时出现衰减和延迟,深1.5m处的土壤温度不再受气温日变化影响,更深处成为恒温层。深度达到某一个部位,土壤最热月温度将低于该点全年平均气温,最冷月温度要高于全年平均气温。夏热冬冷地区年平均气温18℃左右,接近舒适温度,冬夏两季土壤地下2m~3m温度是一个很好冷热源,可以以空气为媒介,送入地下埋管系统进行冷却或加热后送入室内,以对流形式与土壤所蓄能量进行交换,或以水为媒介,采用埋管换热器将土壤作为冷热源,利用热泵技术获得建筑所需的冷热源。而空气直接与土壤或地道接触的冷却方式,如地道风降温,因空气质量较差,使用受到限制(图8-73,图8-74)。

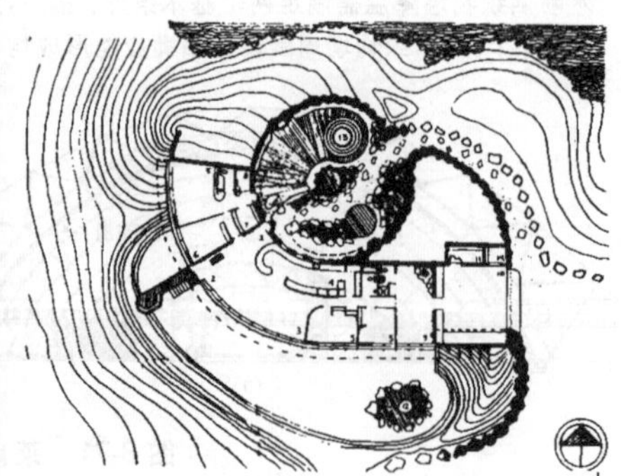

图 8-73 覆土建筑

图 8-73(续)

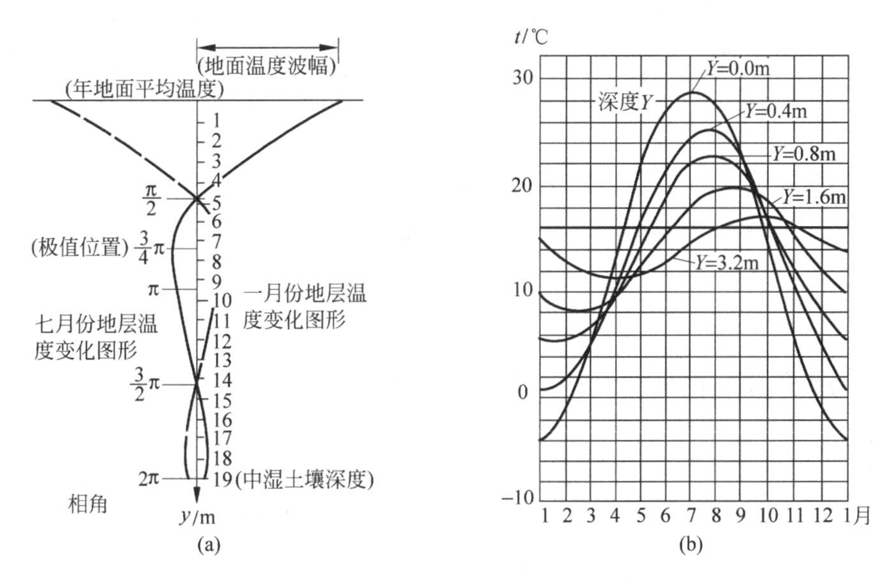

图 8-74 不同深度土壤的温度分布示意图

(a) 地层原始温度变化图形；(b) 某市不同深度地层的实测地温变化图

图(a)漏斗形温度图形表明，越靠近地表面的土壤温度受到气候条件的影响越大，而在地下 8m～10m 深的位置，土壤温度达到了一个比较稳定的数值，即可以在建筑设计中应用的冷源，冷媒流经后降温直接用于空调系统。

9 建筑与能源和碳排放
Building Energy Usage and Carbon Emission

建筑热环境问题归根结底是能源问题，在生火取暖之前，原始遮蔽物无能耗，也不舒适。为了获得适宜的生活和工作环境，建筑逐步引入采暖降温设施，塑造人工热环境，使用能源改善建筑热环境，以高能耗换取高舒适。今天，建筑中消耗的能源越来越多，这些能源用在了什么地方？整个生命周期中建筑需要消耗多少能源？面对可持续发展的潮流，建筑努力减少能源消耗，为了维持基本的热舒适，建筑对能源的最低要求是多少，究竟能够做到多么节能？未来基于健康、舒适、高效的建筑热环境设计目标，可以采取哪些设计策略？

9.1 建筑用能/Building Energy Usage

我国人口众多，人均资源占有量低于世界平均水平。从能源结构来看，主要以煤炭为主，石油液化气、天然气、电能占一定比例。建筑中的能源利用，在改善室内热环境方面，北方采暖区主要使用煤炭和天然气，南方夏热地区空调制冷主要使用电能。建筑用能占总能耗的比例反映一个国家经济发展和生活水平，目前我国每年用于居住建筑采暖、空调能源需求增速逐年递增，建筑节能迫在眉睫。一般来说，发达国家建筑用能占全国能源消费总量的1/3，目前我国为1/4，但从经济发展和生活水平提高的速度来看，改善室内热环境的需求日益迫切，建筑用能增长给能源和环境带来巨大压力。

9.1.1 建筑用能边界/Lifecycle Building Energy Usage

广义的建筑用能涵盖整个生命周期(LCA)，包括建造、使用维护、拆解处置三个阶段，以及建材生产、施工建造、运行、维护更新、废弃拆除、废弃物处理与处置七个过程(图 9-1)，这是建筑用能的时间边界。

狭义的建筑用能指使用维护过程的用能总和，包括采暖、通风、空调、热水、照明、电气、厨房炊事等方面的用能。ISO/TC 163/WG4 对运行阶段建筑用能的空间边界范围界定为电力、燃油和区域供热等能源输入，包括照明和插座、暖通空调和生活热水、建筑功能和服务设备等能源的消耗(图 9-2)。

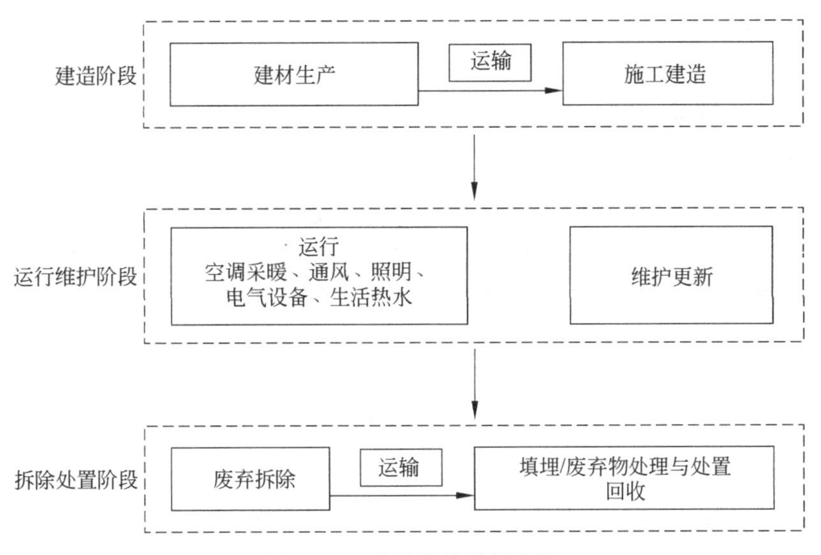

图 9-1 建筑用能的时间边界

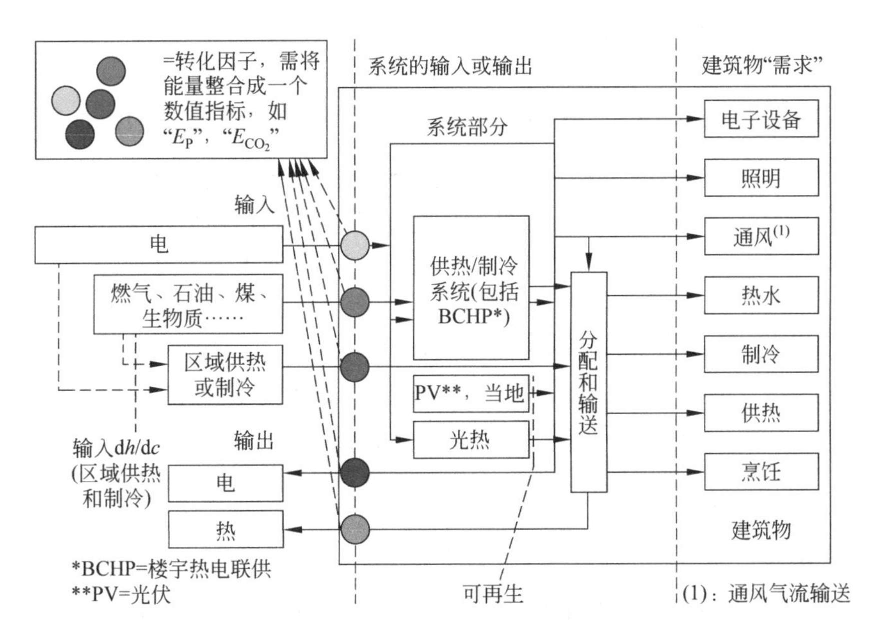

图 9-2 ISO 界定的建筑使用阶段用能空间边界

穿越建筑用能边界的主要能量流动。

建筑的环境影响需要从生命周期角度评价，而不仅仅局限在使用阶段，包括建造阶段包含在建材生产和施工建造中的一部分能源，即内含能源（embodied energy）。在建筑生命周期中，使用阶段能耗大约为建造各阶段能耗的 15 倍，因此，使用阶段能耗是建筑节能的关键，这其中又以改善热舒适的采暖和空调能耗最多，建筑用能中大约有 70％用于空调和采暖，改善建筑热环境，因此建筑运行阶段是节能减排的关键阶段。

9.1.2 中国建筑用能状况/Building Energy Issues in China

建筑节能工作是我国节约能源、保护环境、实现可持续发展战略的重要组成部分。我国是一个能源消耗和碳排放大国,建筑用能需求超过国家能源生产年增长率。经济越发达,生活水平越高,建筑用能需求越多,建筑节能形势严峻,任务艰巨。对于我国以煤炭为主的能源结构来说,建筑节能意味着减轻大气污染,减少雾霾,缓解全球气候变化。

从能源需求来看,随着生活标准提高,采暖范围扩大,空调建筑增加,舒适的建筑热环境已成为生活的需要。当前,建筑用能总体一直呈增加趋势,建筑总能耗与全国建筑总面积同步增加,以住宅为例,人均住宅能耗和单位面积住宅能耗逐年下降,而人均住宅耗电量呈增长趋势 。我国气候特点决定了冬季采暖和夏季空调耗能比同纬度地区高,北方采暖地区仍是建筑节能的重点区域。夏热冬冷地区的一些地方冬天寒冷时间也相当长,改善冬季热舒适要求迫切,夏热冬冷地区和夏热冬暖地区,夏季需要消耗大量能源空调制冷。

9.1.3 中国气候与建筑节能/Climate and Building Energy in China

我国气候特点对建筑节能的影响体现在太阳辐射、空气温度、空气湿度方面。

太阳辐射。我国太阳辐射为建筑节能提供了有利条件,与欧洲相比,我国北方地区冬季晴天较多,日照时间较长,太阳辐射强度较大。1月北京日照时数204.7h,总辐射283.4MJ/m²;兰州日照时数188.9h,总辐射253.5MJ/m²。除南欧外,欧洲其他地区纬度高,冬季白天时间短,阴雨天多,日照时间短。1月伦敦日照总时数43.4h,总辐射70.1MJ/m²,斯德哥尔摩的日照时数37.2h,总辐射40.2MJ/m²。我国冬季太阳高度角低,冬至日低至13°~30°,南向窗入射太阳辐射多,入射深度大,有利于利用围护结构蓄热性提高和稳定室内温度,节约采暖能耗。

空气温度。我国东部平原地区气温取决于太阳辐射,由北向南气温逐渐升高,南北温差大,冬季气温低主要由寒潮所致,高纬度冷气团频繁入侵低纬度区,其间回暖期十分短促,是同纬度地区最冷的地方,气温低,冷季时间长。一年之中日平均温度小于5℃的日数,哈尔滨达177天,沈阳达152天,北京达126天,武汉也有59天。西部青藏高原、北部内蒙古高原由于地势关系,寒冷天数比同纬度的平原地区更长。夏季南北温差较冬季小,北方太阳高度角低,但白昼时间长,太阳辐射热总量大,与同纬度的其他地区相比,除沙漠地带以外,又是夏季最热的国家。除华南沿海一带,其他地区比同纬度地区平均温度高。从华北平原、江南地区到甘新戈壁沙漠地带,夏季极端最高气温都超过40℃。采暖期度日数是冬冷气候的重要基础数据，将平均温度低于基准温度的日数计入采暖期度日数，用于计算建筑物耗热量。与北半球同纬度城市对比，各城市采暖期度日数较高。以18℃为基准温度的采暖期度日数，我国各地均高于北美和欧洲各地。

空气湿度。在夏热和冬冷季节，空气湿度过高会使人更加不适。湿热天气人体汗液不易散发，有闷热感，湿冷天气衣被潮湿，感到阴冷。整个东部地区最热月平均湿度较高，达75%～81%，最冷月长江流域一带仍保持较高湿度，达73%～83%，影响热舒适。

9.1.4 建筑热工设计标准/Update of Thermal Design Standards

欧洲国家冬季时间较长，舒适度要求高，采暖空调及热水能耗大，建筑用能占总能耗比例高于我国(表9-1)，对既有建筑有组织地进行了大规模成区成片改造，因此，虽然建筑面积逐年增加，但整个国家的建筑用能却大幅下降。与之相比，我国建筑围护结构的热工性能较差，采暖系统效率低，单位建筑面积采暖能耗大大高于同等气候条件下欧洲国家，1986年制定的《民用建筑热工设计规范》(JGJ 24—1986)和《民用建筑节能设计标准(采暖居住建筑部分)》(JGJ 26—1986)与1996年制定的《民用建筑节能设计标准(采暖居住建筑部分)》(JGJ 26—1995)，以及2010年制定的《严寒和寒冷地区居住建筑节能设计标准》(JGJ 26—2010)对比，对于围护结构的热工性能要求已有较大提高(图9-3，图9-4)。

表9-1 中外城市采暖期度日数比较

城市(纬度)	采暖期度日数
哈尔滨(北纬45.7°)	5578
长春(北纬43.6°)	5172
沈阳(北纬41.8°)	4291
北京(北纬39.8°)	3076
柏林(北纬52.5°)	3420
法兰克福(北纬50.2°)	3030
温哥华(北纬49.2°)	2924
多伦多(北纬43.7°)	3640

为了提高建筑节能水平，欧洲国家制定和持续修订更新建筑围护结构热工性能标准，渐进式挖掘潜力。在英国，外墙传热系数限值，1963年为1.6，1974—1975年降至1.0，1982—1983年又降至0.6，1988年再度减为0.45。丹麦的建筑法规规定，外墙传热系数应不大于0.6和1.0，经1977年和1985年的修订逐步降低到0.30和0.35，后来又分别降低到0.2和0.3。

图 9-3 德国东柏林旧建筑节能改造

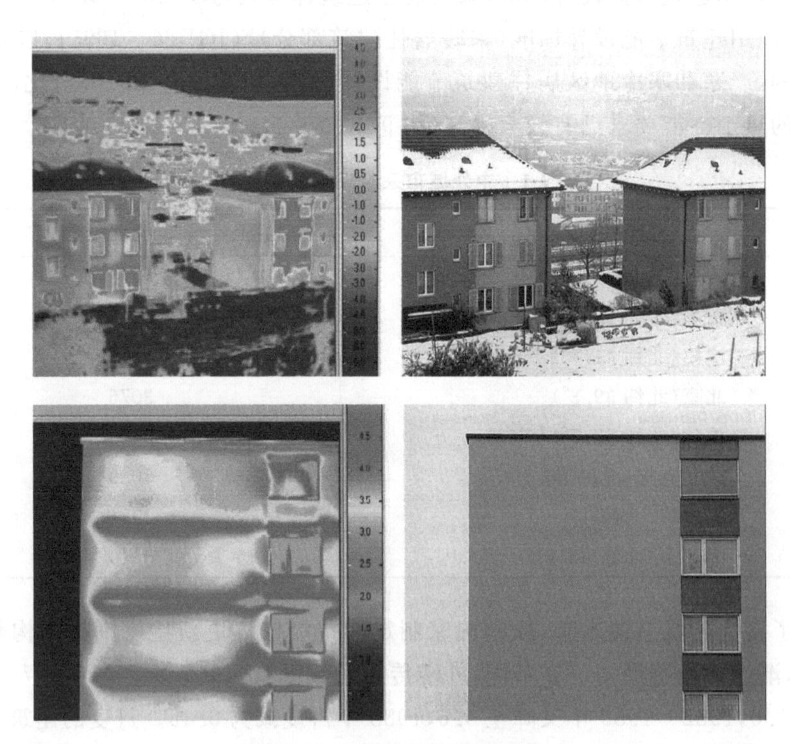

图 9-4 建筑围护结构热损失

图 9-4(续)

9.2 中国建筑节能设计标准/Design Standards for Building Energy Efficiency in China

建筑节能工作需要制定完善的法律、政策和标准支持。

《中华人民共和国节约能源法》规定“建筑物的设计和建造应当依照有关法律、行政法规的规定，采用节能型的建筑结构、材料、器具和产品，提高保温隔热性能，减少采暖、制冷、照明的能耗”。建筑节能的任务是在保证使用功能、建筑质量和室内环境的前提下，制定科学合理又切实可行的节能指标体系，采取各种有效的节能技术与管理措施，提高居住舒适性、节约能源和保护环境。

9.2.1 公共建筑节能设计标准/Design Standard for Energy Efficiency of Public Buildings

《公共建筑节能设计标准》(GB 50189—2015)对公共建筑进行了分类，并详细规定了其采暖系统室内计算温度、空调系统室内计算参数、主要空间的设计新风量。对建筑与建筑热工设计标准作出了具体规定。

规划布局。规定了总平面布局中对冬季日照和主导风向、夏季自然通风的考虑,选择和接近最佳朝向。

体形系数。严寒和寒冷地区应小于或等于0.40,否则要依据参照建筑对全年采暖和空调能耗进行权衡判断,对建筑形状、大小、朝向、内部空间划分、窗墙比等进行优化。

传热系数。根据建筑所处的城市的建筑气候分区,更详细规定了严寒地区A、严寒地区B、寒冷地区、夏热冬冷地区、夏热冬暖地区五个气候区的建筑围护结构的传热系数限值,包括屋面、外墙、架空外挑板、与非采暖空间隔墙和楼板、单一朝向外窗等。

热桥。热桥部位内表面温度不应低于室内空气露点温度。

窗墙比。各个朝向窗墙比不应大于0.70。当窗墙比小于0.40时,规定了玻璃的可见光透射率不应小于0.4。屋顶透明部分面积不应大于屋顶总面积的20%。

中庭。夏季应利用通风降温,必要时设置机械排风。

外窗开启面积。不应小于窗面积的30%,透明幕墙应具有可开启部分或设有通风换气装饰。

气密性。严寒地区外面应设外门门斗,寒冷地区宜设外门门斗,减少冷风渗透。外窗气密性不低于《建筑外窗气密性能分级及检测方法》(GB/T 7107—2002)规定的4级。透明幕墙气密性不应低于《建筑幕墙物理性能分级》(GB/T 15225)规定的3级。

9.2.2 居住建筑节能设计标准/Design Standards for Home Energy Efficiency

针对中国的气候区划,居住建筑分别执行《严寒和寒冷地区居住建筑节能设计标准》、《夏热冬冷地区居住建筑节能设计标准》和《夏热冬暖地区居住建筑节能设计标准》。

1. 严寒和寒冷地区居住建筑节能标准

按照建筑气候区划,我国东北、华北和西北地区属于严寒地区和寒冷地区,累年日平均温度低于或等于5℃的天数,一般都在90天以上,面积占国土面积的70%。采暖区与非采暖区间界线大体与陇海线东、中段接近,略靠南,至西安附近后斜向西南。采暖区分为采暖期和非采暖期,一般选择5℃作为供暖与否的室外临界温度。从人体健康角度,当室温低至10℃~12℃时,室内就开始供暖,这一温度即室内供暖的临界温度。

体形系数。标准规定,建筑物朝向宜采用南北向或者接近南北向,主要房间宜避开冬季主导风向。建筑物体形系数宜控制在0.30及0.30以下;若体形系数大于0.30,则屋顶和外墙应加强保温。采暖居住建筑的楼梯间和外廊应设置门窗,入口处设置门斗等避风设施。

传热系数。标准对不同地区采暖居住建筑各部分围护结构的传热系数作了规定,对不同朝向的窗墙面积作了规定,对门窗的气密性等级也作了规定。在建筑物采用气密性好的门窗时,房间设可调节的换气装置。围护结构的热桥部位应采取保温措施,以保证其内表面温度不低于室内空气露点温度并减少附加传热热损失。采暖期室外平均温度低于−5.0℃的地区,建筑物外墙在室外地坪以下的墙面,以及周围直接接触土壤的地面应采取保温措施。

2. 夏热冬冷地区居住建筑节能设计标准

按照建筑气候区划,我国中部的长江流域及其周围广大地区属“夏热冬冷”地区,大致为陇海线以南,南岭以北,四川盆地以东,涉及16个省、市、自治区,面积约180万km^2,人口密集、经济发达。该地区最热月平均温度25℃～30℃,平均相对湿度80%左右,夏季热湿,冬季阴冷潮湿。夏季连晴高温,最高气温可达40℃以上,日最低气温也超过28℃。最冷月平均气温0～10℃,平均相对湿度80%左右,冬季气温虽然比北方高,但是日照率低。该地区由东到西,冬季日照率急剧减少,东部最高,也只有40%左右,中部30%左右,西部20%左右,整个冬天天气阴沉,雨雪绵绵。夏热冬冷地区分为采暖期、空调期和除湿期。

规划布局。建筑规划布局应有利于自然通风,组织春秋季和夏季凉爽时间的自然通风,改善热舒适,减少开空调的时间,节约能源。

建筑朝向。宜采用南北向或接近南北向。依据太阳运行规律,南北朝向的建筑夏季可以减少太阳辐射得热,冬季可以增加太阳辐射得热,是最有利的朝向。

体形系数。条式建筑的体形系数不应超过0.35,点式建筑的体形系数不应超过0.40。门窗节能。规定不同朝向的窗墙面积比和外窗的传热系数。多层住宅外窗宜采用平开窗,过渡季节和冬、夏两季有开窗通风,改善室内空气质量,带走余热和蓄冷。从自然采光角度,不宜依靠减少窗墙比,应重点提高窗的热工性能。平开窗外窗开启面积大,有利于自然通风,且气密性好。外窗宜设置活动外遮阳,兼顾夏季遮阳和冬季采暖。

传热系数和热惰性指标。对屋顶和外墙的传热系数和热惰性指标的规定,确保内表面最高温度符合《民用建筑热工设计规范》的规定。为此,围护结构外表面宜采用浅色饰面材料,平屋顶宜采用绿化等隔热措施。屋顶是夏季最不利朝向,绿化屋顶是解决屋顶隔热问题的有效方法。

3. 夏热冬暖地区居住建筑节能设计标准

按照建筑气候区划,夏热冬暖地区位于北纬27°以南,东经97°以东,包括海南全境、广东大部、广西、福建、云南及港澳台地区,为亚热带湿润季风气候,夏季漫长,冬季寒冷时间短,长年气温高且湿度大,气温年较差和日较差小。太阳辐射强烈,雨量充沛。根据1月份月平均温度划分为南、北两个子区。北区内建筑应考虑夏季空调,兼顾冬季采暖。南区内建筑应考虑夏季空调,不考虑冬季采暖。

规划布局。建筑布局和平面、立面及剖面应有利于自然通风,以改善居住区热环境,增加热舒适感,提高空调设备的效率。建筑布局应优先考虑错列式或斜列式,首层架空,主导风向投射角不大于45°。窗口开启朝向和窗扇开启方式有利于导入室外风,利用常开的房门、户门、外窗、专用通风口等,直接或间接地通过和室外连通的走道、楼梯间、天井等向室外排风顺畅。

建筑朝向。宜采用南北向或接近南北向。沿海地区4~9月盛行东南风和西南风,年平均风速为1m/s~4m/s,南北朝向和接近南北向有利于自然通风。南北朝向夏季可以减少太阳辐射得热;对冬季要考虑采暖的北区,冬季可以增加太阳辐射得热,减少采暖消耗。

体形系数。北区单元式、通廊式住宅的体形系数不宜超过0.35,塔式住宅的体形系数不宜超过0.40。南区建筑物的体形系数也不宜过大。体形系数影响建筑热损失,也影响建筑造型、平面布局、采光通风。

窗墙比。北向不大于0.45,东、西向不大于0.30,南向不大于0.50。普通窗户保温隔热性能比外墙差,夏季通过窗户进入室内的太阳辐射热多,窗墙比越大,能耗也越大。

传热系数和热惰性指标。规定围护结构的传热系数和热惰性指标、窗墙比、外窗的传热系数K和综合遮阳系数S_w取值等,以及天窗的面积和传热系数。

外窗开启率。外窗(或阳台门)的可开启面积与所在房间地面面积之比值不应小于0.08。提高自然通风效果。避免片面追求视觉效果和立面简约减少外窗的可开启率。

气密性。外窗及阳台门气密性能抵御夏季和冬季室外空气过多的向室内渗漏。沿海地区雨量充沛,多热带风暴和台风袭击,对气密性要求较高。居住建筑1~9层的外窗在10Pa压差下,每小时每米缝隙的空气渗透量不大于2.5m^3,每小时每平方米面积的空气渗透量不大于7.5m^3;10层及10层以上的外窗在10Pa压差下,每小时每米缝隙的空气渗透量不大于1.5m^3,每小时每平方米面积的空气渗透量不大于4.5m^3。

外墙材料。围护结构的外表面宜采用浅色饰面材料。浅色饰面材料夏季能反射较多的太阳辐射热,降低室内太阳辐射得热量和围护结构内表面温度。

空调器安装。明确房间空调器安装位置和装饰方式,保证相邻多台室外机气流射程互不干扰,对室内机和室外机进行装饰设计,保护空调器。

9.3 建筑碳排放/Building Carbon Emission

目前,建筑能源特别依赖碳基能源,提供改善建筑热环境的采暖和空调的用能,碳基能源的有限性和能源供给的安全性一直困扰各个国家。在可持续发展和全球气候变化的背景下,对于碳基能源的替代能源的及寻找一直在持续,例如核能和太阳能、风能、水电能、海洋能、生物能等可再生能源，但是在技术方面的缺陷和局限性，大大制约了其在建筑中的利用(图 9-5，图 9-6)。

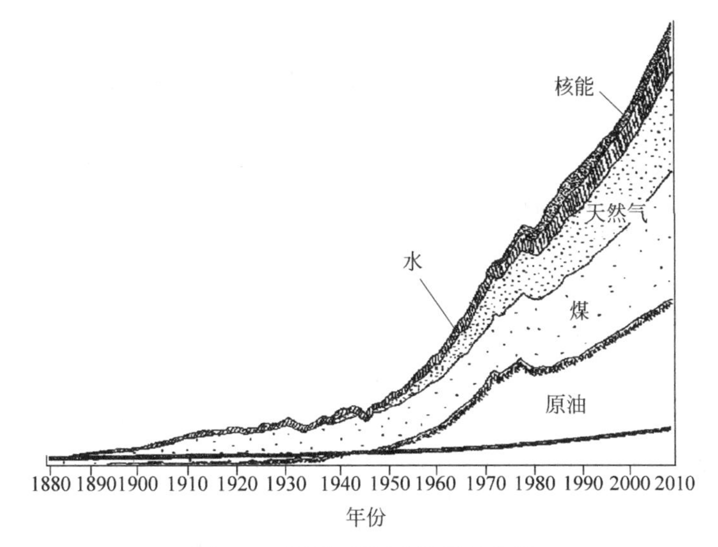

图 9-5 世界能耗需求增长示意图

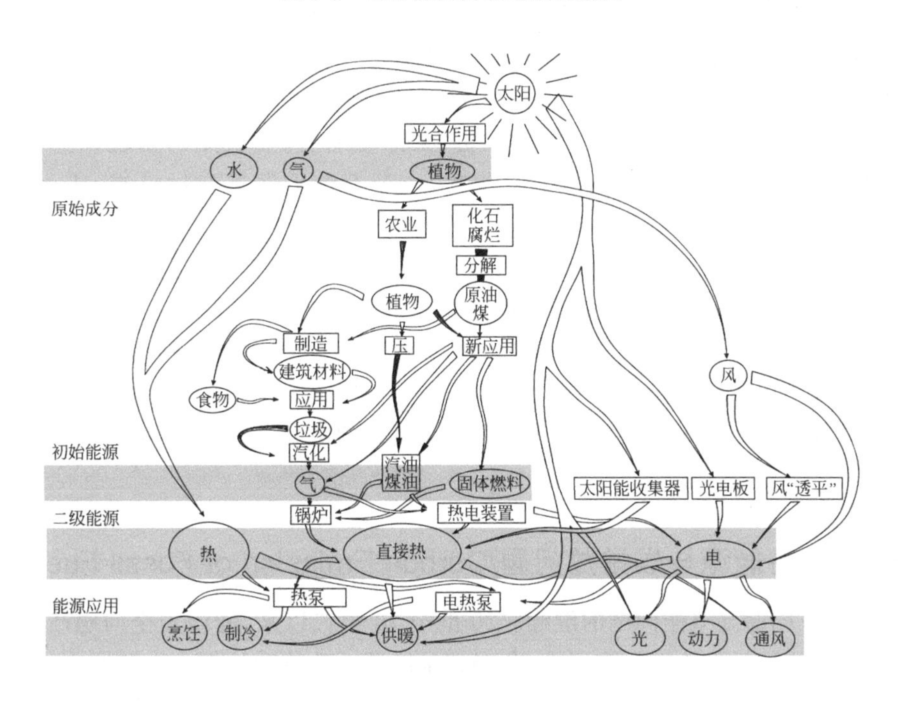

图 9-6 地球能流图(单位 10^6 MW)

从地球上的能流图可以看出，地球上的风能、水能、海洋温差能、波浪能和生物质能以及部分潮汐能都来源于太阳，即使是地球上的碳基能源(如煤、石油、天然气等)从根本上说也是远古以来储存下来的太阳能。

9.3.1 碳基能源照耀人类文明史/Human Civilization Illuminated by Fossil Fuel

火的使用掀开了利用能源的时代。火山爆发和雷电野火让人认识到火的作用,钻木取火代表人类开始掌握火的应用,给人类生活带了巨变,食用熟食和生火取暖,促进了人类进化,让人类在地球环境中的生存空间大大扩张。人类使用和驾驭畜力、风力、水力,利用简单机械为生产和运输服务。在漫长的时期,薪柴占据着第一代能源的主体位置,燃烧薪柴还谈不上污染,而是一种贴近自然的原始文明,充满诗意的袅袅炊烟。

煤炭开创了人类的新纪元,把人类社会带进了第一次工业革命。煤气灯照彻了漫漫长夜,蒸汽机的发明使煤炭一跃成为第二代能源主体。蒸汽机使纺织、冶金、采矿、机械加工迅速发展,蒸汽机车、轮船推动交通运输业出现巨大进步。19世纪,电磁感应现象发现,由蒸汽机作为动力的发电机开始出现,煤炭转换成易于输送和利用的二次能源——电能。作为工业革命的前沿,煤炭带领英国率先进入工业化时代,到处建设大工厂,烟囱高耸入云,庞大厂房发出机器隆隆的轰鸣,中世纪恬静田园生活从此打破,煤炭不仅改变了英国的国际地位,也给整个世界带来了极大影响。石油将人类从固态能源进入液态能源的时代,摆脱了煤炭繁重的运输、笨重的锅炉、恼人的振动和飞扬的煤渣。19世纪末期,以汽油和柴油为燃料的内燃机,以及汽车、飞机、柴油轮船、内燃机车的出现,将人类飞速推进到现代文明时代,20世纪60年代,全球石油消费量超过煤炭,成为第三代能源主体。

工业革命以来的人类发展和文明进步都离不开碳基能源,消费量惊人。由于煤炭和石油都是数亿年沉积变迁形成的化石能源,储量有限而且不可再生。在有限的时间里可能迅速耗尽。碳基能源的稀缺性和不可再生,走向枯竭在所难免,从20世纪70年代的石油危机开始,能源安全受到持续关注。摆脱对石油的过度依赖,需要寻求替代能源,减少环境污染和气候变化的威胁,以获得清洁、持久的发展动力。

9.3.2 碳基能源与碳排放问题/Carbon Emission of Fossil Fuel

碳排放问题是节能问题的继续。20世纪70年代以来,能源安全问题凸显,一方面,碳基能源的供给存在有限性,争夺碳基能源的政治和外交争端和博弈已经屡见不鲜,过度依赖石油和石油价格波动引起全世界普遍的焦躁情绪。另一方面,碳基能源大量使用的直接后果是环境污染和引发大气温室效应,逐步恶化人类赖以生存的地球环境,由此引发的碳排放问题事关国家安全和国际能源安全。

全球增暖现象的研究和权威数据主要来自联合国政府间气候变化专门委员会(Intergovernmental Panel on Climate Change,IPCC),是世界气象组织(WMO)和联合国环境署(UNEP)1988年创建的政府间机构。IPCC认定“全球气候增暖现象的存在”和“二氧化碳是造成全球增暖的原因”。通过长期跟踪研究和汇集世界各地专家定期评估气候变化及其影响，IPCC先后四次发表全球气候评估报告(Assessment Report 1～4)。1990年AR1报告向人类警示了气温升高的危险，推动了联合国环境与发展大会1992年通过《联合国气候变化框架公约(*United Nations Framework Convention on Climate Change*, UNFCCC)》。1995年AR2报告认为“证据清楚地表明人类对全球气候的影响”，为1997年通过《京都议定书》铺平了道路。2001年AR3报告表示有“新的、更坚实的证据”表明人类活动与全球气候变暖有关，全球变暖“可能”由人类活动导致，“可能性”为66%。数值模拟研究表明，1860年以来全球平均地表温度上升了0.6℃±0.2℃，预测1990年至2100年全球平均地表温度将增暖1.4℃～5.8℃，是1900年到2000年增暖(0.6℃左右)的2～10倍，在近10000年中速率最大。

工业革命之后短短200年，气候变化的阴霾已悄然笼罩。2000年以来二氧化碳排放以每年超过2%的速度增加，与此同时，由于森林砍伐和城市化导致的自然生态系吸收二氧化碳能力却在持续下降，二氧化碳累积速度加快。气候变化的究竟达到哪种危险程度？气温升高多少将是自然界的临界值？AR1报告指出，2℃可能是一个上限，一旦超过可能招致一种破坏生态系统的风险，其恶果将按非线性增加。全球增暖幅度控制在比工业革命前高出不超过2℃的水平，是科学家认为的安全极限。2012年AR4报告以前所未有的强烈言辞警告，多种因素的叠加将使全球变暖很快突破2℃这个临界点，气候变化可能对地球造成无可逆转的影响，如果不采取强有力的措施，将可能进入不可逆转的恶性循环，遭遇人类不可承受的“末日式劫难”。在混沌学中，“蝴蝶效应”是解释复杂现象的经典模型，在一个动力系统中，初始条件下微小的变化能带动整个系统的长期的巨大的连锁反应，后果难料。一只南美洲亚马孙热带雨林中的蝴蝶，偶尔扇动几下翅膀，可能在两周后的美国得克萨斯州引起一场龙卷风。地球上的万事万物都是彼此关联映射，其间的因果关系往往都具有非线性特征。各种因素往往会自我增强并相互强化，初始条件的极小偏差，往往会引起结果的极大差异。气候变化这个潘多拉魔盒打开后，人类可能从此迈进了高度复杂和不确定的“蝴蝶效应”时代。

尽管在科学上还存在不确定性，AR4报告作为国际科学界和各国政府在气候变化方面形成的共识性文件，是国际社会应对气候变化的重要决策依据，控制碳排放需要各个国家采取共同行动。1992年，IPCC起草《联合国气候变化框架公约》并在联合国环境与发展大会上通过，这是应对气候变化领域的第一个有法律约束力的国际协定，是国际合作的法律基础，2009年缔约方达到192个。为了减少温室气体排放和稳定大气温室气体浓度，缔约方都有义务编订国家温室气体排放源和汇的清单，同时承诺制定适应和减缓气候变化的国家战略，在社会、经济和环境政策中考虑气候变化。

1995年，第一次缔约方会议(COP1)即国际气候大会在德国柏林召开，1997

年,第三次缔约方会议(COP3)在京都通过了具有历史意义的《京都议定书》,它根据“共同但有区别的责任”原则,把缔约方分为附件一国家(发达国家和转型国家)和非附件一国家(发展中国家)。附件一国家在第一阶段2008—2012年各自承担量化减排承诺,设定到2010年主要工业化国家6种温室气体排放量要在1990年的基础上平均减少5.2%的目标,各国的定量减排目标分别为,欧盟15国8%,美国7%,日本6%,加拿大6%,东欧各国5%~8%,新西兰0%,俄罗斯0%,乌克兰0%,可以增排的国家有爱尔兰增10%,澳大利亚增8%,挪威增1%。非附件一国家也应当承担相应的责任,发展中国家正处于人均排放和总排放量激增阶段,尽管现阶段作出某种明确的量化承诺较为困难,但也应循序渐进,作出各种与减排阶段相适应的努力。

2009年,第十五次缔约方会议(COP15)在哥本哈根召开,目标是对后《京都议定书》时代的各国减排目标和责任进行限定,否则2012年之后将没有一个共同文件来约束温室气体排放,没有全球统一协调行动。大会上,欧盟、以美国为首的伞形集团(加、澳)以及中国在内的77个发展中国家形成三大阵营,发达国家的历史累计排放和新兴经济体的减排问题是争论的焦点。由于各国和各利益集团分歧严重,经过长时间谈判和交锋,才勉强达成了协议,但既没有确定发达国家的定量减排路线图,也没有对新兴经济体的减排约束。中国作为新兴经济体,碳排放呈现巨大增长趋势,大会上,中国自主作出承诺,到2020年,单位GDP二氧化碳排放比2005年下降40%~45%。

气候变化国际谈判表面上是各国就温室气体排放额度讨价还价,但更深层次的问题则是各国关于能源创新和经济发展空间的博弈。自然科学的“高可信度”与政治化、道德化的高压,使任何一个国家政府都不敢正面挑战“人类行为导致气候变化而且是变暖”的定论。在稳定大气温室气体浓度的前提下,碳排放正成为新的稀缺战略资源,事关经济发展战略空间和发展权力。

9.4 建筑节能之路/Energy Conscious Architecture Design

现代社会,人类对能源的依赖日益加深,各种能源以前所未有的速度被开发,能源在社会发展中的地位举足轻重。由于建筑用能在总能耗中的比例居高不下,建筑节能得到了越来越多的重视。能源供给的有限性与需求的无限性,促进了对高效使用能源的探索。建筑节能需要“源”和“流”两个途径入手,一方面,寻找替代能源,开发和利用非碳基能源。能源分为可再生能源和不可再生能源,石油、天然气和煤炭等属于不可再生能源,而太阳能、风能、水电能、地热能、海洋能和生物能属于可再生能源,此外还有核能。另一方面,不断提高建筑中能源的使用效率,通过对建筑能源使用过程进行全面、合理、综合和系统的组合,优化能源利用,加大技术投入和新技术成果综合利用,并强化建筑节能的管理机制,提高建筑节能意识,建立相应的法律约束机制。

9.4.1 非碳基能源路漫漫/Renewable Energy

人类对能源的需求不仅数量在增长，而且能源结构也在变化。从农业社会依赖可再生的木材、风力、水力、兽力和人力，到工业社会主要依赖煤炭、石油和天然气等碳基能源。以 18 世纪后期蒸汽机的发明和 19 世纪后期的内燃机为标志，工业革命从总体上增加了对能源的需求，碳基能源成为工业化国家的主要能源。21 世纪，在经济增长和环境保护的双重压力下，改变能源的生产方式和消费方式，用现代技术开发利用可再生能源资源，对于建立可持续的能源系统，促进社会经济发展和生态环境改善意义重大。《中国 21 世纪议程——人口、环境与发展白皮书》将开发可再生能源放到国家能源发展战略的优先地位。

太阳能、风能、水电能和生物质能等可再生能源和非碳基能源核能是新能源的发展方向。

太阳能是地球取之不尽用之不竭的能量来源，也是风能、水能、海洋能、生物质能的来源。地球生物依靠太阳光热生存。自古以来，人类就利用太阳能来晒干物件、保存食物和制盐。现代光电和光热转换技术标志着太阳能利用进入新阶段。太阳能光电转换利用太阳能产生直流电，以半导体材料制成固体太阳能电池组，大规模组建太阳能电站联网发电。太阳能光热转换是通过太阳能集热管将太阳能转换成热能，大规模用于建立大型蒸汽发电。小规模的太阳能光电和光热转换受到越来越多的重视，利用与建筑的结合与集成，利用场地内的太阳能为建筑提供照明、采暖空调和热水，直至实现不依赖外部能源供应的“零能建筑”。太阳能光伏集成建筑(BIPV)将太阳能电池组件集成安装在建筑上，形成光电一体化建筑。目前，太阳能发电还存在成本高、转换效率低的问题。太阳能利用的问题之一是太阳能流密度不均匀，在太阳能资源不充分地区，除非采用大规模太阳能电池板组件，否则难以投入实用；问题之二是太阳能电池板寿命有限，大约是 10～20 年，生产过程使用的硅、锗、硼会造成污染并大量排放二氧化碳。

风能是因空气流做功提供的能源，流速越高，动能越大。风能来自太阳能，到达地球的太阳能中有大约 2%转化为风能，总量十分可观，蕴藏量丰富，分布广泛，清洁无污染，可再生，发展潜力巨大。我国位于亚洲大陆东南，濒临太平洋西岸，季风强盛，风力资源总储量丰富。风能利用历史悠久，农业社会利用风力提水、灌溉、磨面、舂米，作为帆船动力，在建筑上用于自然通风和降温。20 世纪 70 年代，现代风力发电技术走向成熟，风力发电机利用涡轮叶片将气流转换成机械能并通过发电机转换为电能。随着技术进步，成本降低，2008 年全世界风电供电比例达到总用电量的 1%。除少量小型化风电设施可以部分集成到建筑中之外，大型风电设施多为高架立体设施，有利于保护陆地和生态，减少环境污染。大型风电设施的缺点是噪声大，干扰无线电设备，干扰鸟类等野生动物，破坏自然景观，并且需要大量空旷土地兴建风力发电场,面临土地利用和土地增值等一系列问题(图9-7)。

水电能是水的势能变成机械能,又变成电能的转换过程。人类很早就开始利用水的下落作为动力。19世纪末,水力发电得到应用,早期的水电站规模小,为电站附近提供电力,随着输电网和远程输电技术的发展,水力发电逐渐向大型化方向发展。水电能是一种清洁无污染的能源,但是,为水力发电建造的大坝常常会对生态环境造成影响。1970年,在尼罗河下游建成的阿斯旺大坝是一项集灌溉、航运、发电的综合利用工程,既可以控制河水泛滥,又能够存储河水用于枯水季节灌溉,大幅扩大可灌溉耕地面积,调节下游水位,促进淡水养殖及内河航运发展,为工业化提供充裕而廉价的能源,但是,大坝建成之后,对生态环境的不良影响日益严重,在控制尼罗河千百年来周而复始泛滥的同时,也使两岸农田失去了天然的肥源淤泥,下游耕地变得贫瘠,土壤盐碱化,可耕地面积逐年减少。

图9-7 风力发电机示意图

生物质能是太阳能以化学能形式储存在生物中的一种能量形式,以生物质为载体,直接或间接地来源于植物光合作用。生物质是指由光合作用而产生的各种有机体,利用空气中的二氧化碳和土壤中的水,将太阳能转换为碳水化合物。生物质储存的太阳能在整个能源系统占有重要地位,遍布世界各地,蕴藏量极大,一直是人类赖以生存的重要能源。生物质能是碳循环的一个环节,光合作用将大气中的碳转化成有机物质,死亡或氧化后再以二氧化碳形式回归大气,循环时间相对较短,而用作燃料的植物可以很快地不断地重复种植替代,不会影响大气二氧化碳浓度。生物质能利用主要通过直接燃烧产生热能、蒸汽或电能,也可以发酵和蒸馏生产液体燃料(乙醇),厌氧消化生产沼气,或高温裂解(煤气)、加氢气化(生产甲烷和乙烷)、氢化(石油)、破坏性蒸馏(甲醇)、酸水解(糖类)等。有关生物燃料的争论之一是对粮食的危害和加剧森林砍伐,一些生物燃料来自粮食,美国的玉米、巴西的糖料作物和欧洲的谷物和含油种子,规模巨大而且得到政府政策鼓励,但是,以粮食作物为原料的生物燃料生产将占用过多农业土地,导致粮食价格上涨,为开垦更多耕地又会砍伐森林,引发各国政策发生了审慎的改变。

地热能是来自地球深处的可再生热能,源于熔融岩浆和放射性物质的衰变。地下水的深处循环和来自极深处的岩浆侵入到地壳后,把热量从地下深处带至近表层,甚至随自然涌出的热蒸汽和水到达地面,储量丰富。如果热量提取的速度不超过补充速度,便是可再生的。土壤或地下水提供的地热资源普遍存在,且易于获得,利用地热能既没有污染物排放,也不生成污染物,且运行费用低。早期地热能利用将低温地热资源用于供暖和热水,现代还应用于温室、热泵供热和发电。地热发电和地热热泵技术的进展使可供利用的资源潜力增加。在建筑上,可以利用钻井或埋管的浅层或表面地热资源,适用于单体建筑或规模适当的建筑群(图 9-8)。

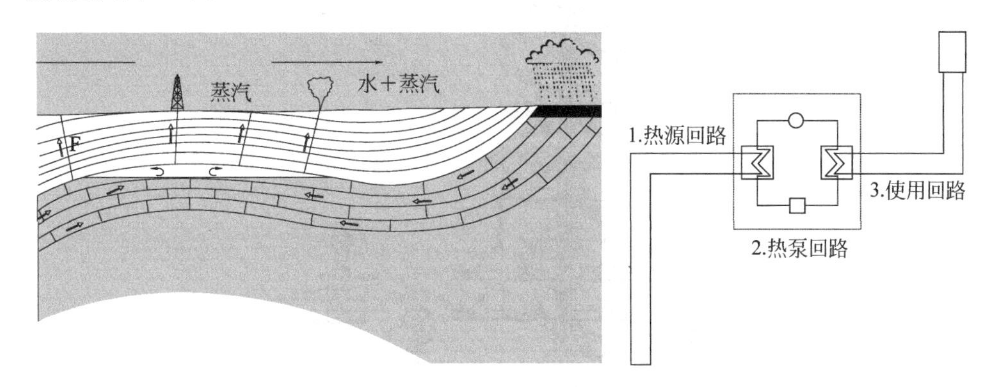

图 9-8 浅层地热能利用示意图

左图为利用钻井和热泵来获得制冷或供热所需的能量,一般钻井的最大深度为 150m。右图为热源、热泵和使用三个封闭回路。

核能是一种非碳基能源,核原料储量丰富。核电站(nuclear power plant)是利用核裂变(nuclear fission)或核聚变(nuclear fusion)反应所释放的能量发电。由于受控核聚变的技术障碍,商业核能发电都是利用核裂变反应。压水反应堆核电站中,铀核燃料在反应堆内进行裂变并释放出大量热能,高压下的循环冷却水把热能带出,在蒸汽发生器内生成蒸汽,高温高压的蒸汽推动汽轮机,推动发电机旋转发电。核能支持者认为,设计好的反应堆核泄漏风险非常小,安全系统的精心设计能够减少事故风险。核能反对者认为,核反应堆的主要缺点包括事故和恐怖袭击导致核废料泄漏,人类受到射线威胁影响健康。历史上的核电站爆炸事故让人心有余悸,1986 年,苏联切尔诺贝利核电厂爆炸散发出大量高辐射物质到大气层中,污染了苏联西部的部分地区、西欧、东欧、斯堪的纳维亚半岛、不列颠群岛和北美东部部分地区,至今仍为清理事件所造成的污染问题及引发的健康问题付出巨大代价,此后,德国和东欧国家开始关闭核电站。2011 年日本地震海啸和福岛核电站爆炸引发最严重的核事故,严重的核辐射泄漏和事故处理的不透明所引发的核恐慌再次蔓延全球,对核电站安全的忧虑使各国政府纷纷调整了核能发展计划。

综合来看,现代非碳基能源利用技术趋于成熟,但是也存在局限性,推广使用也其并非完美无缺,在技术、成本、环境影响方面同时也存在质疑和争议。整体上,尚无法彻底取代碳基能源。

在建筑上集成利用主动式太阳能、风能、生物能、地热能等可再生能源利用技术,应用新材料、新技术、新工艺以及新设计方法,加速可再生能源在建筑中的利用,从建筑设计角度,完善的设计策略和技术措施以及可能产生的新内容,对建筑师和工程师提出了挑战,促使其不断补充新的知识,为设计创新提供新的生长点(图 9-9)。

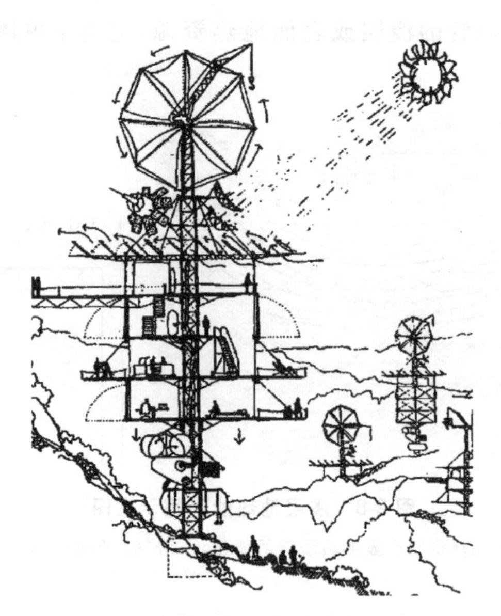

图 9-9 建筑利用可再生资源概念图

9.4.2 建筑节能的终极目标/Low Energy Building Standards

随着技术进步,围护结构热工性能的提高,建筑对于能源需求和碳排放标准在不断降低,探索建筑节能的终极目标。

2002年,英国韦尔(Brenda and Robert Vale)提出"零能建筑"概念,是一座独立的"自给自足"的建筑,与场地之外的能源没有任何联系,在运行过程中除了太阳能之外,不使用任何场地之外的其他能源,由于各地太阳辐射状况的差异,在大部分地区,不可能实现,因此"零能建筑"的延伸意义是与"自给自足"建筑一样,与城市电网相连,一年之中,场地从电网获得的能源与场地向电网输送的能源能够平衡,场地输入和输出的净能源为零。

20世纪80年代,英国建筑研究院(British Research Establishment,BRE)推出了建筑节能评价方法 BREEAM(British Research Establishment Energy Assessment Method),并且发布了《生态住宅:住宅环境评价标准》(*EcoHomes: The Environmental Rating for Homes*)等评价标准,将对建筑节能的研究延伸到对建筑碳排放的研究,关注的问题包括环境影响、资源利用、对生活的影响、对野生动植物的影响、材料、水、土地利用和生态学、健康和舒适。其中,环境影响包括气候变化、能源效率、交通方式、内含能源与碳排放量、臭氧损耗等,评价的评分项目也与此相对应,第一项就是碳排放量,评定分为通过、好、很好、杰出(Fair,Good,Very Good,Excellent)四个级别。20世纪90年代,英国发布住宅建筑用能和碳排放的国家标准计算方法(standard assessment procedure,SAP),并先后更新了5次,是政府推荐的住宅分级评价标准。2007年发布了《可持续住宅规范》(*Code for Sustainable Homes*)标准,首次定义了“零碳住宅”标准，作为计算和指导实践的规范，用于政府资助项目的评价，以《建筑节能规范（2006 版）》（*Building Regulations*：*Approved Document*）为基准，划分为 6 个评定级别，从稍高于国家标准的一级（Level 1）为入门级，到最高级的六级（Level 6）即零碳住宅。规范对环境影响进行整体评价，含 7 个方面的强制性义务，即能源效率、节水效率、地表水管理、场地废弃物管理、家庭废弃物管理、材料使用和生命周期住宅（energy efficiency，water efficiency，surface water management，site waste management，household waste management，use of materials and lifetime homes），规范定义的“零碳住宅是所有住宅使用的能源的净碳排放是零或者更好”。[①]，其中包括住宅运行中的采暖、空调、家用热水系统、通风系统、室内照明、炊事、所有家用电器用能。零碳住宅的传热系数（墙、门窗气密性等）低于 0.8W/(m^2·K)，用水标准为 80L/（人·d），其中至少 30％来自雨水或灰水（图 9-10）。

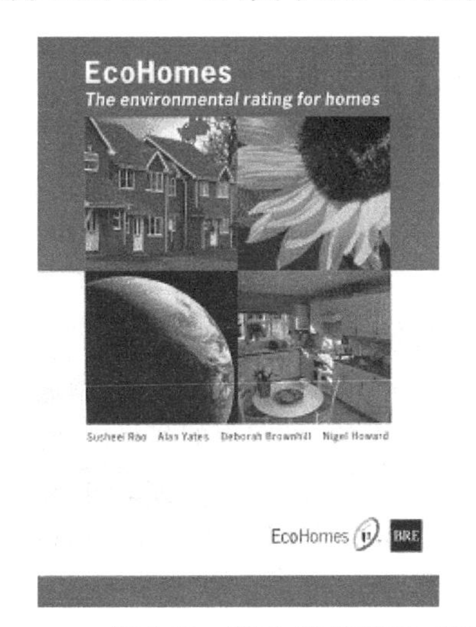

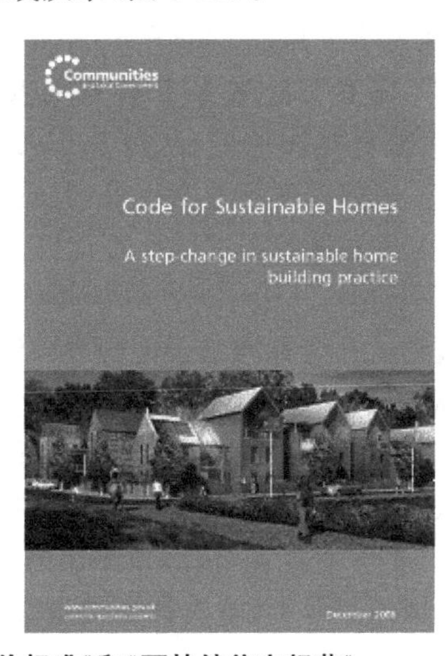

图 9-10 英国《生态住宅：住宅环境评价标准》和《可持续住宅规范》

表 9-2 英国《可持续住宅规范》的零碳住宅分级

分　级	能　源	
	标准（比 2006 版标准 Part L 节能的百分比）	得　分
1(★)	10	1.2
2(★★)	18	3.5
3(★★★)	25	5.8
4(★★★★)	44	9.4
5(★★★★★)	100	16.4
6(★★★★★★)	零碳住宅	17.6

① 注：a Zero Carbon Home is “where net carbon dioxide emissions resulting from all energy used in the dwelling are zero or better”.

1991年,德国科学家法伊斯特(Wolfgang Feist)和亚当森(Bo Adamson),使用被动式方式在达姆斯塔特(Darmstadt)建造试验性住宅,研究被动式住宅能源需求的最低极限,基于德国中部的气候和可以接受的成本,建造试验性建筑,在设计上满足了节能和热舒适的目标。首次试验取得成功,并将技术应用到1995年另一地区的试验住宅(Groß-Umstadt)上,证明该节能试验不是孤立的,是可复制的。根据两次试验的结果编制完成被动式住宅标准(passiv HAUS standard),主要包括三点基本要素:采暖空调能耗最低极限、高质量的热舒适保障、可接受的成本,着重关注围护结构保温、减少热桥、保温窗户、气密性、热回收通风系统几项技术。

被动式住宅标准包含五个基本点:

(1) 采暖标准,净住宅居住面积采暖用能需求不超过15kW·h/(m^2·a)。

(2) 基本节能标准,净居住面积所有能源,包括采暖、家用热水、辅助和家庭用电,用能需求不超过120kW·h/(m^2·a)。

(3) 住宅气密性,围护结构需要通过加压测试,结果符合EN 13829标准,即50Pa状况下每小时换气次数0.6次。

(4) 室内温度舒适度标准,上述能耗状况下,冬季使用空间温度不低于20℃。

(5) 上述能源需求值计算依据passive house planning package(PHPP),按净居住面积计算。

被动式住宅标准基于德国中部温和、太阳辐射充足的地区制定,随后推广到整个欧洲地区,涵盖英国、北欧等高纬度阳光不充足的地区,以及意大利、西班牙、法国南部等空调地区。实践证明,该标准是一个可操作的、可实现的目标。通过该标准和认证的住宅在欧洲中部和北部达到数千栋。实验性住宅为了达到15kW·h/(m^2·a)的采暖能耗目标,所采用的技术措施包括高性能围护结构、高气密性和热回收通风系统等,并将人体和设备散热作为热源计入。

9.4.3 被动式节能建筑/Passive Low Energy Architecture

被动式节能建筑(passive low energy architecture,PLEA)是一个会议组织,在美国能源署支持下,1980年PLEA会议成功召开,随后PLEA年会每年在世界各地新的地方和季节召开,致力于建筑节能、被动式节能技术和地域主义的研究(图9-11~图9-14)。

被动式节能建筑的设计思路是从气候、建筑围护结构和被动式太阳能利用入手,合理利用气候资源和技术手段,通过规划、建筑和围护结构设计为建筑节能提供科学、有效的技术措施,满足热舒适要求。

1. 合理利用气候资源

从城市和建筑群规划,到建筑平面和剖面以及建筑细部构件等不同层面,结合太阳辐射、风、空气温度、空气湿度、降水等气候要素,充分利用建筑朝向来获取适宜的日照和自然通风,利用烟囱效应来形成自然通风,利用温室效应来获取和储存

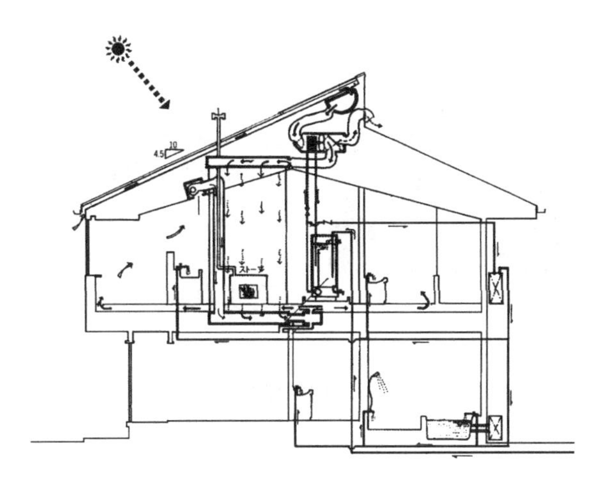

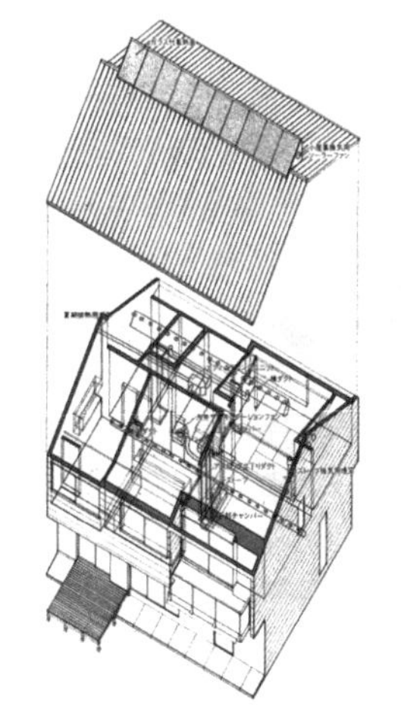

图 9-11 被动式节能建筑(一)

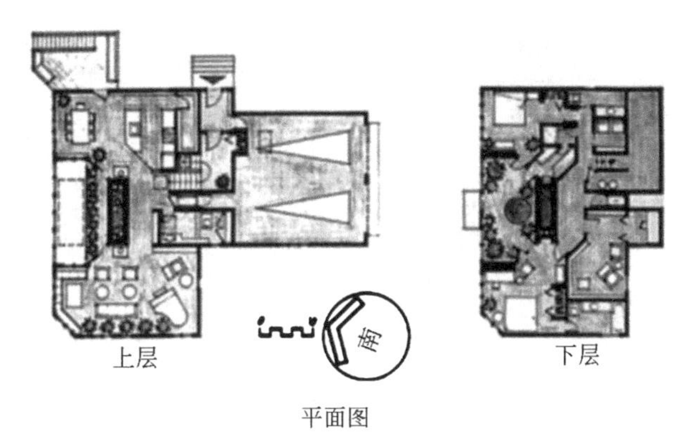

(a)

图 9-12 被动式节能建筑(二)

(b) (c)

图 9-12(续)

(a)

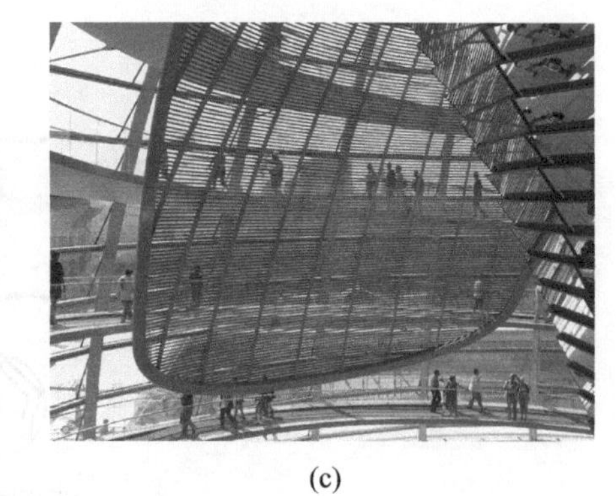

(b) (c)

图 9-13 德国柏林新议会大厦

图 9-14 法兰克福商业银行

太阳热量，利用植物的蒸腾和蒸发作用调节微气候，利用水的自然蒸发来降温，利用自然通风来给湿热气候区除湿等。

2. 合理规划布局和建筑设计

被动式节能建筑规划设计以气候、建筑所处的场所环境、居住者作为基本要素，以适应季节变化的灵活性设计为原则，根据建筑技术的基本原理，从总体环境布局、建筑空间建构、建筑细部构造和造型处理等方面进行综合处理，利用自然能源采暖、制冷降温。就规划布局来说，根据微气候条件确定建筑朝向、间距、绿化，既考虑夏季通风、遮阳，减少太阳辐射热，又考虑冬季太阳能利用、防止寒风侵袭。就朝向来说，严寒和寒冷地区，南北朝向可以同时满足夏季遮阳和冬季日照的要求，而在夏热冬冷地区和夏热冬暖地区，建筑朝向要综合考虑太阳辐射和季风的影响。就间距来说,寒冷地区的建筑间距需要满足日照和通风要求,而对于夏热冬冷地区来说,间距增大有利于通风散热;另一方面,适当减少东、西向山墙间距使建筑起相互遮阳。由于各地风环境状况的差异,对外部空间布局有不同要求。就绿化而言,落叶植物与常绿植物品种的选择及种植方位、疏密状况对建筑不同季节热环境的影响也不可忽视;就建筑体形和窗墙比来说,合理的平面和剖面形式与构造,对夏季隔热、冬季保温、过渡季节除湿以及自然通风都非常重要。在寒冷地区,减小体形系数,减小窗墙比,增加气密性都有利于保温,而对于夏热冬冷地区和夏热冬暖地区,窗墙比需要综合考虑保温隔热和太阳辐射、风等因素,并根据太阳运行规律合理设计门窗和墙体遮阳。在夏季非空调时间,空间开敞有利于自然通风,尤其是夜间通风有利于降低室内气温。总之,针对夏热冬冷地区的不同工况灵活性设计,建筑外围护结构对太阳辐射、室外空气等温度波综合作用而产生的热过程是可控的,以便根据气候条件的变化做出相应的调整,如空间开敞与封闭,日照,热压、风压控制等,使建筑设计中所采用的被动方式与附加建筑设备相结合,形成舒适的室内气候环境,除湿并保持室内空气清新。开敞方向取决于夏季主导风和太阳辐射等要素,促成跃层式空间、敞厅、敞阳台、降温通风式中庭等开敞空间形成穿堂风;另一方面,考虑夏季午后到傍晚室外气温往往高于室内,以及冬季室外冷空气的不利影响,夏季制冷及冬季采暖期间的空间尽可能封闭。南向封闭空间及中庭顶部玻璃应具有良好的透光、阻止长波辐射热透射和保温性能,除满足视觉上的要求外,冬季可利用温室效应获取太阳能。

3. 合理选择围护结构

根据气候特点选择围护结构和构造满足绝热、蓄热、气密性要求,严寒和寒冷性地区的采暖建筑只考虑热过程的单向传递,保温是围护结构唯一的控制指标。而夏热冬冷地区和夏热冬暖地区的气候特点决定了建筑热过程为室外综合温度作用下的一种非稳态导热,传热方向在内、外表面日夜交替变化;围护结构设计除了满足夏季白天具有良好的隔热性之外,还要求冬季有良好的保温功能,同时还应了解这一地区采暖空调运行方式以及自然通风与室外热作用之间的相互关系,以及在两个连续高温晴天之间的阴雨天条件下自然通风散热和蓄冷,保证围护结构合适的热稳定性、蓄热系数和热惰性指标。

4. 合理利用技术手段

在建筑设计中,一些技术措施能够有效地通过被动方式降低能源消耗,改善热舒适性,包括:

(1) 绝热。减少通过建筑围护结构传递的热量,减少冬季从室内向室外散失的热量和夏季从室外传入室内的热量。

(2) 蓄热。利用材料的蓄热特性来维持室内温度的稳定性,对于冬季采暖建筑来说,白天太阳辐射热量被蓄热体吸收,然后在夜间散发出来。对于夏季降温来说,蓄热体在夜间被充分冷却,然后在白天用来保持室内凉爽。

(3) 密闭。防止通过空气渗透散失热量，提高房间气密性。

(4) 温室效应和阳光间。通过太阳集热窗、太阳能收集器、阳光间来主动吸收太阳的辐射热。阳光间是附着在建筑上的空间，像温室一样主动收集太阳热量。

(5) 空气循环。利用空气对流和循环传递热量，让房间内温度分布均匀。

(6) 遮阳。在夏季用来遮蔽太阳辐射，减少热量传入室内。

(7) 穿堂风。利用空气流动给室内带来新鲜空气，排出室内热量，空气流动还有助于人体表面散热并感到舒适。

(8) 夜间通风。在夜间开启门窗，让凉爽的空气通过房间并降低室内温度，有效蓄冷。

(9) 覆土。利用地下稳定的温度来给建筑采暖或制冷，屋顶覆土也有同样的效果。

(10) 洒水降温。在干燥的气候下，建筑洒水并促进蒸发能够有效地降温。

(11) 除湿。排除室内潮湿的空气，建筑材料的吸湿作用也是有效的除湿方法。

总之，被动式节能建筑针对不同地区的气候条件，合理规划布局和建筑设计，合理选择围护结构，对围护结构中的传热过程进行控制，充分利用被动式技术手段与附加建筑设备相结合，形成舒适的建筑热环境。

10 可持续发展建筑观

Sustainable Architecture View

从人类为自身生存从事最简单的建造活动，到今天系统、完整的理论与实践，建筑的目的始终是为了改善和调整人与环境之间的关系。建筑是人与自然之间的中介物。人对自然的物质需求（如栖息、生存）与精神见解（如敬畏、顺从、藐视、反抗）总会在建筑上表现出来。纵观历史，人类的建筑观正由"以人为中心"向"以环境为中心"转变。可持续发展建筑观的形成是针对目前不可持续的生活方式和建筑，经过长期反思，逐渐形成的倡导关注资源、环境和未来的建筑观。其中，绿色建筑最初是对某一建筑范畴的界定，主要指尊重场所和环境的建筑，后来受深绿

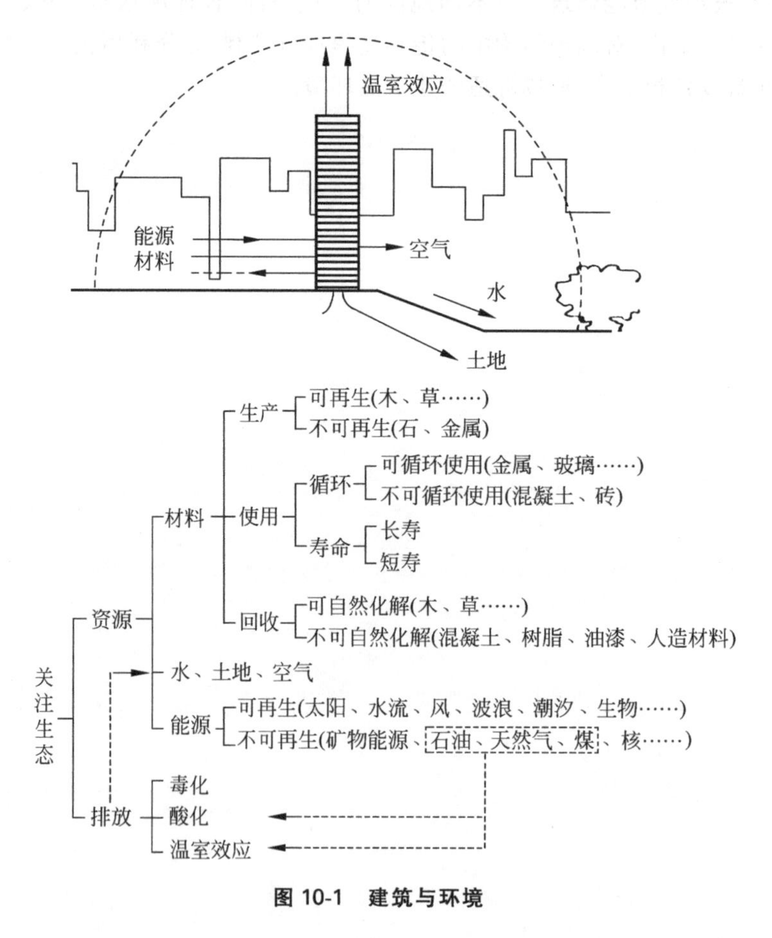

图 10-1　建筑与环境

(Dark Green)理论的影响，绿色建筑理论被提高到对现存价值观和消费模式的批判和质疑的高度，隐含着以节俭社会代替富裕社会，以适当消费代替高度消费的观点，其含义已经超越了场所、技术、材料、能源等具体技术领域而延伸到社会、经济、文化、精神等领域。

10.1 自然观与建筑观/Nature and Architecture

远古时候，原始遮蔽物受生产力水平限制，大都利用自然地势及元素，不加改造，与自然之间是依存关系，对自然环境的影响与改造微乎其微，建筑与自然融为一体，顺从自然原则，是自然环境中一个正常循环的因子。

随着生产力的发展，人类逐步了解自然，一方面利用自然提供木材、石材进行建造活动，直接与自然界进行物质能源交换；另一方面，建成环境越来越趋向于以满足人类自身的需求为目标，人类逐渐从自然界中脱离出来，自然环境被作为可以任意利用和改造的原始条件。建筑也从自然环境中脱离开来，成为一个个体，一门超越自然环境的艺术。

古希腊是欧洲文化的摇篮，其古典建筑风格对欧洲建筑的发展产生了重要而深远的影响，当时的建筑师坚信，人体、数、最完美的形状都与宇宙规律相通，具有永恒性和普遍性。到了文艺复兴时期，帕拉第奥(A. Palladio)、维尼奥拉(Vignola)等人对建筑的型制、形式、构图元素进行了规律性探求，努力促使建筑型制更加成熟，建筑形式更加规范，建筑构图更加完美，同时，也逐渐把人置于自然之外，以局外人的态度理性地研究自然界里已经发现、感受到的原则，并将之强加到创作作品中。建筑创作只看重个体存在的独立价值，尽量去表现自身，去自由地创造——建筑被奉为艺术，喻为凝固的音乐，与绘画、雕塑等纯艺术作品一样看待。在这种观念下，每个建筑单体都像一个精神或荣誉的象征，往往凌驾于所处的环境之上，与环境的关系更多地表现为一种主体与陪衬的关系，偏离了作为人类生存与环境方面的意义。这一阶段，人类的生产力有限，对自然环境的副作用不大。

16 世纪末，欧洲形成了主—客体对立的机械自然观，一方面，科学家把自然界的一切运动归结为机械运动，用力学原理去解释一切，把自然视为死的、惰性的，可以利用技术手段去认识、操纵的一架巨大的机器；另一方面，哲学家从认识论上确立了人的主体地位，树立了人类理性的权威，找到了人类统治自然界强有力的手段——科学与技术。这种人与自然二元对立的自然观使人对环境的破坏视为必然，视自然环境为人的对立面，把自然资源视为无限的、取之不尽、用之不竭的，并且是无偿的，是自然对人的恩赐，人类可以尽情地享用而不必考虑对它的义务。

19 世纪，随着工业革命而来的是科学技术的巨大进步，给人类带来了前所未有的财富，并从物质、精神方面展示了自己的威力，滋生了人类战胜自然的雄心。建筑师相信利用人工技术能够建造理想的人居环境，建筑观从注重建筑艺术转而强调建筑功能,把建筑当作居住的机器,满足人类各种物质功能需求。20世纪60年代,各种思潮与学派纷涌而起,从现代主义到后现代主义,从解构主义到新古典、新摩登、新乡土,建筑如同日新月异的生产力发展一样,经历了一个多姿多彩的动荡时期,但是在各种主义和思潮的背后,建筑师似乎把更多的精力倾注在建筑本身的哲理、寓意与表达中,仍然是围绕着建筑本体,在本体论、形式论、方法论等范畴,始终把建筑看作一个孤立的个体,与自然相对立,并凌驾于自然环境之上的建造活动。

"二战"以后,世界人口的急剧增加,经济建设快速发展,一方面,物质文化生活丰富,对改善建筑环境的要求更加迫切;另一方面,不可再生资源大量开采,对自然界排放的不可回收利用的有害物质增多,现代生产与科学技术活动范围不断扩大,对自然系统的副作用越来越大,环境污染大大超过了自然界所能够容纳的限度,导致环境质量下降,引发全球性环境危机,温室效应、酸雨、臭氧层破坏、气候异常、热带雨林破坏、荒漠化、物种灭绝等,严重威胁人类健康和全球生态平衡。众所周知,地球资源,包括碳基能源、森林资源和水资源等的供给是有一定限度的,碳基能源形成、树木成材和水的自洁净都需要一定的时间和空间,超出这个范围,资源的供给和索取就失去平衡,形成对资源的破坏性掠夺。

10.2 走向可持续建筑/Sustainable Architecture

建筑的根本任务是改造自然环境,提供满足物质和精神生活双重需要的建筑热环境,然而,今天的建筑却过度消耗自然资源,大量产生废弃物,造成环境污染,发展不可持续。

在建筑上也有一种由来已久的破坏性掠夺,20世纪50年代,伴随美国郊区化形成的"美国梦"所追逐的现代生活方式——居住在郊区独立住宅、工作在城市或科技园区、休闲消费在购物中心、一切都驱车前往——正对未来进行着破坏性掠夺。独立住宅给城市带来巨大的负效应,包括土地浪费、低密度开发、私人交通量增加、建筑和资源浪费。一次性餐具和消费品泛滥、大排量汽车、全空调人工环境的住宅和公共建筑带来畸形的热舒适等,这种生活方式是以对地球能源和资源的掠夺性使用为代价的。今天的建筑过分依赖能源,对于那些大量使用人工照明和人工空调的建筑来说,能源是命脉,高能耗、低效率的建筑不仅是导致碳基能源紧张的重要因素,而且是大气污染和气候变化的主要来源。西方发达国家的经验表明,在这些现代建筑中进行的生活方式仅在短期内可行,长期看来不可持续的,从生态足迹的理论来看,这种生活方式需要数个地球资源来维持。远期这种生活方式必将被一种可持续的生活方式所取代,推动从破坏性掠夺向可持续发展的转变,在人的需求与可获取资源之间取得均衡。欧洲及世界各国建筑师与城市规划师的实践，表明他们对此早有察觉，对自己的生活方式也在进行着再认识、再思考，进行着理性的批判。在建筑学及城市设计领域的示范性设计及先进的技术支持，展示了多种多样的解决方案，开拓了可持续建筑与城市研究的新领域，紧凑型城市、精明增长理论是对当前汽车社会城市无节制蔓延的批判，新城市主义理论重新唤醒了人们对前工业化社会社区的尘封记忆，生态建筑、绿色建筑、低碳建筑理论促成了可持续发展建筑观的形成，推动人们在两种生活方式相互竞争中，放弃不可持续的生活习惯。

20 世纪 60 年代，人类生存和发展面临的人口剧增、资源耗费和环境污染问题日益严峻，促使人们思考和关注未来、重视能源和环境保护问题。经历痛苦的反思之后，逐渐认识到人必须在自然环境所提供的时空框架内发展社会与经济，依照自然资源所赋予的条件安排自己的生活方式，需要重新界定人与自然的关系，将环境置于中心位置，将保护环境和合理利用资源作为推动科学技术进步的出发点。

20 世纪 70 年代，面对经济增长与环境保护的两难选择，对于世界未来的发展趋势存在两种截然不同的观点，一种认为发展有极限，一种认为发展无极限。极限论者认为世界末日是客观存在的，应当采取控制增长的手段；而无极限论者认为技术足以解决环境问题，应当对生物圈和人类的适应能力充满信心，关键在于技术创新，资源和能源短缺是可以解决的，前者侧重于现有生态资源的保护，后者侧重于寻求技术进步解决问题，两者都考虑减少使用不可再生资源，最大限度地利用可再生资源，只是手法不同，前者倾向于利用低技术、中间技术和适宜技术，强调合理利用地方材料，从而实现对地球自然生态系统的保护，重视体现建筑设计的地域特点，后者倾向于利用高新技术、强调提高各种技术的使用效率，实现对地球自然生态系统的高效利用。

20 世纪 80 年代，人类如何使经济增长与自然和谐一致，如何实现可持续发展成为关注焦点。1983 年，联合国授命挪威首相布伦特兰夫人为世界环境与发展委员会(WECD)主席，以“可持续发展”为基本纲领，制定“全球的变革日程”。1987 年，该委员会将《我们共同的未来》报告提交给联合国大会，正式提出可持续发展模式，这是针对 20 世纪 80 年代以后产生的新的全球环境问题和气候变化、温室效应等现象提出的战略性决策。

1992 年，《联合国人类环境会议宣言》指出，人类处于可持续发展问题的中心，人类享有以与自然相和谐的方式过健康而富有生产成果的生活的权利，为了实现可持续发展，应当减少和消除不能持续的生产和消费方式，发展满足人类和环境双重需要的技术，“可持续发展”思想的基本内涵，即要改变以牺牲环境为代价的、掠夺性的甚至是破坏性的发展模式，从传统的资源型发展模式走上生态型发展模式，既满足当代人的需要，又不对后代人满足其需要的能力构成危害，满足当代人类和未来人类的基本需要是可持续发展的主要目标，为此，社会经济发展必须限制在地球资源与环境的承载力之内，超越“限制”就不可能持续发展。1993年，《中国21世纪议程——人口、环境与发展白皮书》从可持续发展战略、社会可持续发展、经济可持续发展、资源合理利用与环境保护四个部分，制定了长远发展战略措施。

在可持续发展成为全球共识的背景下，曾经奉为信条的城市发展观和价值系统被重新审视和评判，关注环境、关注可再生能源利用的建筑师明确提出注重可持续发展的设计思想和概念，并努力付诸实践，生态建筑、绿色建筑、低碳建筑这些概念的提出，虽然在细节上各有侧重，时间也有先有后，但奋斗目标是共同的。

10.2.1 生态建筑/Ecological Architecture

20世纪60年代，生态学迅速发展并与其他学科相互渗透，保罗·索勒瑞(Paolo Soleri)提出了“生态建筑学”(arcology)概念，并在美国凤凰城北70英里处建设了一个具有乌托邦色彩的“阿科桑底城”，这是生态学概念在规划和建筑领域的体现。1969年，麦克哈格(Ian L. McHarg)出版《设计结合自然》，标志生态建筑学的诞生。生态建筑学提出了基于节约能源、设计结合气候、材料与能源的循环利用、尊重用户、尊重基地环境和整体的设计观，是建筑学、规划学、景观学、技术学的多学科融合。生态建筑内涵广泛，主要着眼于提供健康的建成环境和高质量的生活环境，减少建筑的能源和资源消耗，尊重自然，保护环境。根据场地的自然环境，合理安排并组织建筑与其他相关因素之间的关系，使人、建筑与自然环境之间形成一个良性循环系统(图10-2，图10-3)。

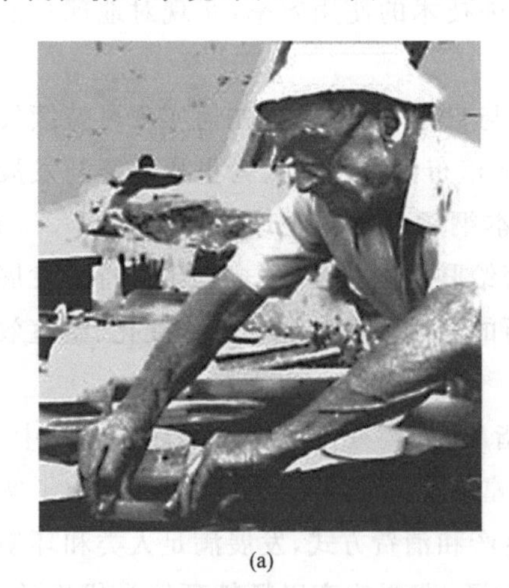

(a)

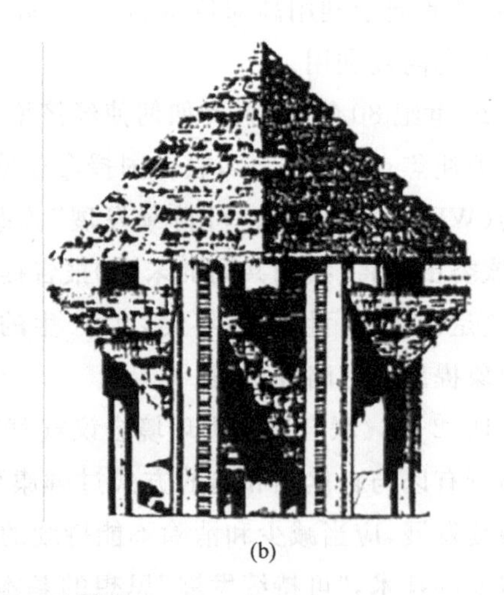

(b)

图10-2 保罗·索勒瑞

保罗·索勒瑞研究现代城市的经济、文化、生态环境和能源问题，提出了未来城市建设途径，20世纪60年代，在美国亚利桑那州凤凰城北部沙漠，开始建造带有乌托邦色彩的阿科桑底城，展示一种使城市与自然融合，居民与自然接触的组织城市功能的新方法。

(a) (b)

(c) (d)

(e) (f)

图 10-3 荒凉的阿科桑底城

10.2.2 绿色建筑/Green Architecture

20 世纪 80 年代以来，绿色理论受到广泛的关注，它描绘的理想前景是效仿绿色植物，取之自然，又回报自然，与大自然取得平衡。绿色建筑代表是高效率、环境友好和积极地与环境相互作用。将自然、人和建筑整体考虑，不仅研究人的生活、生产和建成环境的形态,而且也研究人赖以生存的自然发展规律,在目标上,追求人、建筑和自然的协调和平衡发展,在方法上,主张"设计追随自然",在技术上,提倡应用节能、节水、节地、节材和环境友好的技术,采用新技术、新材料、新工艺优化设计,减少资源、能源消耗。在能源方面,绿色建筑从建筑生命周期考察评估建筑用能状况及其对环境的影响,主张调整或者改变现行的设计观念和方式,依靠新技术和新材料来提高使用效率和开发新能源,逐步摆脱对碳基能源的过分依赖,实现一定程度的能源自给,对自然环境施加最小的影响;在设计方面,现代人工环境来广泛用于改善热舒适,但也为此付出了巨大的经济和能源代价,增加了环境污染,在很大程度上造成了人与自然的分离。绿色建筑倡导气候敏感性设计方法,向乡土建筑学习,提高气候资源的利用率,获得舒适与健康。将自然作为主要供给者,通过自然采光、自然通风和日照提供最基本的需要,并借助被动方式来加以补充,主动式设备系统属于其次;在技术方面,绿色建筑是一个能积极地与环境相互作用的智能的可调节的系统,不再是"内部"和"外部"的分界线,而逐步成为一种具有多种功能的界面,建筑围护结构的材料和构造,一方面作为能源转换的界面,收集自然能源,防止能源的散失;另一方面调节微气候的能力,消除、缓解甚至改变温度波动,使室内热环境趋于稳定。建筑材料立足于对资源的节约(reduce)、再利用(reuse)和循环生产(recycle)。

10.2.3 生态住区/Ecological Community and House

住区是人类生活的基本单元。人类的聚居生活是人类与自然之间相互作用、相互选择、相互适应的结果。1976年,在温哥华召开的联合国首届人居大会提出了"以可持续发展的方式提供住房、基础设施和服务"的目标,相继成立了"联合国人居委员会(CHS)"和"联合国人居中心(UNCHS)",先后提出了"反映可持续发展原则的人类住区政策建议"和"持续性住区"发展的规划、设计、建造和管理模式的具体建议。1992年,联合国环境与发展大会通过的《21世纪议程》将"促进人类住区的可持续发展"单独列章予以重点论述,对改善住区规划和管理,综合提供环境基础设施,促进住区可持续发展的能源和运输系统等制定了行动依据、目标、活动和实施手段。《中国21世纪议程——人口、环境与发展白皮书》提出:人类住区发展的目标是促进其可持续发展,并动员全体民众参加,建成规划布局合理、环境清洁、优美、安静、居住条件舒适的人类住区(图10-4~图10-6)。

10.2.4 低碳建筑/Low Carbon Architecture

20世纪90年代,加拿大里斯(William Rees)提出生态足迹理论(ecological footprint),通过测定当今人类为了维持自身生存而利用自然的量来评估人类对生态系统的影响。

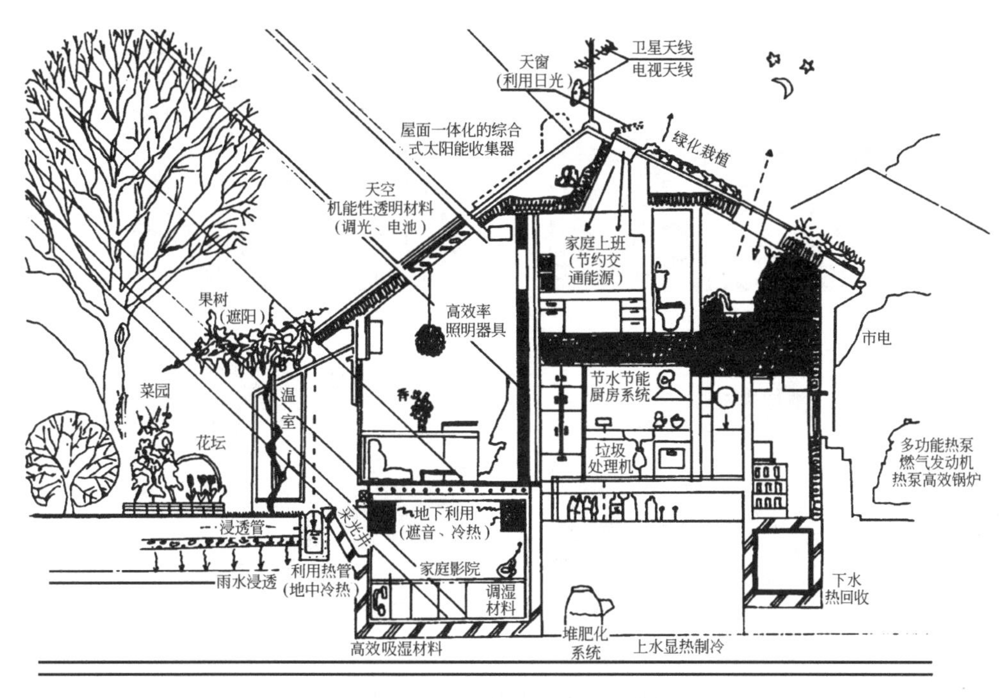

图 10-4 低层独栋环境共生住宅示意图

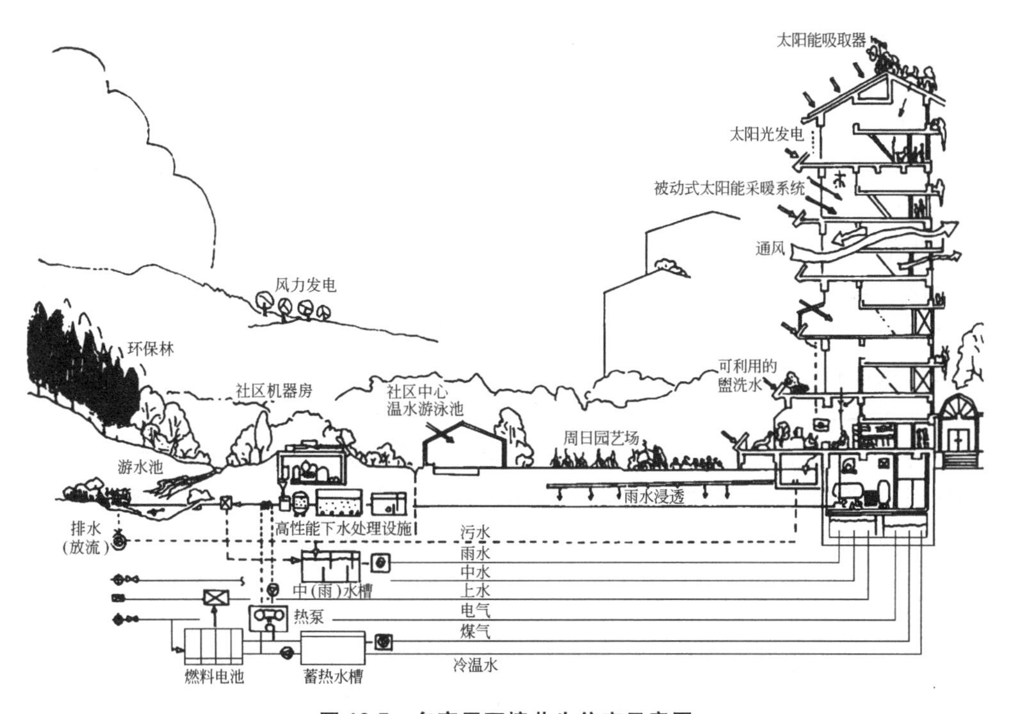

图 10-5 多高层环境共生住宅示意图

图 10-6 德国盖尔森基兴市生态住宅区

建筑碳足迹可以反映建筑作为排放主体产生的碳排放对环境影响的评价指标,计量建筑在生命周期内所产生的碳排放总量(图 10-7)。为了适应应对全球气候变化的需要,低碳建筑把关注点集中在碳排放,以生态足迹和碳足迹理论为基础,侧重于对建筑生命周期各个阶段的碳排放进行定量化计算,建立碳排放分析模型,将与建筑碳排放的相关的各种因素纳入分析范围,定量分析建筑碳排放和环境影响,并集成应用各种主动式和被动式节能和低碳技术措施,倡导人的低碳行为模式和生活方式,通过定量化分析评价,减少碳源,增加碳汇,实现建筑碳排放的减量直至碳源碳汇平衡,让建筑生命周期的环境影响最小化。以碳足迹为基础通过碳审计(Carbon Audit)来衡量控制城市、住区和建筑的碳排放,纳入城市规划管理体系实现城市和建筑低碳目标。

对低碳建筑的理论研究和实践不断取得进展,被动式节能建筑(PLEA)国际会议将 2008 年和 2009 年会主题确定为"走向零碳建筑"。英国是碳平衡住区(零碳住区)理论研究和实践的先驱,20 世纪 90 年代将"碳排放"纳入《生态住宅评价体系(*BREEAM EcoHome*)》,1993 年,采用国家标准住宅评价方法(standard assessment procedures,SAP)计算住宅用能和碳排放量。2006 年,新版国家《建筑节能规范》设定了住宅目标排放率作为控制指标。此外,英国政府还积极倡导和实施低碳住区建设实践,2005 年以来积极推出 design for manufacture 和 carbon challenge 等低碳住宅建设计划,2007 年发布《可持续住宅规范》(*Code for Sustainable Homes*),突出"碳指标"的作用和对低碳住区建设的指导意义。在实践方面,2002 年,贝丁顿零碳住区(BedZED)致力于消除碳足迹的行为,实现碳平衡,

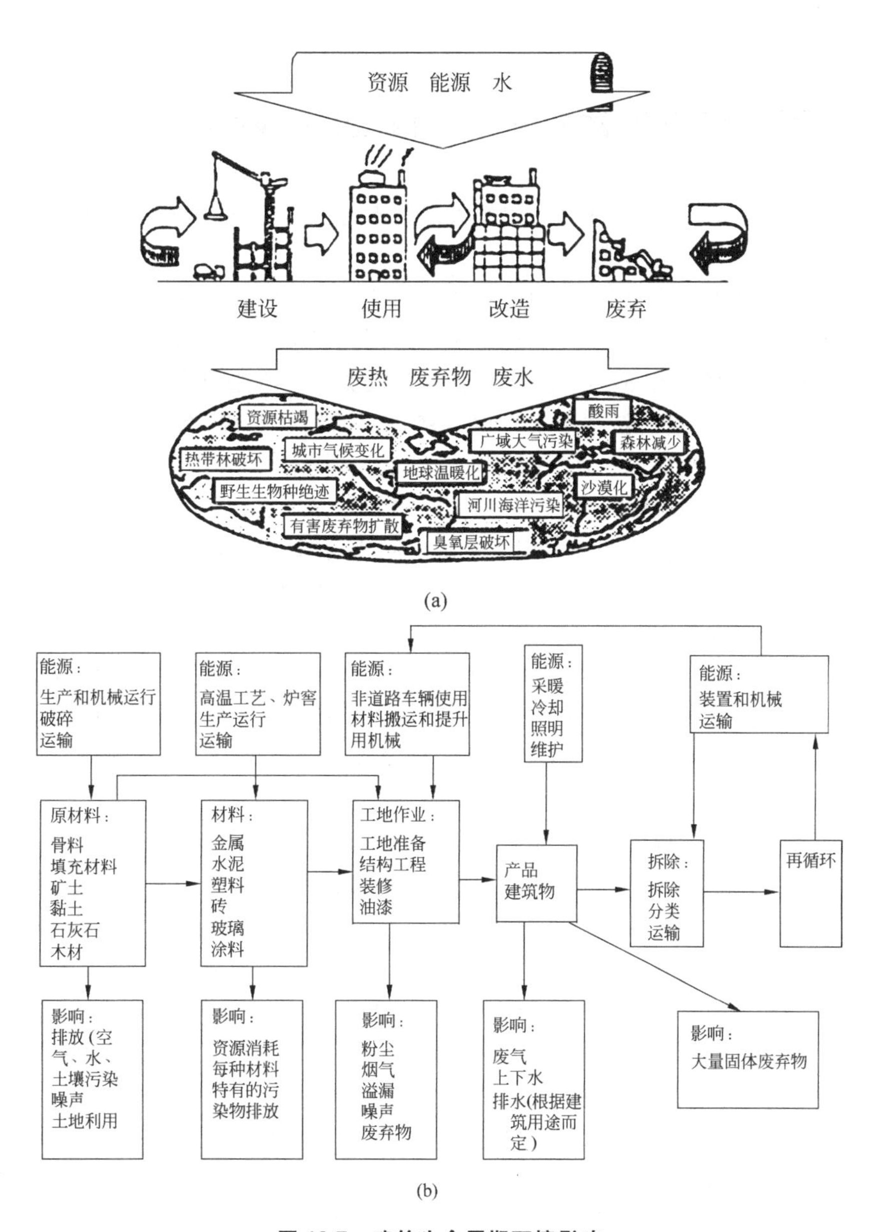

图 10-7 建筑生命周期环境影响

(a) 建筑生涯对地球环境的影响；(b) 建筑生命周期和建筑材料生命周期及有关生态环境影响

通过技术手段和改变生活方式减少直至消除住区碳足迹，它建立了完善的能源系统，所使用的能源全部都来自基地中的太阳能，生物质能等可再生能源，利用太阳能温室效应采暖，提高建筑围护结构性能和气密性好，减少了对能源的需求，利用生物质能发电，并且在一定程度上实现了对污水处理和对雨水的利用，同时，倡导低碳生活方式，如家庭办公、出行共享太阳能电动汽车、食物通过配送，减少出行和交通碳排放，成为不向大气排放二氧化碳含量的住区。

10.3 可持续发展建筑观/Sustainable Architecture View

我们今天生活的城市、住区和建筑大多是不可持续的,未来发展依赖于公众整体可持续发展建筑观的形成。

在绿色理论中,"浅绿"理论的信条是一切从技术出发,长期受益于技术进步带来的成果,人类对技术充满幻想,每次遇到问题总是急于从技术层面寻求解决方案。坚信技术能够解决环境问题,对生物圈和人类的适应能力应当充满信心,关键在于技术创新,只要借由新技术实现对自然资源的高效利用,即"少费多用",资源和能源短缺是可以解决的。而"深绿"理论则认为,技术不是万能的,将环境和发展进行整合性思考,通过从技术到体制和文化的全方位透视和多学科的研究,特别是研究环境问题产生的社会经济原因才是解决问题的基础。浅绿理论从技术层面讨论问题,就环境论环境,缺乏有目的性的追寻,特别是缺乏对工业革命以来的社会发展因素是否存在问题的判断,注意力集中于环境的症状上而不是原因上,是一种被动式的应对。深绿理论对根本性问题提出质疑和深度追问,把环境危机归结为现代社会的社会机制,根治环境问题的关键在于针对人的价值观和社会机制,从"技术"到"价值观"和"行为方式"的深层次发掘和思考。

可持续建筑能否通过技术手段来实现?

基于浅绿理论形成的"技术可持续说"试图通过技术革新和市场化手段来解决建筑的可持续问题,被许多国家接受,成为倡导可持续发展时所采用的主流思想,技术广泛应用在建筑设计、建造、热环境控制方面。技术在赋予建筑师创作自由度的同时,也把解决问题的关键过度依赖未知技术革新。反对者认为,根本不存在完全可持续的技术。即使一些技术被贴上了生态(eco-)、绿色(green-)或可再生(renewable-)的标签,这些细枝末节的技术经不起系统化推敲,整合后能否有助于实现可持续发展则更值得质疑。

基于深绿理论的"生态可持续说"将目光放在了问题产生的根源上,强调在建筑设计和建造过程引入任何附加技术前,必须优先考虑被动式策略,并鼓励社会已有生产和生活模式的转变,从技术转向人,建立以人为中心的可持续发展建筑观。

《我们共同的未来》(*Our Common Future*)提倡的通过大量的教育、讨论和公众参与来影响人们的态度、社会价值和精神层面,让公众认识到问题的严重性,联手加入到抵御气候变化的队伍中来,实现极具挑战性的建筑可持续目标。以建筑使用者为中心,推广低碳生活方式(ZEDlife)和"单星球生存"(one planet living)理念。邓斯特(Bill Dunster)指出,不论建筑师在设计过程中采用了何种技术手段,建筑本身达到了多高的可持续标准,最终还是建筑使用者的意识和行为决定了建筑实际能够取得的节能、废物循环和碳减排效果。建筑师充分考虑与公众意识和生活模式的关系,通过设计过程将相关信息传递给建筑使用者,转变他们的意识和行为，改变原有的高能耗、高碳生活模式。

英国工程与物理科学研究委员会(Engineering and Physical Sciences Research Council，EPSRC)和碳基金(Carbon Trust)共同资助的“建筑的碳减排研究”(carbon reductions in buildings，CaRB)研究项目，从社会和技术的综合层面来探索建筑生命周期中复杂的能耗和碳排放问题，在对以往建筑耗能等相关文献纵向回顾的基础上，初步构建了一个用以帮助人们理解建筑节能和碳减排复杂概念的贝叶斯网络模型(Bayesian belief network)(图 10-8)。模型显示，技术提高所带来的“能耗品性能”(appliance performance)改善所影响的只是最终建筑碳排放的一个部分。而相关“教育”对不同“社会集团”成员“环境意识”的影响，包括帮助他们在知识(knowledge)、能动性(motive)和价值观(value)等各个层面的提升，才是实现建筑节能减排的关键。在这个模型的基础上，大量促进相关教育进一步发展的举措，如信息、培训，转变行为和参与意识等，也开始在社会中有针对性地展开，旨在化解不同人群在面临可持续挑战时可能产生的困惑与矛盾。

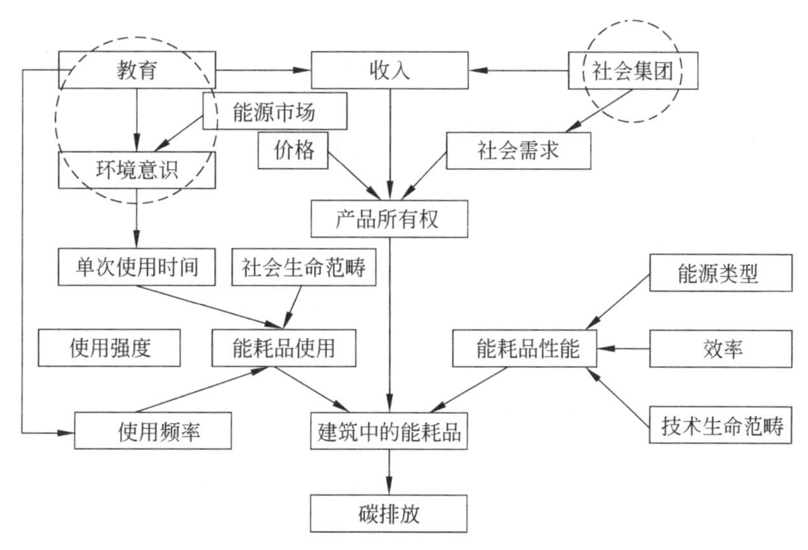

图 10-8 贝叶斯网络模型

在可持续发展背景下，建筑师已经无法固守原有的美学和功能，对绿色、低碳和可持续发展的新生事物不予理睬，也无法在设计过程中主动放弃传统的专业主导地位和独立性，在设计决策过程中与用户的无差别交流，不再对其他设计参与者有任何影响力和控制权。相反，建筑师面临新的任务和挑战，拓展自身在协调多团队合作时所需的多元化知识、细化和强调建筑师所应具备的职业道德观和责任心，保持建筑学的专业地位，鼓励相关人群参与，引入调查咨询、计算机模拟辅助设计新方法，找出关键因素，促进信息传递和设计交流，进行互动式决策，综合制定相应的解决方案。

10.4 舒适+健康+高效/Comfort+Health+Efficiency

建筑可持续问题本质上是能源问题，具体体现在舒适、健康和高效的建筑热环境当中。

人类起源于中温带低纬地区，从新石器时代算起，至少已经在这种气候条件下生活了上万年。相对于热带低纬和寒带高纬地区而言，温带中低纬地区的气候特征是有明显的四季分布，冬冷夏热、春秋温和。在长期的生理进化中，必然以温和的“中间”状态而非“极端”状态作为热舒适标准，建造原始遮蔽物和建筑，也希望建筑热环境处于温和的“中间”状态。当然，这只是一种愿望，受到物质、技术条件的诸多限制，特别是在社会生产力水平还很低下的时候。唯有今天，完全屏蔽外部气候的全空调室内环境，小到一间房间，大到整座建筑，恒温恒湿的人工环境都能够通过现代技术塑造出来，摆脱地域和季节的限制，总是给人带来春天般的舒适感，应当看到，这种舒适是以能源为代价的。在能耗密集的大城市，建筑空调转移到室外的热量加剧城市热岛，加剧建筑制冷负荷，形成恶性循环。

人工塑造的“舒适”环境是否真正有利于人体健康呢？空调在给人带来舒适的同时，也引发各种“空调综合征”，长期生活和工作在人工环境中，人表现出越来越严重的病态反应，引起广泛关注，并因此提出了病态建筑(sick building)和病态建筑综合征(sick building syndrome，SBS)的概念。因为人工环境而产生的病状包括眼睛发红、流鼻涕、嗓子痛、易感冒、困倦乏力、头痛、恶心、头晕、皮肤过敏、记忆力减退等，发生原因是房间密闭性强、空气流动性差、有害气体增多、缺乏新鲜空气和阳光，这种环境条件下，大量微生物滋生，容易感染微生物引发的疾病，并且室内温度设定低，室内外温差大，容易造成“热冲击”。预防病态建筑综合征的基本措施是开窗通风和争取日照，室内温度设定以26℃为宜，室内外温差不超过6℃。对于冬季采暖而言，并非温度越高越舒适，即便是感觉舒适，也可能是以损害健康为代价的，对节能非常不利。过度控制的建筑人工环境忽视了人对气候和环境变化产生的生理变化，忽视了人对气候有较为宽泛的要求，忽视了人通过增减衣物调整对热舒适的要求。可见，舒适不等于健康，这是一个简单但又往往被忽视的道理，最根本原因在于，人类生理进化的时间尺度是漫长的，千万年来人类生活在自然气候条件下，作为遮蔽物的建筑也只是对自然条件“略加改善”，而和自然气候完全屏蔽的全空调建筑室内热环境的历史还不到100年，作为生物体，人类不可能在如此短的时间内获得适应这种环境的生理进化。

无论是从健康、还是从节能角度来看，与自然环境完全隔绝的恒温恒湿环境绝非我们所追求的理想模式，如何更好地适应气候，创造出舒适、健康、高效的建筑热环境，而非千篇一律地、强制性控制和改变室内微气候，优先引入被动式热环境控制方式，结合人的舒适性要求，将建筑热环境调节在人的舒适范围之内，是建筑热环境问题的关键。

舒适是建筑热环境设计的基础，首先要满足热舒适的要求，提供适宜的温度和湿度，为节能而降低热舒适标准是不可取的，但舒适并不意味着享乐和浪费，建立在大量能源耗费基础上的不可持续的生活方式不是建筑热环境的设计目标和标准。夏热季节办公空间设定空调温度很低，为维持形象而穿着正装和薄毛衣工作，这种畸形的舒适是对能源、资源的极大浪费，也为健康埋下隐患。

健康是建筑热环境设计的目标，有益于人的身心健康，有充足的日照杀菌消毒，有良好的自然通风获得高品质的清新空气，在心理健康方面，健康的另一层重要含义是指建筑与自然的和谐关系，亲近自然，尽可能减少对自然环境的负面影响，减少有害气体、二氧化碳、垃圾等污染物的排放。

高效是建筑热环境设计的核心，要最大限度地节约资源和能源，特别是不可再生的资源和能源。在建筑生命周期中，建筑及与相关产业消耗了大量的能源和资源，既包括建材生产和运输、建筑施工阶段所耗费的实体化能源，又包括建筑使用和维护阶段所消耗的能源，其中，用于塑造建筑热环境的采暖空调耗费的能源占据很大比例，时间跨度上更长，是实现建筑可持续和低碳化的关键，高能耗相当一部分是人为浪费造成的，从主观上漠视气候及其他自然条件所产生的影响，过分地依赖人工采暖空调等高能耗机械设备，低劣的建筑质量和围护结构热工性能，粗放的施工工艺，不可持续的甚至是奢靡的生活方式。以人为中心的可持续发展建筑观正是要杜绝这种粗放、浪费的模式，以最低的能源、资源成本去获取最高的效益。

可持续发展的建筑观追求与自然和谐的境界，不仅体现在物质方面，同时也体现在精神方面，在建筑设计中尊重自然，追求技术美与艺术美的完美结合，尊重材料固有的美学特性，发挥材料最大的物理性能，在高技术条件下显示建造技术的精密、严谨，在适用技术条件下体现淳朴、自然、谦恭的态度，塑造真正舒适、健康、高效的建筑热环境。

结语/Conclusion

建筑热环境不是一个孤立问题，而是广泛涉及整个社会、经济、技术与建筑的可持续发展，事关人类发展的未来。

建筑本质上需要满足人的精神崇拜和物质需求，后者在工业化社会凭借现代技术能够轻而易举地实现。工业革命之后，高耸入云的烟囱和轰鸣的机器声取代了前工业社会的田园牧歌和袅袅炊烟，技术的日新月异和生活的急速现代化一发不可收，同时也意味着资源的加速耗竭，这种不可再生资源的使用方式只能带来礼花般瞬间即逝的璀璨。

200 年来，能源和排放累计影响已达全球层面，气候变化的后果更如同蝴蝶效应一般不可预测，不可持续的阴影也如同潘多拉盒子中的魔鬼一样如影随形。今天,飞机在全球各地的城市之间频繁往来,汽车在城市中不加节制地穿梭,高层写字楼中永远是四季如春的人工环境。发展有极限论者早已悲观地指出,地球已经无法支撑这种衣食住行的生活方式,深绿理论者认为根治问题的关键在于人的价值观。而问题在于,有多少人愿意从此由奢入俭,从主观上改变已经习以为常的生活方式?建筑的可持续问题实际是人的问题。建筑的可持续性的目标体现在现代技术的实现与应用、建筑师文化审美与个性的表达、使用者生活健康与舒适的保障三方面,建筑可以有越来越严格的规范制约,有越来越高效的技术提供支撑,有越来越多的建筑师的创意得到表达,但事实上,上述建筑中的技术、资源和排放是可控的,人的因素反而是动态的,如同像苹果手机的个性化定制一样,在不同使用者手里具有不同的使用结果,卡哈�-布鲁科斯原理(Khazzoom-Brookes Postulate)进一步表明,有效节能措施的推广并未导致能源花费的下降,节省的部分要么用于增加日常生活耗能行为的频率,要么转向购买其他的耗能产品和服务,节能初衷却导致了能源总量增加的负面结果,具有讽刺意义。可见,使用者掌握了建筑可持续性的钥匙,在技术预期无法取得突破性进展的情况下,单纯从建筑本身出发,无法解决建筑的可持续性问题,只有更多地依靠人,让人不再在高歌猛进的经济浪潮的裹挟中随波逐流,以节俭的态度淡然面对生活。围绕使用者的设计,建筑随附可持续性使用指南,将是建筑师面临的新任务和挑战。

插图目录及来源

主要参考文献

[1] 叶歆.建筑热环境[M]. 北京：清华大学出版社,1996.

[2] 杰克·格林兰.建筑科学基础[M]. 西安：陕西科学技术出版社,1996.

[3] 清华大学建筑学院,清华大学建筑设计研究院.建筑设计的生态策略[M]. 北京：中国计划出版社,2001.

[4] 柳孝图.城市物理环境与可持续发展[M]. 南京：东南大学出版社,1999.

[5] 盛成禹.中国气候总论[M]. 北京：科学出版社,1991.

[6] 周淑贞,等.城市气候学导论[M]. 上海：华东师范大学出版社,1985.

[7] 周淑贞,等.气象学与气候学[M]. 3版.北京：高等教育出版社,1997.

[8] B.吉沃尼.人·气候·建筑[M]. 陈士驎,译.北京：中国建筑工业出版社,1982.

[9] 马克斯.建筑物·气候·能量[M].陈士驎,译. 北京：中国建筑工业出版社,1990.

[10] 赵荣义.关于"热舒适"的讨论[J].暖通空调,2000(3).

[11] 刘敦桢.中国古代建筑史[M].2版.北京：中国建筑工业出版社,1984.

[12] 勒·柯布西耶.走向新建筑[M]. 陈志华,译.天津：天津科学技术出版社,1998.

[13] 沈玉麟.外国城市建设史[M]. 北京：中国建筑工业出版社,1989.

[14] 拉普普.住屋形式与文化[M].张玫玫,译.台北：明文书局,1985.

[15] 王鹏.建筑适应气候——兼论乡土建筑及其气候策略[D].北京：清华大学,2001.

[16] 孙安健.世界气候[M]. 北京：气象出版社,1986.

[17] 王炳庭.世界区域气候[M]. 北京：中国农业出版社,1996.

[18] 胡焕庸,等.欧洲自然地理[M]. 北京：商务印书馆,1982.

[19] 胡焕庸.世界气候的地带性与非地带性[M]. 北京：科学出版社,1981.

[20] 汪之力,等.中国传统民居建筑[M]. 济南：山东科学技术出版社,1994.

[21] 祖友义.中国民居[M]. 北京：北京科学技术出版社,1991.

[22] 孙洪波,等.微气候建筑设计方法综述[J].沈阳建筑工程学院学报,2000(7).

[23] 单德启.中国传统民居图说：徽州篇[M]. 北京：清华大学出版社,1998.

[24] 刘育东.建筑的涵义：在电脑时代认识建筑[M]. 天津：天津大学出版社,1999.

[25] 麦克哈格.设计结合自然[M].芮经纬,译. 北京：中国建筑工业出版社,1992.

[26] 李道增.国际建筑界有关"生态建筑"的实践[J].世界建筑,2001,4：20.

[27] 柳孝图,等.社会的持续发展与城市物理环境[J].建筑学报,1996,4：30-33.

[28] 宋晔皓.结合自然整体设计——注重生态的建筑设计研究[M]. 北京：中国建筑工业出版社,2000.

[29] 梅萨罗维克·佩斯特尔.人类处于转折点——给罗马俱乐部的第二个报告[M]. 梅艳,译.北京：生活·读书·新知三联书店,1987.

[30] 阿尔·戈尔.濒临失衡的地球——生态与人类精神[M].陈嘉映,等,译. 北京：中央编译出版社,1997.

[31] 本书编委会.中国二十一世纪议程——中国21世纪人口、环境与发展白皮书[M]. 北京：中国环境科学出版社,1994.

[32] 熊焰.低碳之路：重新定义世界和我们的生活[M]. 北京：中国经济出版社,2010.

[33] 国际建协. 北京宪章[J]. 世界建筑,2000(1).

[34] 肯尼斯·弗兰普顿. 千年七题——一个不适时的宣言(国际建协第20届大会主旨报告)[J]. 建筑学报,1999(8).

[35] 中国建筑业协会建筑节能专业委员会. 建筑节能技术[M]. 北京：中国计划出版社,1996.

[36] 杨善勤. 民用建筑节能设计手册[M]. 北京：中国建筑工业出版社,1999.

[37] 建筑技术政策纲要(1996—2010)[J]. 施工技术杂志,1998(1).

[38] 韩林飞. 太阳能——城市可持续发展的能量之源[J]. 建筑学报,2000(9).

[39] 赵鹏. 致变色材料在建筑节能窗上的应用. 新型建筑材料杂志,1998(12).

[40] 陈冰,康健. 英国低碳建筑:综合视角的研究与发展[J]. 世界建筑,2010,(2)：54-59.

[41] 中华人民共和国国家标准. GB 50189—2005：公共建筑节能设计标准[S],2012.

[42] 中华人民共和国国家标准. GB 50176—1993：民用建筑热工设计规范[S],1993.

[43] 中华人民共和国住房和城乡建设部. JGJ 26—2010：严寒与寒冷地区居住建筑节能设计标准[S],2010.

[44] 中华人民共和国住房和城乡建设部. JGJ 134—2010：夏热冬冷地区居住建筑节能设计标准[S],2010.

[45] 中华人民共和国住房和城乡建设部. JGJ 75—2012：夏热冬暖地区居住建筑节能设计标准[S],2012.

[46] Norbert Lechner. Heating, Cooling, Lighting Design Methods for Architects[M]. New York：Wiley,2001.

[47] Ian C Ward. Energy and Environmental Issues for the Practising Architects：A Guide to Help at the Initial Design Stage[M]. Thomas Telford,2004.

[48] BREEAM. Code for Sustainable Homes[M],2006.

[49] Brophy V, Lewis J O. A Green Vitruvius, Principles and Practice of Sustainable Architectural Design[M]. New York：Earthscan, 2011.

[50] Simos Yannas. Solar Energy and Housing Design, volume1：Principles, Objectives, Guidelines[M]. Architectural Association,1994.

[51] Simos Yannas. Solar Energy and Housing Design, volume2：Examples[M]. Architectural Association,1994.

[52] Steven V Szokolay. Introduction to Architecture Science：The Basis of Sustainable Design [M]. Boca Raton：CRC Press, 2014.

[53] Randall Thomas. Sustainable Urban Design：An Environmental Approach[M]. London：Spon Press,2003.

[54] Europe Commission. The Climatic Dwelling：An Introduction to Climate-responsive Residential Architecture[M]. 1996.

[55] John R, Lewis J O. Energy Conscious Design：A Primer for Architects[M]. London：B. T. Batsford Ltd, 1993.

[56] Passive and Low Energy Architecture, Process[M]. Tokyo：Architecture Publishing Co. Ltd. , 1998.

[57] Eduardo Maldonado, Simos Yannons. Envrionmentally Friendly Cities[C]//Proceedings

of PLEA98. James & James(Science Publishers) Ltd, 1998 .

[58] George Baird. The Architectural Expression of Environmental Control Systems[M]. London: Spon Press,2001.

[59] Jeffrey Ellis Aronin. Climate and Architecture[M]. New York: Reinhold Publishing Corporation,USA,1953.

[60] Olgyay. Solar Control & Shading Devices[M]. New Jersey: Princeton University Press,1957.

[61] Olgyay V. Design with Climate: Bioclimatic Approach to Architectural Regionalism[M]. Princeton: Princeton University Press, 1963.

[62] Curtis W. Modern Architecture Since 1900[M]. London: Phaidon, 1996.

[63] Steele J. Architecture Today[M]. London: Phaidon, 1997.

[64] Watkin D. A History of Western Architecture[M]. London: Laurence King, 1986.

[65] Gabler R, Sager R, Wise D. Essentials of Physical Geography, 4th edition[M]. Fort Worth: Saunders College Publishing, 1993.

[66] Scott R. Physical Geography[M]. St. Paul: West Publishing Company, 1992.

[67] Bradshaw M. Physical Geography: An Introduction to Earth Environments[M]. St. Louis: Mosby-Year Book, 1993.

[68] Wheeler. Essentials of World Regional Geography[M]. Fort Worth: Saunders College Publishing, 1995.

[69] Hepner G. World Regional Geography: A Global Approach[M]. St. Paul: West Publishing Company, 1992.

[70] Blij H. Geography: Realms, Regions and Concepts, 7th edition[M]. New York: John Wiley & Sons Inc, 1994.

[71] National Geographic[M]. Washington: National Geographic Society.

[72] Rudofsky B. Architecture without Architects: A Short Introduction to Non-pedigreed Architecture[M]. New York: Doubleday & Company Inc, 1964.

[73] Duly C. The Houses of Mankind[M]. London: Thames and Hudson, 1979.

[74] Oliver P. Dwellings: The House across the World[M]. Oxford: Phaidon, 1987.

[75] Schoenauer N. 6000 Years of Housing[M]. New York: W. W. Norton & Company, 2000.

[76] Guidoni E. Primitive Architecture[M]. New York: Electa /Rizzoli,1987.

[77] Moore S. Under the Sun: Desert Style and Architecture[M]. Boston: A Bulfinch Press Book, 1995.

[78] Bourgeois J. Spectacular Vernacular: A New Appreciation of Traditional Desert Architecture[M]. Salt Lake City: Peregrine Smith Books, 1983.

[79] Jowitt G,Shaw P. Pacific Island Style[M]. New York: Thames and Hudson, 2000.

[80] Luca. Bioclimatic Architecture[M]. Roma: ENARCH, 1983.

[81] Behling S. Sol Power: The Evolution of Solar Architecture[M]. Munich: Prestel, 1996.

[82] Herzog T. Solar Energy in Architecture and Urban Planning[M]. Munich: Prestel, 1996.

[83] Eco Tech: Sustainable Architecture and High Technology[M]. London: Thames and Hudson, 1997.

[84] Butti K. Golden Thread: 2500 Years of Solar Architecture and Technology[M]. Palo

Alto：Cheshire Books，1980.

[85] Brown G. Sun，Wind and Light：Architectural Design Strategies[M]. New York：John Wiley & Sons，1985.

[86] Konya A. Design Primer for Hot Climate [M]. London：The Architectural Press Ltd.，1980.

[87] Climate and Human Settlements：Integrating Climate into Urban Planning and Building Design in Africa[M]. United Nation Environment Programme，1986.

[88] Scott A. Dimensions of Sustainability[M]. New York：E&FN Spon，1998.

[89] What is OM Solar? A Message to the People Of the World in Search of Environmentally Symbiotic Architecture[M]. OM Solar Association/OM Institute. 1996.

[90] Gallo C. Architecture，Comfort and Energy[M]. Oxford：Elsevier Science Ltd，1998.

[91] Winslow M. Environmental Design：architecture and technology[M]. New York：PBC International，1995.

[92] Zeiher L. The Ecology of Architecture：A Complete Guild to Creating the Environmentally Conscious Building[M]. New York：Whitney Library of Design，1996.

[93] Vale R. Green Architecture：Design for a Sustainable Future[M]. London：Thames and Hudson，1996.

[94] Crosbie M. Green Architecture：A Guide to Sustainable Design[M]. Rockport：Rockport Publishers，1994.

[95] Edwards B. Towards Sustainable Architecture：European Directives & Building Design [M]. Oxford：Butterworth Architecture，1996.

[96] Solar Architecture in Europe[M]. Birdport：Prism Press，1991.

[97] Smith K. Frank Lloyd Wright：Hollyhock House and Olive Hill [M]. New York：Rizzoli，1992.

[98] Boesiger W. Le Corbusier：Oeuvre Complete 1938—1946 [M]. Zurich：Les Editions D'architecture，1995.

[99] Steele J. An Architect for People：The Complete Works of Hassan Fathy[M]. New York：Watson-Guptill，1997.

[100] Steele J. Rethinking Modernism for the Developing World：the Complete Architecture of Balkrishna Doshi[M]. New York：Whitney Library of Design，1998.

[101] Correa C. Charles Correa[M]. London：Thames and Hudson，1996.

[102] The Master Architect Series：Skidmore，Owings & Merrill [M]. Mulgrave：Images Publishing，1995.

[103] Amsoneit W. Contemporary European Architects[M]. New York：Taschen，1995.

[104] Murray P，Maxwell R. Contemporary British Architects：Recent Projects from the Architecture Room of the Royal Academy Summer Exhibition [M]. Munich：Prestel，1994.